形状记忆合金增强高性能混凝土结构

——从材料、构件到结构

钱　辉　著

科 学 出 版 社

北　京

内 容 简 介

本书系统地研究和总结了形状记忆合金（SMA）增强高性能混凝土结构的最新研究成果。主要内容包括形状记忆合金的基本特性、材料力学性能、本构理论模型、超弹性形状记忆合金增强ECC梁的抗弯性能，以及基于SMA-ECC复合材料的自复位桥墩柱、自复位框架节点、自复位剪力墙的抗震性能研究等。本书各章节内容相互联系，包含形状记忆合金用于混凝土结构从材料到结构的系统内容，初步形成了研究体系。

本书可供土木建筑、工程力学、材料科学与工程等领域的广大科技人员参考，也可以作为上述专业的研究生和高年级本科生的学习参考书。

图书在版编目（CIP）数据

形状记忆合金增强高性能混凝土结构：从材料、构件到结构 / 钱辉著. —北京：科学出版社，2024.6

ISBN 978-7-03-075118-8

Ⅰ. ①形… Ⅱ. ①钱… Ⅲ. ①形状记忆合金-增强材料-应用-高强混凝土-混凝土结构-研究 Ⅳ. ①TG139②TU37

中国国家版本馆CIP数据核字（2023）第041916号

责任编辑：牛宇锋　罗　娟 / 责任校对：胡小洁

责任印制：肖　兴 / 封面设计：蓝正设计

科学出版社 出版

北京东黄城根北街16号

邮政编码：100717

http://www.sciencep.com

涿州市般润文化传播有限公司印刷

科学出版社发行　各地新华书店经销

*

2024年6月第　一　版　开本：720×1000　1/16

2024年6月第一次印刷　印张：17

字数：340 000

定价：138.00 元

（如有印装质量问题，我社负责调换）

序　言

钱辉在攻读博士学位期间就开始从事有关于形状记忆合金在土木工程中应用的相关研究，想想已经有二十余载。这些年来，他一直在深耕这个领域，从最初的基础探索，到现在的丰厚成果，已经成为这个研究领域中为人熟知的学者之一，在国内外具有一定的影响力。很高兴看到《形状记忆合金增强高性能混凝土结构——从材料、构件到结构》一书的出版，也很荣幸能受邀为该书作序。

该书以钱辉的博士学位论文为出发点，系统地总结形状记忆合金增强高性能混凝土结构的各项研究，这是一项极具前瞻性和实际价值的研究。形状记忆合金作为新兴材料，其神奇的特性和广泛的应用潜力引发了全球科学家和工程师的浓厚兴趣。该书从形状记忆合金的基本特性出发，深入探讨了它在混凝土结构中的应用，可以在该书中找到关于形状记忆合金筋材料性能、本构理论模型，以及其在不同构件和结构中的性能研究等内容，特别值得关注的是在超弹性形状记忆合金增强 ECC 梁抗弯性能、基于 SMA-ECC 复合材料的自复位桥墩柱抗震性能、基于 SMA-ECC 复合材料的自复位框架节点抗震性能，以及基于 SMA-ECC 复合材料的自复位剪力墙抗震性能等方面的深入探讨。

钱辉对形状记忆合金技术的深入研究和对其应用在混凝土结构中的探索，必将为该领域的未来发展带来新的启示和方向。希望该书能够激发更多学者和工程师对形状记忆合金技术的关注，并为解决这个问题而创新。形状记忆合金作为一种杰出的材料，将为结构工程领域带来了全新的可能性。通过该书的阐述，读者将深刻认识到形状记忆合金的独特特性和潜在应用，以及它在提高混凝土结构性能方面的广阔前景。

钱辉在撰写该书的过程中，展现出了博学多才和坚持不懈的精神。他对于细节的把控和对领域的深刻理解，使得该书成为一部难得的学术著作。我相信，该书将成为本领域学术界和工程实践的重要参考资料，也将为其他研究者提供启示，促进更多关于形状记忆合金在结构工程中的研究。

在此，我由衷地向每一位阅读该书的读者表示感谢。希望该书能够启发您对形状记忆合金技术的兴趣，并激发您对结构工程领域更多可能性的探索。

祝愿此书取得巨大的成功，为学术界和工程实践带来显著的影响！

李宏男
2023 年 7 月 1 日于大连

前　言

早在 1932 年，美国科学家 Chang 和 Read 在研究 AuCd 合金时就发现了形状记忆效应，但一直没有引起重视。直到 1963 年，美国海军军械研究室 Buehler 和 Wiley 等偶然发现等原子 NiTi 合金（当时作为阻尼材料开发研究）的形状记忆特性以后，才引起人们的广泛兴趣，随即深入的研究和实际应用在世界范围内全面展开。近年来，随着材料加工技术和工业化生产能力的提高，形状记忆合金也因其独特的力学性能而在土木工程防灾减灾领域得到广泛的研究和应用。和普通的建筑钢材相比，形状记忆合金表现出优越的大变形能力和高阻尼特性。目前，形状记忆合金已广泛应用于航空航天、机械电子、生物医疗及日常生活等领域。同时，形状记忆合金除了超弹性和形状记忆特性以外，还具有优异的耐腐蚀性、高抗疲劳性和高强度，因此众多结构工程研究人员开展了广泛的研究。

2003 年，Bruneau 等提出震后可恢复（seismic resilience）的概念框架，从受损程度和恢复时间的角度来评价社区的可恢复能力。2006 年，Berke 等倡导建立功能可恢复社会，指出功能可恢复社会应该具有重要生命线工程灾后不中断的特征。2011 年，吕西林院士将“可恢复”理念纳入结构抗震设计，提出了可恢复功能结构的概念，并作出具体阐述。可恢复功能结构是指建筑物在震后不用修复，或者经过快速修复后即可恢复使用。目前，实现可恢复功能的结构主要利用摇摆、自复位、可更换结构构件的技术手段来实现。将形状记忆合金特殊的形状、效应和超弹性应用于混凝土结构中，实现结构在震后的功能自恢复，提高结构的抗震性能和预防地震灾害的能力，是近些年智能结构防灾减灾领域的热点之一。

作者从事智能结构防灾减灾研究多年，特别是形状记忆合金在结构抗震方面的研究十分深入，发表有关研究论文数十篇，因此有了将这些研究成果系统整理成书的想法。全书内容共七章：第 1 章论述形状记忆合金的基本特性，概述形状记忆合金筋在混凝土结构中的应用；第 2 章介绍形状记忆合金筋材料性能试验，包括热处理方法及加载条件等对其力学性能的影响；第 3 章论述形状记忆合金的本构理论模型，包括本构模型、Graesser-Cozzarelli 模型及其改进模型，以及模型的模拟方法，并重点阐述形状记忆合金本构模型在通用有限元软件中的实现方法；第 4 章研究超弹性形状记忆合金增强 ECC 梁的抗弯性能，重点分析 SMA-ECC 梁的损伤自修复能力；第 5 章研究基于 SMA-ECC 复合材料的自复位混凝土桥墩柱的抗震性能；第 6 章研究基于 SMA-ECC 复合材料的自复位框架节点的抗震性能；第 7 章研究基于 SMA-ECC 复合材料的自复位剪力墙的抗震性能。

本书各章节内容相互联系，包含形状记忆合金在混凝土结构中从材料到各类构件/结构的研究，初步形成了研究体系。

本书是作者及团队十余年的工作成果，正是团队成员的努力工作，才使得这项研究形成了体系，也使得本书得以完成。他们是：博士研究生康莉萍、李宗翱、杨成龙；硕士研究生张庆元、裴金召、王玉敬、金光耀、程威、祝运运等。在此，向他们致以衷心的感谢，并祝他们前程似锦！

由于作者水平有限，书中难免有疏漏之处，衷心希望读者不吝赐教。

钱　辉

2022 年 5 月于郑州

目　　录

第1章 绪 论

地震以其突发性、瞬时性和巨大的破坏性一直以来都是危害人类社会发展的重大自然灾害之一。据统计，20 世纪全球因地震灾害死亡人数占全部自然灾害死亡人数的 54%，造成直接经济损失高达数千亿美元。因此，地震灾害可谓群灾之首。而我国地处欧亚地震带和环太平洋地震带之间，地震频发，地震灾害严重是我国的基本国情之一。防震减灾一直都是我国工程界面临的重要课题。

随着对地震认识的不断深入以及多次震害经验的积累总结，目前我国已经建立了比较系统的抗震设计规范，基本可以保证在地震作用下结构不会发生倒塌。但是在 21 世纪，人们发现震后结构过大的残余位移或构件的严重损伤使得建筑物不得不拆除，即使修复也将付出巨大的代价，甚至成本超过重建。例如，2010 年智利在经历 8.8 级强震后，大多数中高层建筑因剪力墙损伤而不得不拆除重建[1]；2011 年新西兰 Christchurch 发生 6.3 级地震后，中央商务区约 25%的建筑物因残余位移大于 25mm 而被宣布为“不经济的维修”，将近 60%的多层建筑被迫拆除重建，经济损失超过 400 亿新西兰元（约占当年新西兰国内生产总值的 20%），而中央商务区更是关闭两年多[2]。社会的发展已经对防震减灾提出了新的挑战，需要满足社会、经济多维度要求，而不能仅满足于“小震不坏、中震可修、大震不倒”的设防目标。建筑物在震后可以快速恢复使用或经过简单修复后即可使用的结构，成为 21 世纪地震工程研究的方向之一。

2003 年，Bruneau 等[3]提出震后可恢复（seismic resilience）的概念框架，从受损程度和恢复时间的角度来评价社区的可恢复能力。2006 年，Berke 等[4]倡导建立功能可恢复社会，指出功能可恢复社会应该具有重要生命线工程灾后不中断的特征。2011 年，吕西林院士等[5]将“可恢复”理念纳入结构抗震设计，提出可恢复功能结构的概念，并作出具体阐述。可恢复功能结构是指建筑物在震后不用修复，或者经过快速修复后即可恢复使用。目前，实现可恢复功能的结构主要是利用摇摆、自复位、可更换结构构件的技术手段来实现。

近十几年来，新型智能材料——形状记忆合金（shape memory alloy，SMA）以其独特的超弹性和形状记忆效应为自复位结构体系提供了新的思路。使用 SMA 增强高性能混凝土结构，可以实现结构的可恢复，控制结构的损伤，提高结构的抗震性能，发展全新的抗震设计理念。

1.1 形状记忆合金及其基本特性

“形状记忆”(shape memory)一词最早用来描述聚合牙科材料。早在1932年，瑞典物理学家Ölander已经在AuCd合金中发现了金属的固相转变，他发现在低温下发生塑性变形的合金，在加热时会恢复到原来的形状[6]。随后二十多年，一些学者先后在CuZn、CuAlNi等合金中观察到热弹性马氏体相变主导的形状记忆现象。但是局限于当时高昂的材料成本、复杂的生产工艺和不稳定的力学性能，并没有引起大家的兴趣。一直到1963年，美国研究者Buehler和他的同事[7]发现等原子NiTi合金的形状记忆效应以后，才开启了SMA的应用之路。尤其在20世纪90年代，NiTi-SMA支架被研发并在医学上推广使用，对SMA的研究与开发成为各国学者的关注热点。SMA已经在生物医学、航空航天、汽车、机械电子等领域得到广泛的商业应用[8]。

SMA除了超弹性和形状记忆特性以外，优异的耐腐蚀性、高抗疲劳性和高强度吸引了众多结构工程研究人员的兴趣。Zareie等[9]总结了1990～2019年各国关于SMA在桥梁和建筑研究应用方面发表的工程类论著，见图1.1。可以看出，我国对SMA在民用基础设施研究方面已经走在了世界前列。

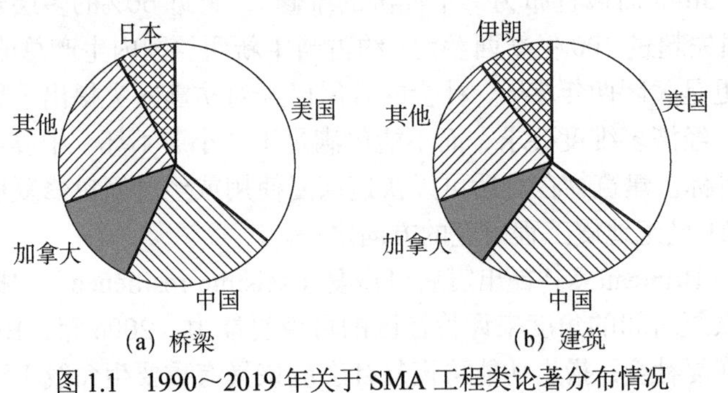

图1.1 1990～2019年关于SMA工程类论著分布情况

1.1.1 SMA的工作原理

从微观角度看，SMA呈现出的独特性能与各种相态之间的转变密切相关。在不同温度下，SMA处于不同的相态，主要为高温时的奥氏体相（austenite，A）和低温时的马氏体相(martensite，M)。在金属学中，奥氏体相也可称为母相，呈规则立方体晶体结构，具有硬度不高、易变形的特点；马氏体相呈菱形斜晶体结构，与奥氏体相相反，具有硬度高、不易加工的特点。马氏体相根据相变过程中取向不同，又可分为孪晶马氏体相（twinned martensite）和去孪晶马氏体相

（detwinned martensite）。以 NiTi-SMA 为例，三种相态结构如图 1.2 所示。从奥氏体到马氏体之间的转变称为马氏体相变，反之则称为马氏体逆相变。马氏体相变无须扩散，只是在晶格内做微小的移动。

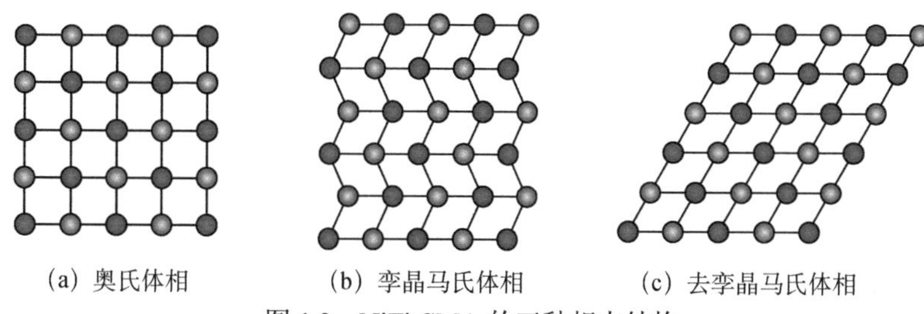

(a) 奥氏体相　(b) 孪晶马氏体相　(c) 去孪晶马氏体相

图 1.2　NiTi-SMA 的三种相态结构

在自由状态下，SMA 各种相态之间的含量受温度控制，如图 1.3 所示，分别对应四个临界温度，奥氏体相变开始温度 A_s、奥氏体相变完成温度 A_f、马氏体相变开始温度 M_s 和马氏体相变完成温度 M_f。对处于马氏体相的材料进行加热，当达到 A_s 时，马氏体逐渐转变为奥氏体，当达到 A_f 时，晶体完全转变为奥氏体。同样，对处于奥氏体相的材料降温，就会经历从奥氏体到完全马氏体的转变。SMA 的相变温度并不是完全固定的，还受到化学成分、热处理、应力作用的影响。

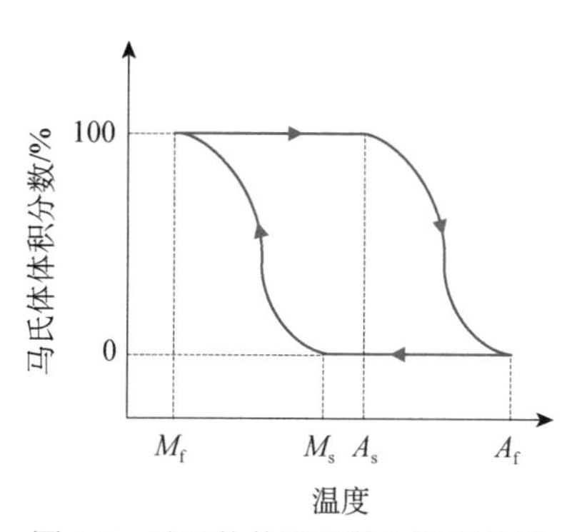

图 1.3　马氏体体积分数与温度关系

SMA 有 NiTi、Cu 系、Fe 系等，NiTi-SMA 最为常见。下面如果无特别指明，SMA 一般指 NiTi SMA。

1.1.2　形状记忆效应

形状记忆效应（shape memory effect，SME），是指马氏体相 SMA 在应力作用下产生一定的塑性变形，卸载后产生残余应变，对其进行加热，当温度超过 A_f 后发现材料完全恢复到变形前的形状。形状记忆效应发生过程如图 1.4 所示。

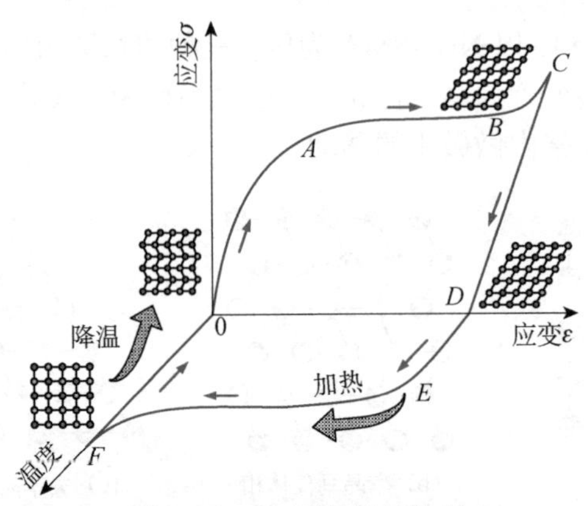

图 1.4 SMA 形状记忆效应

图 1.4 中，首先是对处于高温稳定状态的奥氏体定型，降温后 SMA 发生马氏体相变，由奥氏体转变为孪晶马氏体，孪晶马氏体态的 SMA 受到外力作用首先发生弹性变形，当应力超过临界应力后，孪晶马氏体开始重取向，此后 SMA 应变快速增加，应力基本保持不变（*AB*）；当 SMA 由孪晶马氏体全部转变为去孪晶马氏体后，如果继续加载，材料将会产生线弹性变形（*BC*）；卸载后，材料的塑性变形完全保留，残余位移很大（*CD*）；此时，对材料进行加热，SMA 在热诱导下将会发生马氏体逆相变，由去孪晶马氏体转变为奥氏体，残余应变完全恢复（*DEF*）。整个过程 SMA 只能记住高温时的形状，也称为单程形状记忆效应。与单程形状记忆效应对应的为双程形状记忆效应，是指 SMA 不仅能够记住高温时的形状，还能记住低温下的形状。另外，研究者发现部分 SMA 在表现出双程形状记忆效应时，如果继续降低温度，SMA 将展现出与高温时完全相反的形状。对于这种情况，称其为全程形状记忆效应。

由于变形后的 SMA 在应变恢复过程中将会产生很大的驱动力，科研工作者常常利用这个效应将 SMA 用于构件的加固，对构件裂缝实现智能控制或用于结构控制的驱动装置。

1.1.3 超弹性

超弹性又称为伪弹性（superelastic effect，SE），是指处于奥氏体态的 SMA 在外界荷载作用下发生变形，一旦卸载变形可以完全恢复。从微观结构分析超弹性即为奥氏体相 SMA 在应力作用下发生马氏体相变，应力去除过程中伴随着马氏体逆相变和应变恢复。整个过程如图 1.5 所示。

SMA 超弹性过程中，与普通金属材料相同，奥氏体 SMA 在应力作用下首先呈现出线弹性变形（$\varepsilon<1\%$）；当应力超过临界应力时，SMA 开始发生马氏体相变，此时继续加载将会出现应力平台，即应变增加，应力基本保持不变，直到马

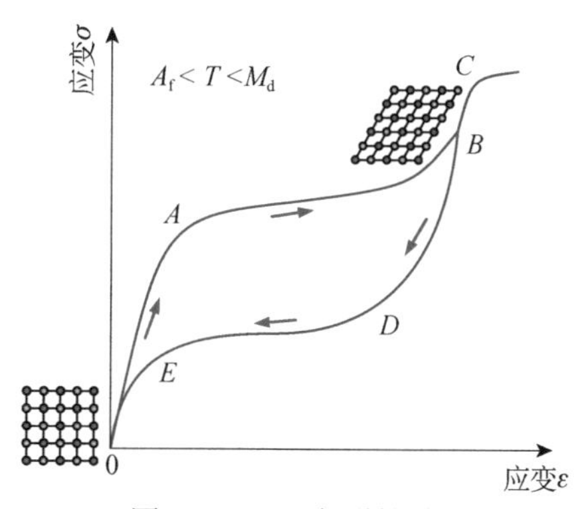

图 1.5 SMA 超弹性过程

M_d表示马氏体相变的最高温度，温度高于 M_d，材料在奥氏体相下稳定，且无法发生应力诱导马氏体相变

氏体相变完成（*AB*）；一般 *B* 点应变可以达到 7%，如果继续加载，SMA 呈现线性变形，也称为应变硬化段（*BC*）；处于高应力状态下的去孪晶马氏体十分不稳定，一旦卸载，SMA 在恢复弹性变形后发生马氏体逆相变，此时又呈现出应力平台（*BDE*）；当马氏体逆相变完成以后，SMA 最终又回到奥氏体相，塑性变形完全恢复，残余应变基本为零。

与普通金属材料完全不同，SMA 的超弹性可以实现大变形下（8%～10%）的自动恢复，而无须提供其他的能量（加热、通电）。超弹性是在应力诱导下发生的相变转换，前提是施加应力的环境温度要高于 A_f。许多学者利用这一独特性能，将 SMA 用于各种阻尼器、自复位构件、连接件等，从而实现结构的耗能和复位效果。

1.1.4 阻尼特性

材料的阻尼特性是用来描述材料在机械振动或波传播过程中耗散弹性应变能的能力。阻尼性能是降低材料耗能、减少材料中振动和疲劳断裂问题的重要性能之一。由于界面的滞弹性运动，SMA 因热弹性马氏体相变而表现出高阻尼性能[10]。研究指出，SMA 处于奥氏体和马氏体之间的混合状态时阻尼性能最好[11]。

在马氏体状态下，SMA 具有显著的能量耗散能力，其等效黏滞阻尼比为 15%～25%；随着直径的增大，SMA 等效黏滞阻尼比减小[12]。Liu 等[13, 14]研究了循环加载次数、热处理温度和加载速率对 SMA 阻尼性能的影响。试验结果表明，SMA 阻尼性能随加载次数的增加呈现变差的趋势，随着热处理温度的升高阻尼性能呈变好趋势，受加载速率的影响不大。

1.2 SMA 筋在混凝土结构中的应用

最近三十年，SMA 在土木工程中的应用越来越多，一方面是由于价格的降低；另一方面是人们对其热机械性能的认识更加深入，机械加工工艺更加成熟。SMA 在土木工程中的应用已经从最初的耗能隔震、阻尼器扩展到连接件、增强筋；由纤维、丝材到棒材再到绞线、弹簧。SMA 在土木工程中的主要用途，概括为以下几个方面，如图 1.6 所示。

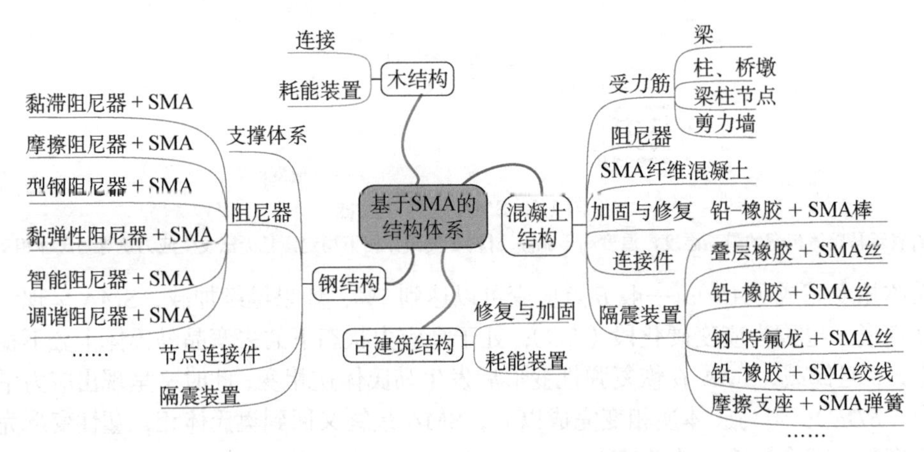

图 1.6　SMA 在土木工程中的应用思维导图

超弹性 SMA 作为增强筋使用，可以使结构具有自复位的效果。表 1.1 给出了常用的 NiTi-SMA 和普通钢筋的力学性能对比。SMA 的可恢复应变达到 8%～10%，远远超过钢筋的 0.2%。因为 SMA 的造价较钢筋高，所以这些用于结构构件中的 SMA 常常只用于主要受力部位。本节按照结构构件的形式，如梁、桥墩柱、梁柱节点、剪力墙和框架，介绍 SMA 作为增强筋的应用。

表 1.1　常用 NiTi-SMA 和普通钢筋力学性能对比

力学参数	NiTi-SMA 筋		普通钢筋
	奥氏体	马氏体	
弹性模量/GPa	30～98	21～41	200
屈服强度/MPa	195～690	70～140	248～517
极限强度/MPa	895～1900		448～827
极限伸长率/%	约 25		20
泊松比	0.33		0.27～0.30
可恢复应变/%	8～10		0.2

1. SMA 用于梁构件

Abdulridha 等[15]设计了七个缩尺 SMA 增强混凝土简支梁，如图 1.7 所示，并通过单调加载、循环加载和往复循环加载试验，对比分析了 SMA 增强混凝土简支梁与普通混凝土简支梁的力学性能。试验结果表明，即使 SMA 增强混凝土简支梁的裂缝宽度和裂缝间距相对更大，但是卸载后，裂缝可恢复率达 90%以上，显示出优越的自恢复能力。

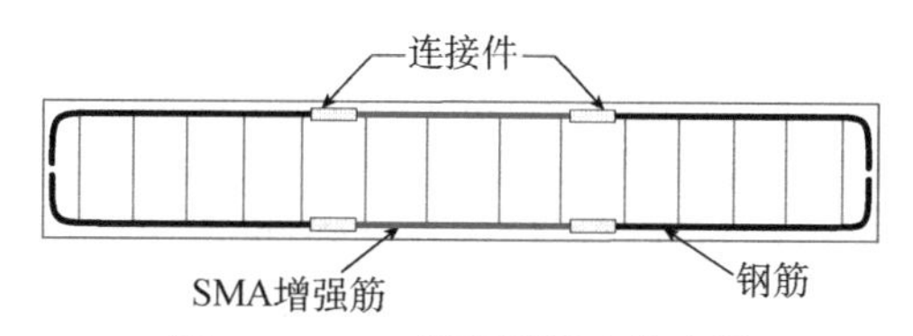

图 1.7 SMA 增强混凝土简支梁

匡亚川和欧进萍[16, 17]利用 SMA 受限恢复时产生较大恢复力的特性，研制了一种智能自恢复混凝土梁，讨论了影响 SMA 驱动性能的主要因素，阐述了智能混凝土梁的自修复机理。结果表明，SMA 丝的初始预应变对混凝土梁的变形和恢复性能影响较大；对变形后的 SMA 丝通电加热，由于形状记忆效应，SMA 丝对混凝土梁产生较大的驱动力，从而使混凝土裂缝收缩实现了自修复的效果。

Shrestha 等[18]针对铜基 SMA 增强混凝土梁开展了一系列的试验研究和数值模拟。根据四点弯曲试验和数值模拟结果，SMA 增强混凝土梁和施加预应变的 SMA 增强混凝土梁呈现出优越的自复位能力，裂缝的恢复能力可以达到 94%。

Pareek 等[19]根据 CuAlMn 形状记忆合金筋材距混凝土梁端的位置，探讨了混凝土梁将随 SMA 筋材的位置变化实现塑性铰重分布。研究结果指出，将 SMA 筋材从梁端移开会改变沿梁长的曲率分布；SMA 筋材所在的位置往往就是曲率最大值位置处。

Elbahy 和 Youssef[20]基于截面分析法对 SMA 梁的受弯性能进行了深入研究，考虑了 SMA 的配筋率、使用长度、梁的截面尺寸、高跨比、混凝土强度等参数对梁受力性能的影响。研究表明，增加 SMA 的使用长度可以显著减少卸载时梁的残余位移，最优的使用长度为 30%跨长；SMA 配筋率的变化对梁的残余位移、抗弯刚度、耗能能力影响最大，并推荐 SMA 的最优用量为 1.2 倍的钢筋用量。

Azadpour 和 Maghsoudi[21]将 SMA 绞线分别用于 150mm × 150mm × 1500mm 的普通混凝土（normal strength concrete，NSC）梁和高强混凝土（high strength concrete，HSC）梁的受拉区，根据弯曲试验讨论了 SMA 绞线对两种梁的变形能力和裂缝扩展及恢复能力的影响。结果表明，SMA-HSC 梁具有更好的弯曲裂缝恢复能力，SMA-NSC 梁的跨中挠度恢复能力更优异。

崔迪等[22]根据跨中加载试验，探讨了 SMA 绞线作为主筋混凝土梁的受力性能，分析了 SMA 绞线预应力对其力学性能的影响。研究数据表明，SMA 绞线可以显著减小梁的残余位移，提高梁的自复位能力；施加预应力的 SMA 绞线可以提高梁的承载力和耗能能力。

用于普通混凝土梁中的 SMA 筋除作为受力筋抵抗弯矩以外，也可以用作箍筋抵抗剪力。Mas 等[23]使用 4mm 的 SMA 矩形螺旋筋加固钢筋混凝土梁，抵抗剪力作用，通过单调加载和半循环加载两种方式，对比分析了 SMA 箍筋对混凝土梁抗剪性能的影响。结果表明，SMA 箍筋加固梁的位移延性系数相比普通钢筋混凝土梁位移延性系数至少提高了 5.5 倍；SMA 箍筋的传力杆效应和拱效应使得剪切裂缝充分发展。Rius 等[24]开展了类似的 SMA 箍筋加固钢筋混凝土梁试验，结果指出，SMA 箍筋加固后梁的抗剪承载力提高了约 115%。

前面所述为 SMA 棒材与钢筋连接用作增强筋，国内外许多学者创制了 SMA 纤维或丝材结合其他材料形成新的复合材料用于混凝土结构。Wierschem 和 Andrawes[25]提出了将纤维增强塑料（fiber reinforced plastics，FRP）和 SMA 纤维聚合在一起形成新型复合材料，并基于这一构想研发了 SMA-FRP 聚合筋。首先通过循环拉伸试验建立此筋材的分析模型，然后利用有限元软件 OpenSees 对新型 SMA-FRP 聚合筋增强混凝土悬臂梁的循环性能进行了数值分析。研究发现，新型复合材料增强悬臂梁的耗能能力和延性比 FRP 增强梁分别提高了 180%和 245%，显著改善了构件的受力性能。Shafei 和 Kianoush[26]基于前面两位作者启发，将 SMA 丝嵌入 FRP 复合材料形成 SMA-FRP 聚合筋，将其应用于混凝土梁中，并对其进行了瞬态分析。

2. SMA 用于桥墩柱构件

美国内华达大学里诺分校 Saiidi 教授课题组对 SMA 用于混凝土柱开展了系统的模型试验、数值模拟和理论研究。Saiidi 和 Wang[27]将超弹性 SMA 替代钢筋用于两个 1/4 缩尺圆柱的塑性区，讨论了 SMA 增强桥墩柱的抗震性能，如图 1.8 所示。随即，Saiidi 等[28]将 SMA 结合工程水泥基复合材料（engineered cementitious composites，ECC）用于圆柱的塑性区进行了循环加载试验，探讨了新型组合体系抗震性能的优势。Kise 等[29]对 SMA 与钢筋之间的连接方法实施了详细的力学性能分析。Ge 和 Saiidi 等[30,31]对西雅图 99 号州际公路出口匝道桥的抗震性能进行了数值分析，这座桥墩是首次将 SMA 和 ECC 应用于实际工程。

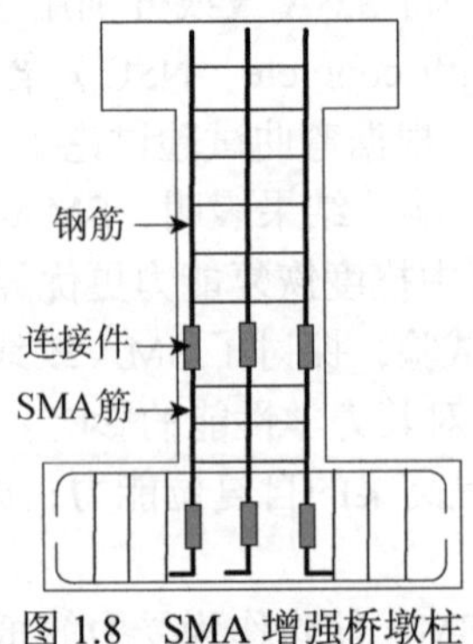

图 1.8　SMA 增强桥墩柱

Shrestha 等[32]通过振动台试验研究了一座四跨缩尺桥梁在双向近断层地震作用下的响应，基于试验利用有限元软件 OpenSees 建立了桥梁的三维非线性模型，并进行了对比分析。研究指出，SMA 增强桥墩柱的自复位效果显著；使用高延性 ECC 的桥墩柱损伤最小；数值分析结果与试验结果较吻合，证明了分析模型的有效性。

Muntasir Billah 和 Shahria Alam 团队[33-36]对 SMA 增强钢筋混凝土桥墩柱进行了一系列的数值分析和理论研究。首先，评估了 SMA 增强钢筋混凝土桥墩柱的易损性，建立了与普通混凝土桥墩柱之间的延性关系；其次，介绍了不同类型 SMA 增强钢筋混凝土桥墩柱的地震风险概率；最后，根据提出的预测桥墩柱残余位移方程，论述了 SMA 增强桥墩柱基于性能的设计方法。这些研究成为 SMA 在桥墩柱中应用的重要依据。

Hosseini 等[37]详细介绍了一种新型 SMA 增强桥墩柱，这种新型 SMA 增强桥墩柱是由预制的 ECC 管内浇筑混凝土组成的，将 ECC 管塑性铰区的钢筋替换成 SMA，并采用多轴加载试验装置，在模拟地震荷载作用下对提出的新型 SMA 增强桥墩柱进行了评估。研究证明，SMA 增强桥墩柱可以恢复超过 12%应变的非弹性应变，残余位移减小了 90%，同时 SMA 和 ECC 组合材料体系可以实现桥墩柱的高延性和自愈合。

Zheng 和 Dong[38]利用数值分析方法评估了 SMA 增强桥墩柱的易损性和长期损失，同时建立了概率需求模型，对长期性能进行了比较分析。

金光耀[39]基于再利用 SMA 设计了五组桥墩柱试件，对比分析了钢绞线与 SMA 增强 ECC 桥墩柱的抗震性能。试验数据表明，再利用的 SMA 依然具有很好的超弹性，显著提高了桥墩柱的延性和自复位能力。这将为 SMA 的重新再利用提供重要依据。

3. SMA 用于梁柱节点构件

肖正峰[40]设计并制作了四组 Fe-SMA 增强梁柱节点试件，根据拟静力试验分析了节点的自恢复性能，并利用有限元软件 ABAQUS 比较了 SMA 预应变和配筋率对节点抗震性能的影响。研究结果指出，铁基 SMA 节点的残余位移比可以减小 20%；同时，提高 SMA 配筋率可以减小残余位移比，从而提高构件的自恢复性能。

Youssef 等[41, 42]基于模型试验和数值分析研究了 SMA 增强节点的抗震性能，分析预测了节点的塑性铰长度、裂缝宽度和裂缝间距。研究指出，SMA-RC 试件的最大优点是残余应变可以忽略，塑性铰长度为从柱面至梁深度的一半左右。Halahla 等[43]采用塑性损伤模型对 Youssef 等提出的节点进行了有限元分析，并与试验结果进行了对照。结果表明，SMA 在显著提高节点延性的同时不损失节点的承载力；有限元方法可以有效获得 SMA 的大应变和超弹性。

Oudah 等[44-46]研制并测试了 SMA 与钢筋连接的新型方法，然后将此连接用于 SMA 增强节点，并提出了双开槽节点梁（double-slotted beam，DSB）来实现塑性铰重定位。试验结果表明，此方法在保证构件具有优异性能的同时，混凝土的损伤最小，梁柱接缝处的黏结退化明显减小。

Nahar 等[47, 48]采用 Pushover（静力塑弹性）分析和增量动力分析的方法，比较了五种不同类型 SMA 增强节点的抗倒塌安全性能，建立了构件的倒塌易损性曲线。倒塌裕度比显示，SMA 节点比普通节点高 20%～30%，残余位移低 25%～60%，证明了 SMA 在增强节点抗震性能方面的有效性。

SMA 不仅用于普通混凝土节点，也常常与其他材料结合在一起使用。裴金召[49]根据低周往复加载试验论述了基于 SMA-ECC 的自复位钢筋混凝土梁柱边节点的抗震性能，具体如图 1.9 所示，并对比分析了 SMA 的使用长度对节点自复位性能的影响。结果表明，SMA 可以明显提高节点的自复位性能；SMA 与 ECC 结合使用使节点在具有自复位能力时，塑性区的损伤基本可以忽略，满足震后继续使用的需要；在满足一定长度后继续增加 SMA 的长度对提高节点的自复位能力效果并不明显。Pereiro-Barceló 等[50, 51]提出将 SMA 与高性能混凝土（high-performance concrete，HPC）共同用于梁柱中节点，采用试验和数值模拟分析节点的性能。研究表明，组合材料构件的延性和耗能能力都有明显提高，关键区域的损伤显著减小。Navarro-Gómez 和 Bonet[52]也进行了类似节点的地震时程分析，证实了此类复合材料体系节点在大震中的优越性。Nehdi 等[53]将 SMA 与 FRP 连接在一起取代钢筋用于梁柱节点，由循环往复加载试验证明此复合节点在提高构件的耗能、延性、自恢复等方面具有突出表现。

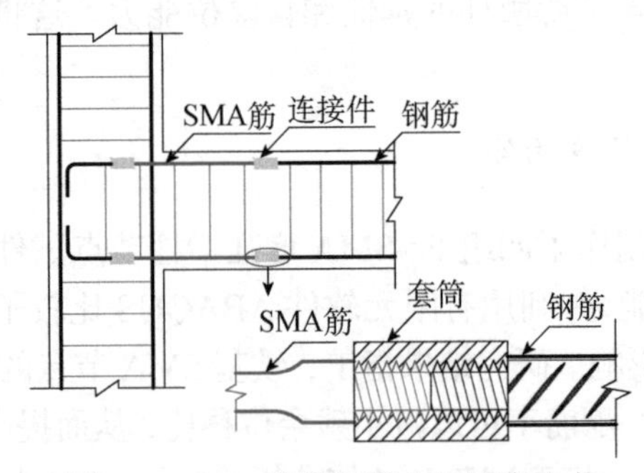

图 1.9　SMA 增强混凝土梁柱边节点

4. SMA 用于剪力墙构件

SMA 增强剪力墙构件研究主要集中于有限元分析。香港理工大学朱松晔教授（Zhu）和 Wang[54]基于 Thomsen 和 Wallace[55]提出的剪力墙试验模型，将 SMA 取代边缘约束关键区域的钢筋，利用有限元软件 OpenSees 模拟分析了 SMA 剪力墙的自复位性能。分析结果显示，即使在2.5%的层间位移下，SMA剪力墙的残余位移依然很小。SMA可以满足在大震下结构的地震响应要求。Ghassemieh等[56, 57]通过Fortran语言编写了SMA本构模型并将其嵌入ABAQUS有限元软件，根据此模型分别分析了一座五层联肢剪力墙和一座二层剪力墙结构的地震响应，并与试验结果进行了对比，验证了该模型的有效性。

Abraik和Youssef[58]采用易损性曲线对十层和二十层结构的抗震性能和易损性进行了分析评估。层间位移、残余位移和易损性结果证明，即使SMA仅用于边缘约束的关键部位也可以明显提高结构的抗震性能，减小其残余位移。

Abdulridha和Palermo[59]设计了一个SMA增强剪力墙构件，如图1.10所示，通过往复循环加载试验讨论了剪力墙的抗震性能。试验结果表明，SMA可以显著提高构件的裂缝恢复能力，平均裂缝恢复能力为88%，即残余裂缝为12%；SMA筋的超弹性使得SMA剪力墙的耗能低于普通剪力墙。随后，Cortés-Puentes等[60]将此SMA剪力墙受损破坏区的混凝土剔除再浇筑后，又一次对其进行往复循环加载试验。结果发现，修复后的剪力墙屈服荷载和极限荷载与原有剪力墙保持一致，证明SMA剪力墙在震后只需简单修复即可继续使用。

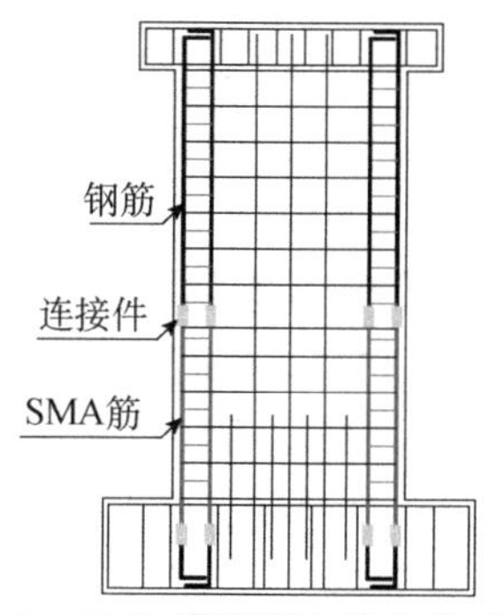

图1.10 SMA增强剪力墙构件示意图

蔺明宇等[61, 62]设计并制作了四片Fe-SMA剪力墙，研究了配筋率和配箍率对其抗震性能的影响规律，探讨了剪力墙的可恢复机理。研究结果表明，与普通剪力墙试件相比，铁基SMA剪力墙的可恢复变形能力提高了27%。

Tolou Kian和Cruz-Noguez[63]介绍了三种新型剪力墙，分别为FRP剪力墙、钢绞线剪力墙和SMA剪力墙，通过拟静力加载试验对比研究了三种剪力墙的抗震性能。试验研究证明，三种剪力墙中，SMA剪力墙的残余位移最小。

5. SMA用于框架构件

Alam等[64]通过动力时程分析评估了SMA增强混凝土框架的抗震性能，框架中梁的塑性铰区采用SMA作为受力筋。结果显示，即使在0.8g远高于设计地震荷载的情况下，SMA 增强混凝土框架在残余位移和位移角方面仍然表现出良好的性能，对强震区建筑物建设具有很强的吸引力。Elfeki 和 Youssef[65]以一座六层的钢筋混凝土框架为例，对竖向和水平地震激励下的 SMA 增强钢筋混凝土框架进行了优化分析。研究指出，SMA 筋的最佳布置位置是在第六层梁的弯矩最大截面和一层的梁柱节点处。

Navarro-Gómez 和 Bonet[52]设计了 12 个不同几何结构和新材料的抗弯框架，并在结构的关键区域采用 SMA 棒材和高性能混凝土改善其抗震性能，通过 Pushover 分析和增量动态分析评估了新型框架的抗震性能。结果表明，SMA 和高性能混凝土的结合使结构的残余位移减小，同时提高了结构的延性和抗力。

Abraik[66]提出了一种新型混合塑性铰框架，将钢筋与 SMA 筋在关键截面内结合起来，在降低施工成本的基础上提高钢筋混凝土框架的抗震性能。这种混合塑性铰是指在框架柱塑性铰区 SMA 筋占配筋的 50%，在框架梁的塑性铰区 SMA 筋占配筋的 60%。通过有限元软件 OpenSees 模拟分析了混合塑性铰框架在强震作用下的性能。结果表明，与常见的 SMA 增强框架结构相比，混合塑性铰框架结构同样具有优越的抗震性能。

1.3 本章小结

面对复杂多变的地震灾害，钢筋混凝土结构的抗震设计理念不断进步。震后可恢复功能结构和自复位结构，是提升钢筋混凝土结构抗震性能的新型结构形式之一。SMA 作为一种新兴的智能材料，具有独特的形状记忆效应、超弹性、高阻尼和电阻特性，在土木工程抗震领域中有广泛的应用前景。使用 SMA 筋增强混凝土结构，可以使结构具有良好的自复位性能，提高结构的韧性，实现结构的震后功能可恢复，提升结构的抗震性能。

参考文献

[1] Lew M，Naeim F，Carpenter L D，et al. The significance of the 27 February 2010 offshore Maule，Chile earthquake[J]. The Structural Design of Tall and Special Buildings，2010，19（8）：826-837.

[2] Marquis F，Kim J J，Elwood K J，et al. Understanding post-earthquake decisions on multi-storey concrete buildings in Christchurch，New Zealand[J]. Bulletin of Earthquake Engineering，2017，15（2）：731-758.

[3] Bruneau M，Chang S E，Eguchi R T，et al. A framework to quantitatively assess and enhance the seismic resilience of communities[J]. Earthquake Spectra，2003，19（4）：733-752.

[4] Berke P R, Campanella T J. Planning for postdisaster resiliency[J]. The ANNALS of the American Academy of Political and Social Science, 2006, 604(1): 192-207.

[5] 吕西林，陈云，毛苑君. 结构抗震设计的新概念——可恢复功能结构[J]. 同济大学学报（自然科学版），2011，39（7）：941-948.

[6] Ölander A. An electrochemical investigation of solid cadmium-gold alloys[J]. Journal of the American Chemical Society, 1932, 54(10): 3819-3833.

[7] Buehler W J, Gilfrich J V, Wiley R C. Effect of low-temperature phase changes on the mechanical properties of alloys near composition TiNi[J]. Journal of Applied Physics, 1963, 34(5): 1475-1477.

[8] Mohd Jani J, Leary M, Subic A, et al. A review of shape memory alloy research, applications and opportunities[J]. Materials & Design (1980-2015), 2014, 56: 1078-1113.

[9] Zareie S, Issa A S, Seethaler R J, et al. Recent advances in the applications of shape memory alloys in civil infrastructures: A review[J]. Structures, 2020, 27: 1535-1550.

[10] Wu S K, Lin H C. Damping characteristics of TiNi binary and ternary shape memory alloys[J]. Journal of Alloys and Compounds, 2003, 355(1-2): 72-78.

[11] Hsieh S F, Wu S K. Damping characteristics of a $Ti_{40.5}Ni_{49.5}Zr_{10}$ shape memory alloy[J]. Journal of Alloys and Compounds, 2005, 403(1-2): 154-160.

[12] McCormick J, DesRoches R. Damping properties of shape memory alloys for seismic applications[C]//Structures 2004: Building on the Past, Securing the Future, Nashville: American Society of Civil Engineers, 2004: 747-757.

[13] Liu Y, van Humbeeck J, Stalmans R, et al. Some aspects of the properties of NiTi shape memory alloy[J]. Journal of Alloys and Compounds, 1997, 247(1): 115-121.

[14] Liu Y, Xie Z, van Humbeeck J. Cyclic deformation of NiTi shape memory alloys[J]. Materials Science and Engineering: A, 1999, 273-275: 673-678.

[15] Abdulridha A, Palermo D, Foo S, et al. Behavior and modeling of superelastic shape memory alloy reinforced concrete beams[J]. Engineering Structures, 2013, 49: 893-904.

[16] 匡亚川，欧进萍. 形状记忆合金智能混凝土梁变形特性的研究[J]. 中国铁道科学，2008，（4）：41-46.

[17] 匡亚川，欧进萍. 混凝土梁智能自修复试验与研究[J]. 大连理工大学学报，2009，49（3）：408-413.

[18] Shrestha K C, Araki Y, Nagae T, et al. Feasibility of Cu-Al-Mn superelastic alloy bars as reinforcement elements in concrete beams[J]. Smart Materials and Structures, 2013, 22(2): 25025.

[19] Pareek S, Suzuki Y, Araki Y, et al. Plastic hinge relocation in reinforced concrete beams using Cu-Al-Mn SMA bars[J]. Engineering Structures, 2018, 175: 765-775.

[20] Elbahy Y I，Youssef M A. Flexural behaviour of superelastic shape memory alloy reinforced concrete beams during loading and unloading stages[J]. Engineering Structures，2019，181：246-259.

[21] Azadpour F，Maghsoudi A A. Experimental and analytical investigation of continuous RC beams strengthened by SMA strands under cyclic loading[J]. Construction and Building Materials，2020，239：117730.

[22] 崔迪，李宏男，宋钢兵. 形状记忆合金混凝土梁力学性能试验研究[J]. 工程力学，2010，27（2）：117-123.

[23] Mas B，Cladera A，Ribas C. Experimental study on concrete beams reinforced with pseudoelastic Ni-Ti continuous rectangular spiral reinforcement failing in shear[J]. Engineering Structures，2016，127：759-768.

[24] Rius J M，Cladera A，Ribas C，et al. Shear strengthening of reinforced concrete beams using shape memory alloys[J]. Construction and Building Materials，2019，200：420-435.

[25] Wierschem N，Andrawes B. Superelastic SMA-FRP composite reinforcement for concrete structures[J]. Smart Materials and Structures，2010，19（2）：25011.

[26] Shafei E，Kianoush R. Transient analysis of hybrid SMA-FRP reinforced concrete beams under sequential impacts[J]. Engineering Structures，2020，208：109915.

[27] Saiidi M S，Wang H. Exploratory study of seismic response of concrete columns with shape memory alloys reinforcement[J]. ACI Structural Journal，2006，103（3）：436-443.

[28] Saiidi M S，O'Brien M，Sadrossadat-Zadeh M. Cyclic response of concrete bridge columns using superelastic nitinol and bendable concrete[J]. ACI Structural Journal，2009，106（1）：69.

[29] Kise S，Mohebbi A，Saiidi M S，et al. Mechanical splicing of superelastic Cu-Al-Mn alloy bars with headed ends[J]. Smart Materials and Structures，2018，27（6）：65025.

[30] Ge J，Saiidi M S. Seismic response of the three-span bridge with innovative materials including fault-rupture effect[J]. Shock and Vibration，2018，2018：1-18.

[31] Ge J，Saiidi M S，Varela S. Computational studies on the seismic response of the State Route 99 bridge in Seattle with SMA-ECC plastic hinges[J]. Frontiers of Structural and Civil Engineering，2019，13（1）：149-164.

[32] Shrestha K C，Saiidi M S，Cruz C A. Advanced materials for control of post-earthquake damage in bridges[J]. Smart Materials and Structures，2015，24（2）：25035.

[33] Muntasir Billah A H M，Shahria Alam M. Seismic fragility assessment of concrete bridge pier reinforced with superelastic shape memory alloy[J]. Earthquake Spectra，2015，31（3）：1515-1541.

[34] Muntasir Billah A H M，Shahria Alam M. Performance-based seismic design of shape

memory alloy-reinforced concrete bridge Piers. Ⅱ: Methodology and design example[J]. Journal of Structural Engineering (United States), 2016, 142 (12): 04016140.

[35] Muntasir Billah A H M, Shahria Alam M. Probabilistic seismic risk assessment of concrete bridge piers reinforced with different types of shape memory alloys[J]. Engineering Structures, 2018, 162: 97-108.

[36] Xiang N, Chen X, Shahria Alam M. Probabilistic seismic fragility and loss analysis of concrete bridge piers with superelastic shape memory alloy-steel coupled reinforcing bars[J]. Engineering Structures, 2020, 207: 110229.

[37] Hosseini F, Gencturk B, Lahpour S, et al. An experimental investigation of innovative bridge columns with engineered cementitious composites and Cu-Al-Mn super-elastic alloys[J]. Smart Materials and Structures, 2015, 24 (8): 85029.

[38] Zheng Y, Dong Y. Performance-based assessment of bridges with steel-SMA reinforced piers in a life-cycle context by numerical approach[J]. Bulletin of Earthquake Engineering, 2019, 17 (3): 1667-1688.

[39] 金光耀. 基于SMA-ECC增强混凝土桥墩柱抗震性能试验研究[D]. 郑州：郑州大学硕士学位论文，2018.

[40] 肖正锋. 形状记忆合金混凝土梁柱节点抗震性能研究[D]. 沈阳：沈阳建筑大学硕士学位论文，2018.

[41] Youssef M A, Shahria Alam M, Nehdi M. Experimental investigation on the seismic behavior of beam-column joints reinforced with superelastic shape memory alloys[J]. Journal of Earthquake Engineering, 2008, 12 (7): 1205-1222.

[42] Shahria Alam M, Youssef M A, Nehdi M. Analytical prediction of the seismic behaviour of superelastic shape memory alloy reinforced concrete elements[J]. Engineering Structures, 2008, 30 (12): 3399-3411.

[43] Halahla A M, Abu Tahnat Y B, Almasri A H, et al. The effect of shape memory alloys on the ductility of exterior reinforced concrete beam-column joints using the damage plasticity model[J]. Engineering Structures, 2019, 200: 109676.

[44] Oudah F, El-Hacha R. Joint performance in concrete beam-column connections reinforced using SMA smart material[J]. Engineering Structures, 2017, 151: 745-760.

[45] Oudah F. Development of innovative self-centering concrete beam-column connections reinforced using shape memory alloys[D]. Calgary: University of Calgary, 2014.

[46] Oudah F, El-Hacha R. Plastic hinge relocation in concrete structures using the double-slotted-beam system[J]. Bulletin of Earthquake Engineering, 2017, 15 (5): 2173-2199.

[47] Nahar M, Muntasir Billah A H M, Kamal H R, et al. Numerical seismic performance evaluation of concrete beam-column joint reinforced with different super elastic shape memory

alloy rebars[J]. Engineering Structures，2019，194：161-172.

[48] Nahar M，Islam K，Muntasir Billah A H M. Seismic collapse safety assessment of concrete beam-column joints reinforced with different types of shape memory alloy rebars[J]. Journal of Building Engineering，2020，29：101106.

[49] 裴金召. 基于SMA-ECC的新型自复位框架节点抗震性能试验研究[D]. 郑州：郑州大学硕士学位论文，2018.

[50] Pereiro-Barceló J，Bonet J L，Gómez-Portillo S，et al. Ductility of high-performance concrete and very-high-performance concrete elements with Ni-Ti reinforcements[J]. Construction and Building Materials，2018，175：531-551.

[51] Pereiro-Barceló J，Bonet J L，Cabañero-Escudero B，et al. Cyclic behavior of hybrid RC columns using high-performance fiber-reinforced concrete and Ni-Ti SMA bars in critical regions[J]. Composite Structures，2019，212：207-219.

[52] Navarro-Gómez A，Bonet J L. Improving the seismic behaviour of reinforced concrete moment resisting frames by means of SMA bars and ultra-high performance concrete[J]. Engineering Structures，2019，197：109409.

[53] Nehdi M，Alam M S，Youssef M A. Development of corrosion-free concrete beam-column joint with adequate seismic energy dissipation[J]. Engineering Structures，2010，32（9）：2518-2528.

[54] Wang B，Zhu S Y. Seismic behavior of self-centering reinforced concrete wall enabled by superelastic shape memory alloy bars[J]. Bulletin of Earthquake Engineering，2018，16（1）：479-502.

[55] Thomsen J H，Wallace J W. Displacement-based design of slender reinforced concrete structural walls-experimental verification[J]. Journal of Structure Engineering，2004，130（4）：618-630.

[56] Ghassemieh M，Rezapour M，Sadeghi V. Effectiveness of the shape memory alloy reinforcement in concrete coupled shear walls[J]. Journal of Intelligent Material Systems and Structures，2016，28（5）：640-652.

[57] Ghassemieh M，Bahaari M R，Ghodratian S M，et al. Improvement of concrete shear wall structures by smart materials[J]. Open Journal of Civil Engineering，2012，2（3）：87-95.

[58] Abraik E，Youssef M A. Seismic fragility assessment of superelastic shape memory alloy reinforced concrete shear walls[J]. Journal of Building Engineering，2018，19：142-153.

[59] Abdulridha A，Palermo D. Behaviour and modelling of hybrid SMA-steel reinforced concrete slender shear wall[J]. Engineering Structures，2017，147：77-89.

[60] Cortés-Puentes L，Zaidi M，Palermo D，et al. Cyclic loading testing of repaired SMA and steel reinforced concrete shear walls[J]. Engineering Structures，2018，168：128-141.

[61] Yan S，Lin M Y，Xiao Z F，et al. Experimental research on resilient performances of Fe-based SMA-reinforced concrete shear walls[J]. IOP Conference Series：Earth and Environmental Science，2018，189：32028.

[62] 蔺明宇. 铁基 SMA 混凝土剪力墙可恢复变形性能研究[D]. 沈阳：沈阳建筑大学硕士学位论文，2018.

[63] Tolou Kian M J，Cruz-Noguez C. Reinforced concrete shear walls detailed with innovative materials：Seismic performance[J]. Journal of Composites for Construction，2018，22（6）：04018052.

[64] Alam M S，Nehdi M，Youssef M A. Seismic performance of concrete frame structures reinforced with superelastic shape memory alloys[J]. Smart Structures and Systems，2009，5（5）：565-585.

[65] Elfeki M A，Youssef M A. Shape memory alloy reinforced concrete frames vulnerable to strong vertical excitations[J]. Journal of Building Engineering，2017，13：272-290.

[66] Abraik E. Seismic performance of shape memory alloy reinforced concrete moment frames under sequential seismic hazard[J]. Structures，2020，26：311-326.

第 2 章　SMA 筋材料性能试验

为了实现复位的效果，SMA 应该具有较大的恢复应力和较小的残余位移。但是影响这两个条件的因素众多，材料的化学成分、热处理工艺、直径大小、应力状态等都会引起性能的改变。钱辉等[1]研究了三种不同直径 SMA 的超弹性。结果表明，直径为 0.5mm 的自复位性能要优于直径为 1.2mm 和 2.0mm 的 SMA。任文杰等[2]通过对直径为 4.6mm 的棒材实施力学性能试验后发现，大直径棒材的输出力较大，更适合用于复位或限位构件。王伟和邵红亮[3]开展了 SMA 棒材在不同加载制度下的力学性能研究。DesRoches 等[4]对比分析了 SMA 丝材和棒材的循环力学特性，指出棒材也可以表现出优异的超弹性。Sadiq 等[5]指出热处理可以改变 SMA 的恢复应力。其他研究者也指出，与丝材相比，SMA 棒材的超弹性会因为某一条件的改变而存在较大的差异。为此，开展 SMA 棒材的力学性能研究将为棒材的进一步应用提供依据。

本章对四种不同直径的 SMA 棒材进行力学拉伸试验，深入分析热处理、加卸载循环次数、应变幅值对 SMA 超弹性的影响，探讨残余应变、耗能能力、割线刚度、等效阻尼比等力学参数随循环次数和应变幅值的变化规律，从而为 SMA 棒材的应用提供依据。

2.1　试 验 方 法

2.1.1　试验材料

试验采用由宝鸡海鹏钛合金材料有限公司生产的直径分别为 6.5mm、8.0mm、10.0mm 和 14.0mm 的形状记忆合金棒材，材料的成分含量如表 2.1 所示。根据《金属材料拉伸试验 第 1 部分：室温试验方法》（GB/T 228.1—2021）[6]，将大直径（10.0mm 和 14.0 mm）棒材加工成狗头棒型，具体尺寸如图 2.1 所示。试件原始标距为 50mm，平行段长为 70mm，过渡段圆弧半径为 12mm，总长为 155mm。对直径为 8.0mm 和 6.5mm 的棒材直接用原试件，原始标距为 50mm，平行段为 140mm，总长为 200mm，如图 2.2 所示。根据规范规定，未加工试件原始标距的标记距最接近夹头间的距离不小于 $\sqrt{S_0}$ （S_0 为横截面面积）。因此，直径为 8.0mm 和 6.5mm 的拉伸试验试件满足要求。

表 2.1　SMA 材料成分含量（质量分数）　（单位：%）

Ni	Ti	C	N	H	O
56.86	剩余	0.01	0.002	0.001	0.0032

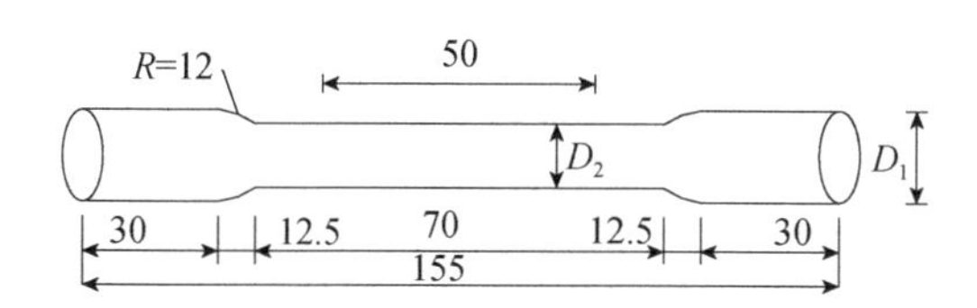

(a) 试样尺寸图

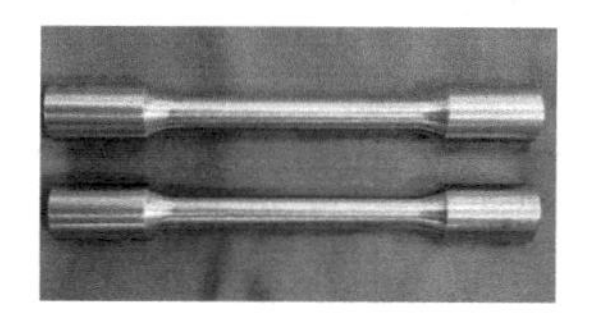

(b) 试样实物图

图 2.1　10.0mm 和 14.0mm 拉伸试件尺寸与实物（单位：mm）

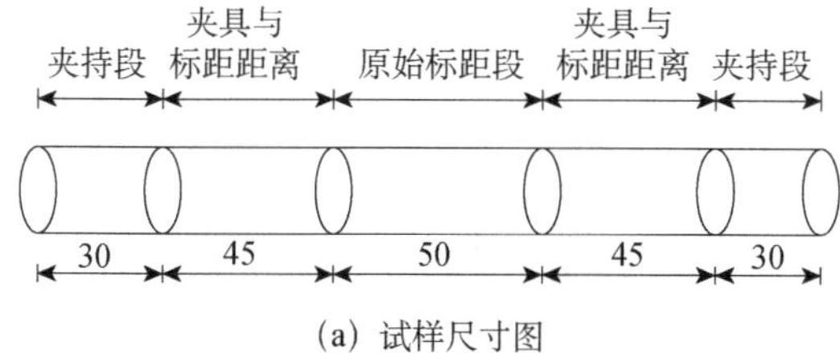

(a) 试样尺寸图

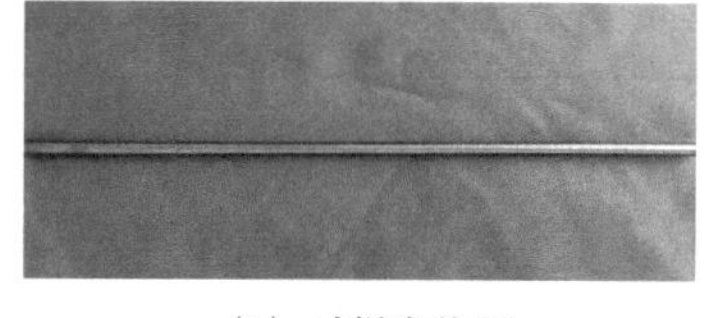

(b) 试样实物图

图 2.2　6.5mm 和 8.0mm 拉伸试验试件尺寸与实物（单位：mm）

2.1.2　试验装置

SMA 棒材力学性能试验采用的是 200kN 万能试验机，如图 2.3 所示。加载方式采用位移控制，速率为 1mm/min，利用引伸计控制应变速率。试验过程中的力由传感器采集，并由相连的计算机自动记录，最后根据采集的力和位移换算为对应的应力和应变。

图 2.3　力学测试试验设备

2.1.3 试验方案

SMA 的超弹性受到热处理、循环加卸载次数、应变幅值等因素的影响，因此本节主要从热处理工艺、循环次数、应变幅值来考察超弹性性能。具体的试验方案总结于表 2.2。

表 2.2 SMA 材料性能试验方案

组名	直径/mm	热处理温度/℃	保温时长/min	循环次数
1	14.0	450	15	—
2	14.0	400	15/20/30	—
3	14.0	400	15	10/30
4	10.0	400	15	10
5	8.0	400	15	10
6	6.5	400	15	10

热处理主要从温度和保温时长两个方面来考虑。根据国内外参考文献，SMA 棒材要在室温下具有超弹性，对应的热处理温度主要集中于 350～500℃，保温时长主要为 15～30min。对于大直径 SMA 棒材的热处理，同济大学王伟教授（Wang）等进行了大量的研究[7]，指出热处理温度和时长应该根据棒材直径的大小而有所调整，直径越大温度越高、时间越长。对于直径为 20mm 的棒材，给出的最优热处理方案为 450℃ × 30min。基于文献中的热处理效果，主要选择 400℃和 450℃进行对比，对 400℃时的保温时间进行更加细致的研究，分为 15min、20min、30min。具体的热处理方法为：①将高温炉（图 2.4）加热升温至目标温度，并保温 10min 待炉内温度稳定；②将 SMA 棒材快速放置高温炉内，并迅速关闭炉门；③在目标温度内保温相应的时长，然后取出；④放入水冷池中冷却，参见图 2.4（b）。

(a) 高温炉　　(b) 水冷池

图 2.4 热处理工艺

选取直径为 6.5mm、10.0mm 和 14.0mm，开展应变为 3%、循环 10 次的定幅值 SMA 材料拉伸试验，对比不同直径在循环加载下的力学性能，研究循环次数对 SMA 超弹性的影响；选取 14.0mm，应变为 4%，循环 30 次，考察大直径棒材的抗疲劳性能。

选取直径为 6.5mm、8.0mm、10.0mm 和 14.0mm，实施变幅值循环拉伸试验，应变幅值从 1%依次递增至 6%，考察应变幅值对 SMA 棒材力学性能的影响。

2.1.4　力学性能参数选取

图 2.5 表示超弹性 SMA 应力-应变关系以及相应的力学参数。σ_{Ms}、σ_{Mf} 分别表示马氏体相变开始应力和完成应力；σ_{As}、σ_{Af} 分别表示马氏体逆相变开始应力和完成应力，其保证了超弹性 SMA 的自复位性能和耗能量；ε_r 表示残余应变；ε_δ、σ_δ 分别表示应变幅值以及对应的应力。选取以下参数来评估 SMA 在不同工况下的力学性能。

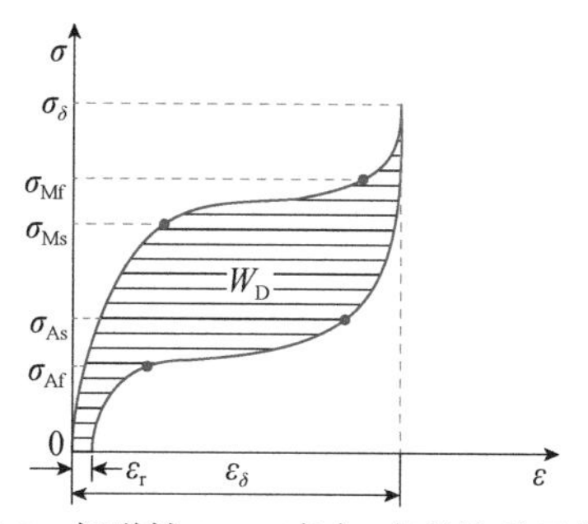

图 2.5　超弹性 SMA 应力-应变关系示意图

残余应变 ε_r：表示每次卸载至应力为零时对应的应变，评价 SMA 的自复位能力。

每循环耗能能量 W_D: 表示每次加卸载循环滞回曲线与坐标轴所包围的面积，评价 SMA 的耗能能力。

（1）割线刚度 κ_s：

$$\kappa_s = \frac{F_{max} - F_{min}}{\delta_{max} - \delta_{min}} \tag{2.1}$$

式中，$F_{max(min)}$ 表示最大（小）荷载；$\delta_{max(min)}$ 表示最大（小）荷载对应的位移。

（2）等效阻尼比 ξ_{eq}：表示 SMA 棒材的阻尼性能。

$$\xi_{eq} = \frac{W_D}{2\pi\kappa_s\delta^2} \tag{2.2}$$

2.2　试验结果分析

2.2.1　热处理工艺

对 NiTi 合金而言，热处理的主要目的一方面是调整 A_f，使奥氏体完成温度低于环境温度，另一方面是有助于 Ni_4Ti_3 沉淀相的析出[8]。Ni_4Ti_3 相与 SMA 的超弹性密切相关。微观上，Ni_4Ti_3 相被认为有助于马氏体相变，阻止了奥氏体立方体晶体结构位错的发生。宏观上表现为超弹性行为和应变恢复。图 2.6 为未处理试件的应力-应变关系曲线。可以看出，未处理试件没有表现出任何超弹性，和普通钢筋一样。图 2.7 为不同温度热处理后试件的应力-应变关系曲线。当 SMA 棒经过热处理后，表现出明显的超弹性性能。图中的图例 D14-400-15 表示直径为 14mm 的试件在 400℃下热处理 15min，其他图中以此类推。当温度从 400℃升高到 450℃时，相变和逆相变平台出现明显下降。

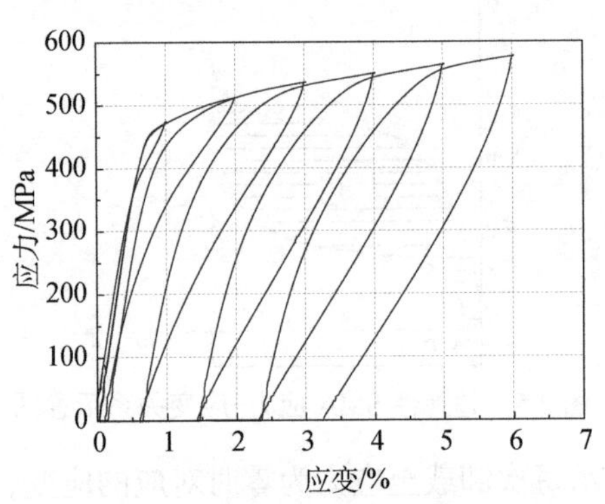

图 2.6　未处理试件应力-应变关系曲线

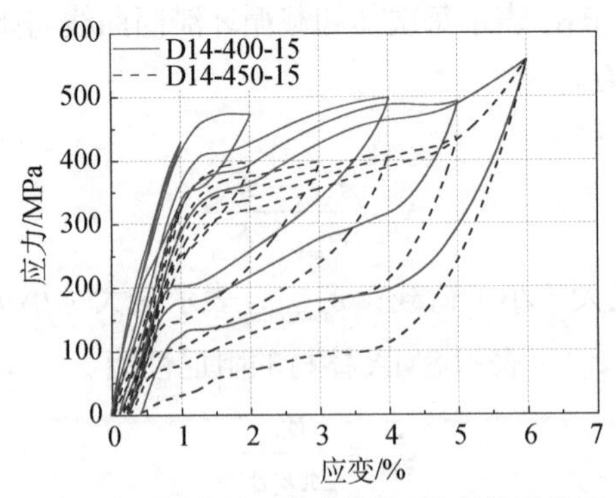

图 2.7　不同热处理温度应力-应变关系曲线

图 2.8（a）～（c）分别表示在 400℃的高温情况下，保温 15min、20min、30min 后对棒材进行不同应变幅值拉伸试验的应力-应变关系曲线。图形呈现出旗帜形，表示试件显现出完全超弹性。可以看出，三种热处理方案的残余应变都比较小，当达到 6%的应变时，保温 15min 的残余应变不到 0.5%，可恢复应变超过 90%，具有很好的恢复性能。同时，保温 30min 拉伸应变为 6%时，试件在应力诱发马氏体形成中刚度增大，应力增大，这也说明材料在大震中会发生硬化，从而为结构提供安全储备。

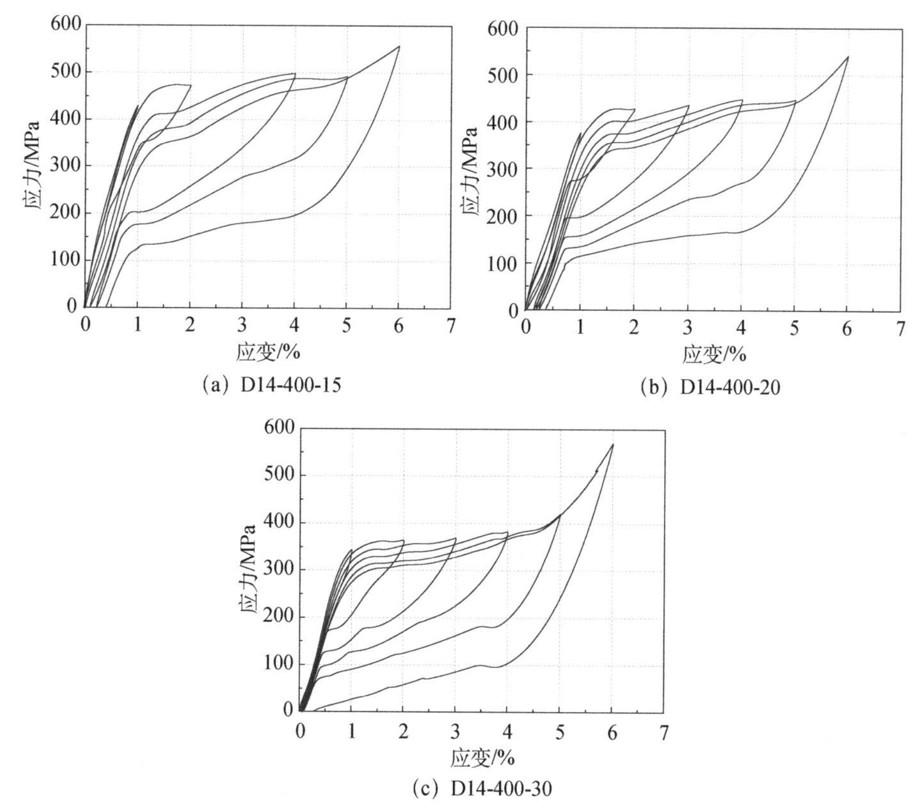

(a) D14-400-15　(b) D14-400-20

(c) D14-400-30

图 2.8　不同热处理时间应力-应变关系曲线

图 2.9（a）～（c）给出了应变为 2%、4%、6%时不同热处理时间对应的应力-应变关系曲线。可以发现，随着保温时间的延长，相变的应力转换平台逐渐降低。例如，在应变 2%滞回曲线中，热处理时长为 15min 的奥氏体结束应力约为 350MPa，而热处理时长为 30min 对应的奥氏体结束应力已经降低到约 170MPa。因此，如果想要获得更高的恢复应力，热处理时间不能过长。从残余应变的角度观察可以发现，当保温时间延长时，残余应变会相对减小，即热处理 30min 的残余应变相对更小。

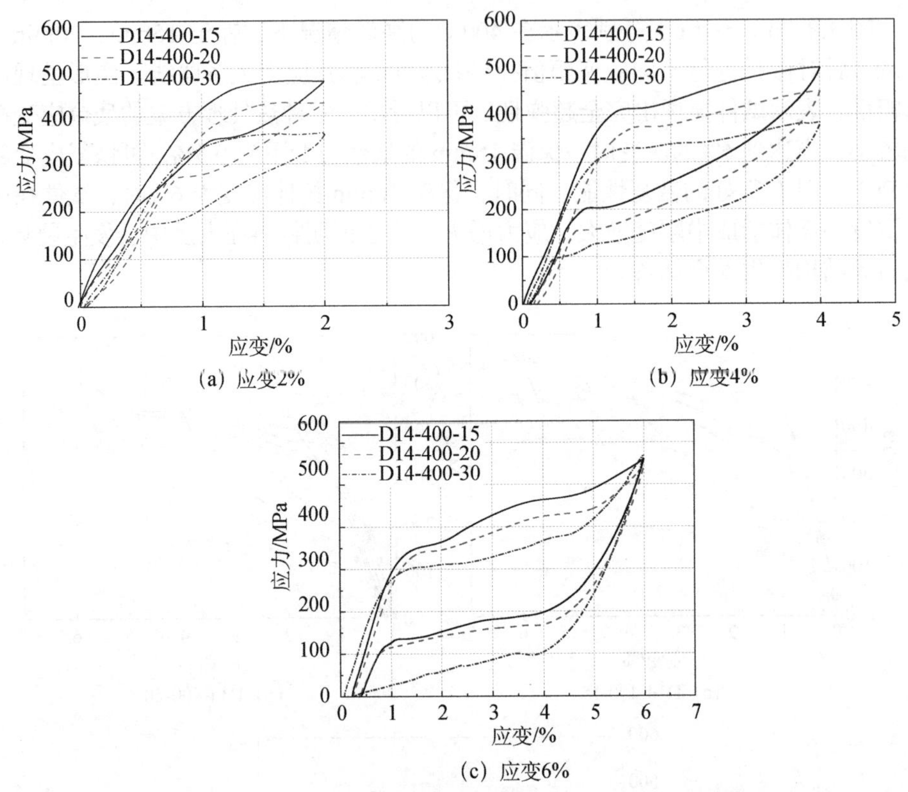

(a) 应变2%

(b) 应变4%

(c) 应变6%

图 2.9 应变为 2%、4%、6%时不同热处理时间对应的应力-应变关系曲线

综上所述，热处理可以优化材料的力学性能，使其满足工程需要。对于直径为 14mm 的棒材，选择 400℃保温 15min 的热处理条件可以得到满足试验要求的应力和恢复应力，残余位移也较小。在后面的研究中，试件都选用 400℃保温 15min 的热处理工艺后进行试验。

2.2.2 循环次数

图 2.10（a）～（c）给出了三种直径的 SMA 棒材在循环加卸载 10 次工况下的应力-应变曲线。可以看出，在前 3～5 次循环加卸载过程中，滞回曲线的各个阶段以及四个相变点比较清楚，马氏体正、逆相变产生的屈服平台较为明显，整个曲线显示为旗帜形；随着循环次数的增加，相变阶段和相变点均不明显，应力-应变关系曲线呈现为光滑的圆弧曲线，滞回环显示为梭形；直径越大，滞回环面积越小，即小直径的 SMA 更易显示出超弹性，耗能能力更好；对于同一种直径的 SMA，滞回环的面积随着加卸载次数的增加而逐渐减小，即耗能能量随着加卸载次数的增加而逐渐减小；随着循环次数的增加，应力-应变关系曲线的滞回曲线向下移动，相变应力平台下移，一般在加卸载五次后，应力-应变关系曲线的滞

回曲线形状基本稳定。从图 2.10（d）的分析结果来看，增加循环次数达到 30 次，加大拉伸应变，也会显示出如上的规律。因此，在工程实际应用时，可以提前对试件进行拉伸训练，待其性能稳定后使用。

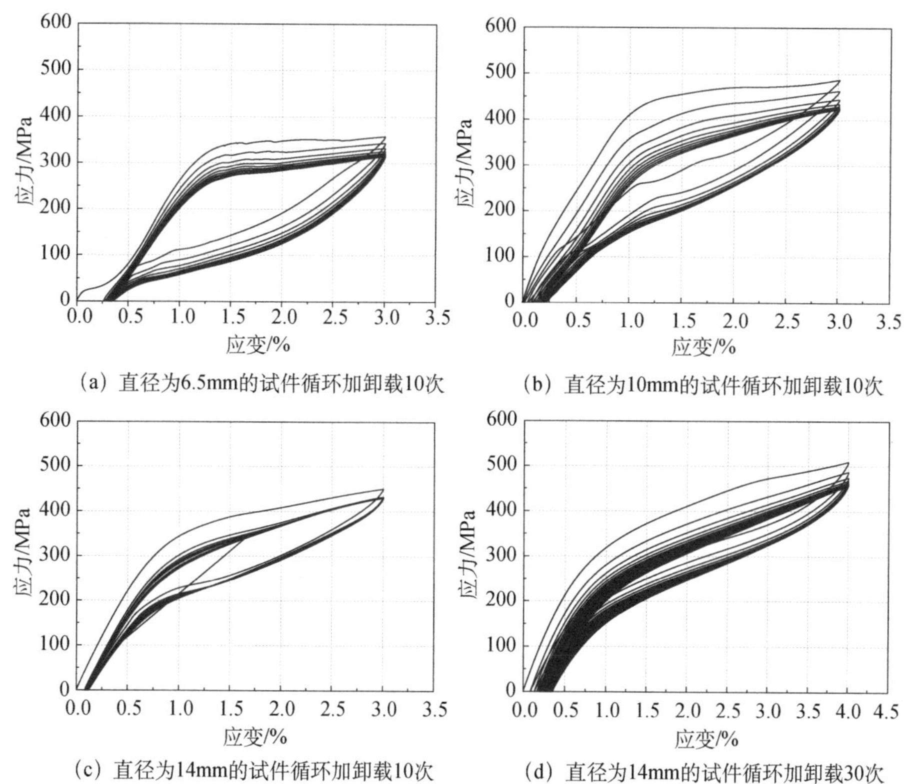

（a）直径为6.5mm的试件循环加卸载10次　（b）直径为10mm的试件循环加卸载10次

（c）直径为14mm的试件循环加卸载10次　（d）直径为14mm的试件循环加卸载30次

图 2.10　三种直径的 SMA 棒材在循环加卸载 10 次和 30 次工况下的应力-应变关系曲线

图 2.11（a）～（f）为不同直径棒材的力学特征参数随加卸载循环次数增加的变化规律曲线。可以看出，总体而言，正相变应力、峰值应力、残余应变、每循环耗能能量、割线刚度、等效阻尼比随着循环次数增加而逐渐趋于稳定。峰值应力是在每次循环中对应的最大应力。相变应力和峰值应力在最初的三次循环中下降明显。对于直径较大的棒材，相变应力下降更快，但是结果没有呈现出明显的尺寸效应。W_D、κ_s 和 ξ_{eq} 都随着循环次数增加而逐渐降低，但是降低幅度不大，三者显示出一定的尺寸效应；ε_r 随着循环次数增加而逐渐增大。具体而言，直径为 6.5mm、10mm、14mm 棒材的 ε_r 在经过 10 次循环后，最大残余应变没有超过 0.4%，可恢复应变超过 90%。直径为 10mm 和 14mm 的棒材经过 10 次循环后，W_D 分别降至首次循环的 67.9%和 60%，而直径为 6.5mm 的棒材 W_D 为首次循环的 96%，基本上没有变化；三种直径棒材的 κ_s 在经过 5 次循环后趋于稳定；ξ_{eq} 随

着循环次数的增加而降低，约 5 次循环后稳定，分别由首次循环的 5.4%、3.7%、3.1%降至 10 次循环的 4.9%、2.8%和 1.9%。通过以上试验结果可以看出，经过一定循环后，棒材的各项性能逐渐稳定。

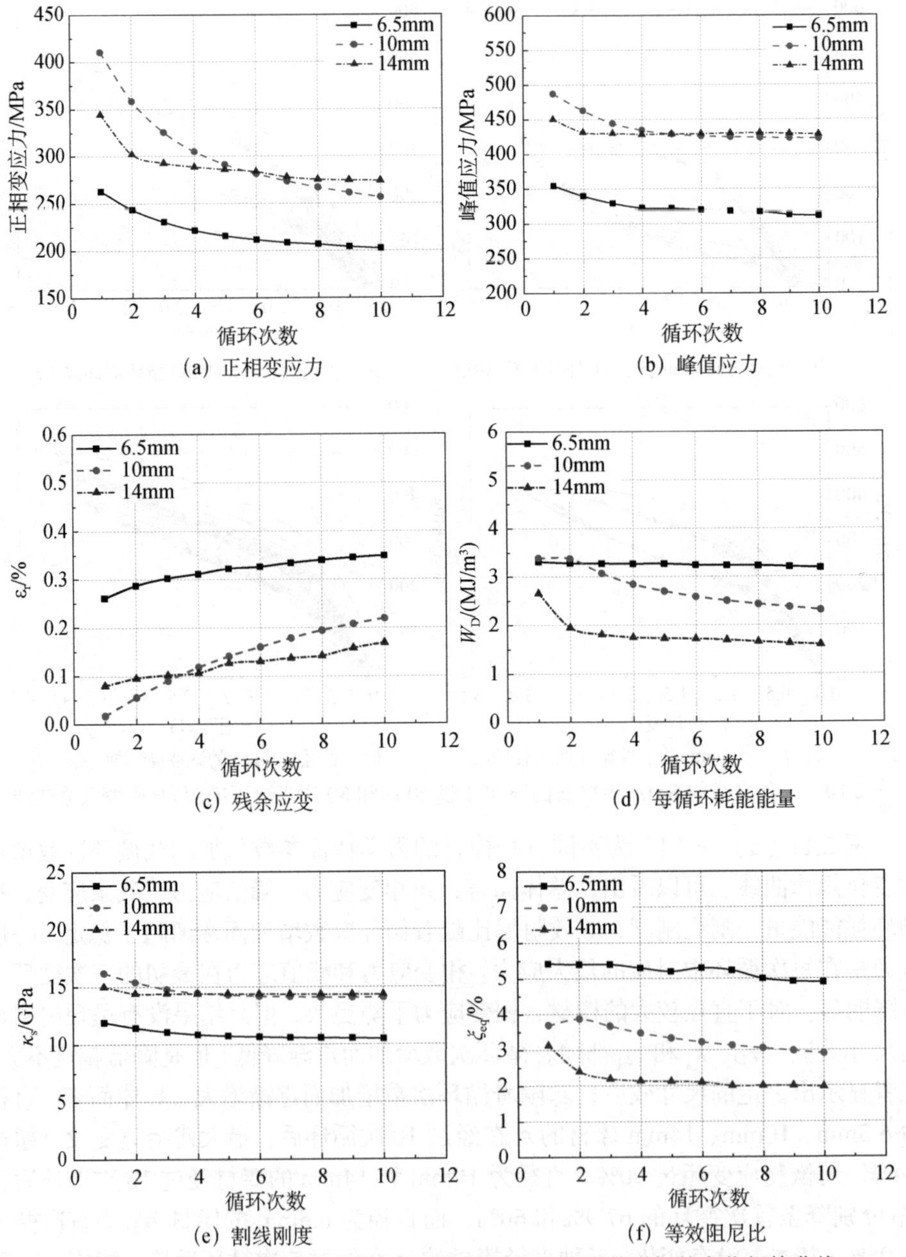

图 2.11 不同直径棒材的力学特征参数随循环加载次数增加的变化规律曲线

2.2.3 应变幅值

图 2.12（a）～（d）为不同应变幅值下四种直径 SMA 棒材的应力-应变关系曲线。可以看出，随着应变幅值的增大，应力平台逐渐降低，而逆相变平台较正相变降低幅度要大得多。直径为 8mm 的 SMA 棒材残余应变较其他三个更大，这主要是由于试件拉伸时，环境温度太低。

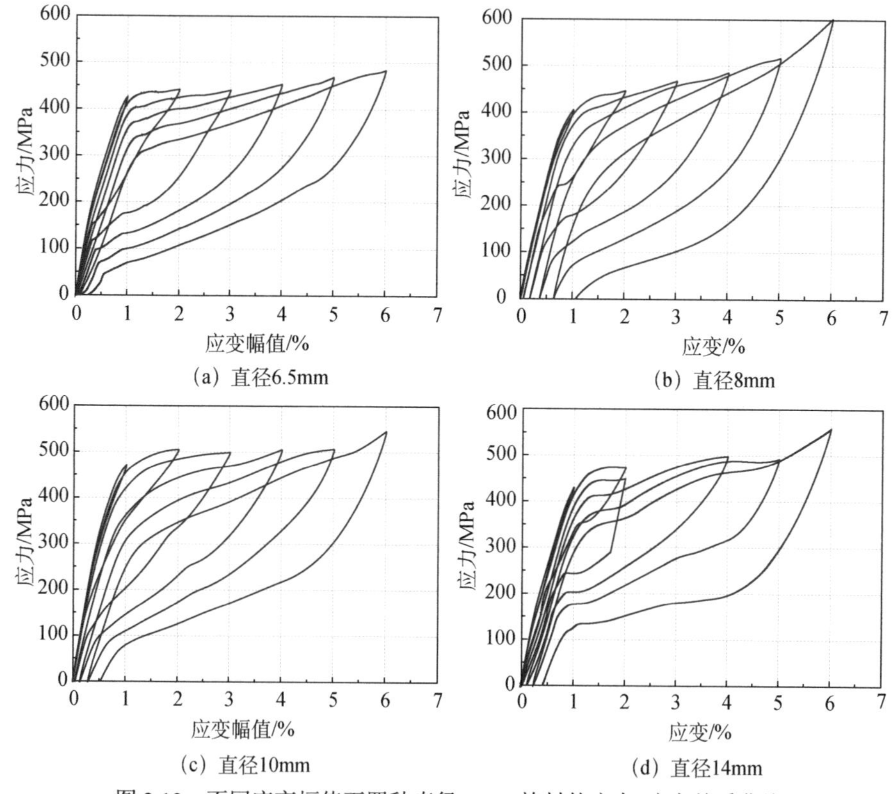

（a）直径6.5mm （b）直径8mm

（c）直径10mm （d）直径14mm

图 2.12 不同应变幅值下四种直径 SMA 棒材的应力-应变关系曲线

图 2.13 为四种直径 SMA 棒材在不同应变幅值下的力学特征参数比较。可以看出，四种直径的 ε_r 随着应变幅值的增加呈现出指数增加的趋势，其中直径为 8mm 的 SMA 棒材 ε_r 变化最大，由 0.18%增大到 1.06%；每循环耗能能量 W_D 随着应变幅值增加呈现近似线性增加的趋势，例如，直径 14mm 的 SMA 棒材 W_D 由 1%应变幅值时的 0.277MJ/m^3 增加到 6%应变幅值时的 12.179MJ/m^3，增加了约 43 倍；割线刚度 κ_s 在 3%应变之前随着应变幅值增大而急剧下降，随后降低幅度变缓；等效阻尼比 ξ_{eq} 的变化趋势和 κ_s 完全相反，在 3%应变之前 ξ_{eq} 随着应变幅值线性增大，4%应变以后其值基本趋于稳定，但直径 14mm 的 ξ_{eq} 呈现出线性增长

的趋势，从 1.1%增加至 5.8%。McCormick 和 DesRoches[9]指出，SMA 在超弹性状态下的阻尼性能一般比较差，等效阻尼比一般为 2%～7%，阻尼性能在 4%～5%应变幅值时达到峰值，随后阻尼性能基本稳定。本节研究也证实了这一点。

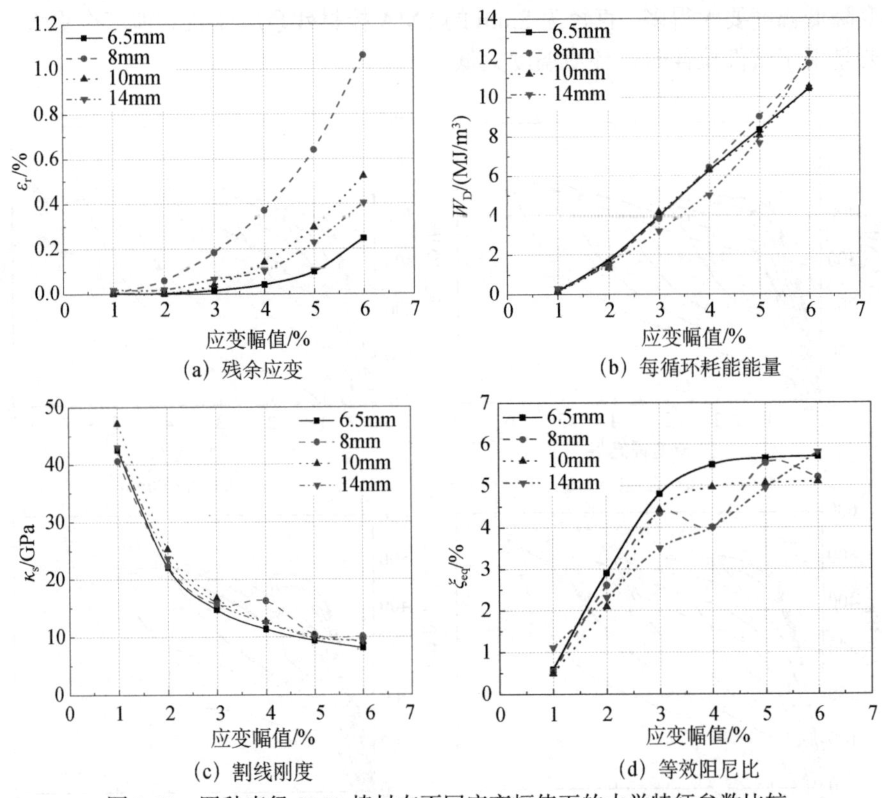

图 2.13　四种直径 SMA 棒材在不同应变幅值下的力学特征参数比较

2.3　本 章 小 结

本章对直径为 6.5mm、8mm、10mm 和 14mm 的四种 SMA 棒材进行力学拉伸试验，系统研究了热处理、循环次数、应变幅值对其超弹性的影响。材料试验研究的主要结论如下。

（1）热处理工艺对棒材的相变应力影响较大。随着热处理时间的增加，SMA 棒材的相变应力明显降低；对于直径为 14mm 的棒材，400℃保温 15min 热处理后的恢复应力更高，残余应变也较小。

（2）随着循环加卸载次数的增加，SMA 试件正相变应力、峰值应力、每循环耗能能量、割线刚度、等效阻尼比逐渐降低，并在约 5 次循环后趋于稳定；残余应变累积增加。因此，为了获得稳定的力学性能，SMA 试件在使用之前可以先进行循环训练。

（3）随着应变幅值增大，SMA 棒材的等效割线刚度逐渐降低，而等效阻尼比、每循环耗能能量和残余应变逐渐增大。当直径为 14mm，应变幅值达到 6%时，残余应变仅为 0.52%，表明本次试验所使用的 SMA 表现出优异的超弹性性能。

参考文献

[1] 钱辉，李静斌，李宏男，等. 结构振动控制的不同直径 NiTi 丝力学性能试验研究[J]. 振动与冲击，2013，32（24）：89-95.

[2] 任文杰，王利强，贾俊森，等. 超弹性形状记忆合金棒力学性能的实验研究[J]. 功能材料，2013，44（2）：258-261.

[3] 王伟，邵红亮. 不同直径 NiTi 形状记忆合金棒材的超弹性试验研究[J]. 结构工程师，2014，30（3）：168-174.

[4] DesRoches R，McCormick J，Delemont M. Cyclic properties of superelastic shape memory alloy wires and bars[J]. Journal of Structural Engineering，2004，130（1）：38-46.

[5] Sadiq H，Wong M B，Al-Mahaidi R，et al. The effects of heat treatment on the recovery stresses of shape memory alloys[J]. Smart Materials and Structures，2010，19（3）：035021.

[6] 国家市场监督管理总局，国家标准化管理委员会. GB/T 228.1—2021　金属材料　拉伸试验　第 1 部分：室温试验方法[S]. 北京：中国标准出版社，2021.

[7] Wang W，Fang C，Liu J. Large size superelastic SMA bars：Heat treatment strategy，mechanical property and seismic application[J]. Smart Materials and Structures，2016，25（7）：75001.

[8] Mentz J，Bram M，Buchkremer H P，et al. Influence of heat treatments on the mechanical properties of high-quality Ni-rich NiTi produced by powder metallurgical methods[J]. Materials Science and Engineering：A，2008，481-482：630-634.

[9] McCormick J，DesRoches R. Damping properties of shape memory alloys for seismic applications[C]//Structures 2004：Building on the Past，Securing the Future，Nashville：American Society of Civil Engineers，2004：747-757.

第3章 SMA本构理论模型

SMA因其独特的形状记忆效应和超弹性，现已应用于众多领域，SMA用于土木工程结构的振动控制也成为众多学者研究的热点。为了能够更好地开发和利用SMA，实现其工程应用价值，准确掌握SMA的力学行为是十分有必要的。

SMA复杂的力学行为，使其本构模型的建立极为困难。几十年来，各国学者对SMA材料的本构模型做了大量的研究，相继提出了多种模型[1-15]。归纳起来，大致分为四类：①基于热动力学理论并根据自由能推导建立的单晶理论本构模型；②以细观理论和能量耗散理论为依据建立的细观力学本构模型；③基于热力学、热动力学和相变动力学的唯象理论本构模型；④带有塑性理论特点的具有内变量的塑性流动本构模型。

Falk等[2, 3]基于Landau理论，从形状记忆合金的Helmholtz自由能的构成出发，建立了SMA单晶理论本构模型，并详细讨论了模型所能描述材料的力学性能和热力学行为。但该模型仅研究了单晶体材料，未研究多晶体时的本构行为，因此很难应用于实际工程。

Tanaka和Sato[4]及Patoor等[5]从微观角度研究了SMA的本构行为，并通过平均方法得到了其宏观描述，但他们的工作仅限于应力诱导的相变且难以推广到逆相变与非比例加载过程；Sun和Hwang[6, 7]、Boyd和Lagoudas[8, 9]引入平均相变应变作为附加内变量参与对相变过程中材料微结构改变的描述，较好地解释了SMA在任意非比例加载下的伪弹性和形状记忆特性及其细观机制，但该模型较为复杂，实际应用中存在一定困难。

基于热力学、热动力学和相变动力学建立的唯象理论模型，因其形式简单、容易植入其他复合材料的理论模型中而得到了广泛应用。Tanaka[10]基于热力学第一定律和热力学第二定律，以一维SMA试件为研究对象，引入应变、温度和马氏体分数作为状态变量，推导了基于唯象理论的SMA增率形式的本构方程；Liang和Rogers[11]在Tanaka模型的基础上，假设SMA的应力与加载速率、温度变化速率和相变速率无关，从而得到了采用马氏体体积分数作为内变量的本构关系模型，并用马氏体生长的余弦模型修改了Tanaka的指数模型，模型比较简单且能够描述SMA的形状记忆效应和超弹性效应。该模型与试验结果吻合较好，模型参数容易获得，成为目前普遍采用的SMA本构关系模型，但该模型不能描述温度低于M_f时马氏体变体重取向的行为。Brinson[12]通过引入应力诱发的马氏体及温度诱发的马氏体来反映马氏体相变和逆相变过程中马氏体形态的差异，并重新讨论了相变运动发展方程。虽然 Brinson 模型依然没有考虑加载频率的影响，但在一定程度上能很好地描述 SMA 的超弹性和形状记忆特性，是目前唯象本构理论中相对完善的模型。

Graesser 和 Cozzarelli[13]在 Özdemir[14]模型的基础上，通过对背应力的改进，建立了一种带有塑性理论特点的 SMA 本构模型。该模型形式相对简单、比较适用，并可以推广到三维[15]，在土木工程结构振动控制研究中得到了广泛应用。但该模型仅描述了小应变情况下的 SMA 特性，在大应变下 SMA 马氏体的硬化特性没有得到描述，同时该模型也不能描述 SMA 应变率相关的动力特性。

本章在试验的基础上，提出了改进的 SMA 本构模型，并通过数值仿真结果和试验结果的比较，验证了改进本构模型的正确性和实用性。主要做了以下两方面的工作。

（1）对基于热力学、热动力学和相变动力学建立的三种本构模型进行介绍，分析这些模型的优缺点，并采用 Brinson 模型数值模拟了 SMA 丝在不同温度条件下的应力-应变关系。

（2）在试验的基础上，提出了超弹性 SMA 改进 Graesser-Cozzarelli 本构模型，改进模型能够描述大幅值荷载下 SMA 的马氏体硬化效应以及 SMA 应变率相关特性，并通过仿真结果和试验结果的比较，验证了模型的正确性和适用性。

3.1　本构模型

3.1.1　Tanaka 模型

根据 SMA 在相变过程中自由能应达到最小值的原理，Tanaka[10]建立了基于热力学理论的 SMA 本构关系模型。基于热力学第一定律和热力学第二定律，能量平衡方程和 Clausius-Duhem 不等式可表示为

$$\rho\dot{U}-\hat{\sigma}L+\frac{\partial q_{\mathrm{sur}}}{\partial x}-\rho q=0 \tag{3.1}$$

$$\rho\dot{S}-\rho\frac{q}{T}+\frac{\partial}{\partial x}\left(\frac{q_{\mathrm{sur}}}{T}\right)\geqslant 0 \tag{3.2}$$

式中，$\dot{U}$ 为内能密度，表示物质的内能与单位体积的比值；$\hat{\sigma}$ 为 Cauchy 应力；q_{sur} 为热流；L 为速率梯度；q 为热源密度；$\dot{S}$ 为熵（entropy）密度，用来描述系统在不同状态下的熵变化情况，以及系统熵的空间分布；ρ 为当前构形密度；T 为温度；x 为材料坐标。

将式（3.1）和式（3.2）改写为在初始构形下的表达式：

$$\rho_0\dot{U} - \sigma\dot{\varepsilon} + f^{-1}\frac{\rho_0}{\rho}\frac{\partial q_{\mathrm{sur}}}{\partial x} - \rho_0 q = 0 \tag{3.3}$$

$$\rho_0\dot{S} - \rho_0\frac{q}{T} + f^{-1}\frac{\rho_0}{\rho T}\frac{\partial q_{\mathrm{sur}}}{\partial x} - f^{-1}\frac{\rho_0 q_{\mathrm{sur}}}{\rho T^2}\frac{\partial T}{\partial x} \geqslant 0 \tag{3.4}$$

式中，ρ_0为初始构形密度；f为变形梯度；σ、ε分别为第二类 Piola-Kirchhoff 应力和 Green 应变，可按式（3.5）计算：

$$\sigma = \frac{\rho_0}{\rho}\frac{\hat{\sigma}}{f^2}, \qquad \varepsilon = \frac{f^2 - 1}{2} \tag{3.5}$$

引入状态变量ε、ξ和T，其中，ξ是一个表征相变程度的内变量，表示马氏体的体积分数，它的取值范围为 0～1，“0” 表示 SMA 材料为 100%奥氏体；“1” 表示 SMA 材料为 100%马氏体。引入 Helmholtz 自由能$\varPhi = U - TS$，$\varPhi = \varPhi(\varepsilon,\xi,T)$，将$\varPhi$对时间求导，可得

$$\dot{\varPhi} = \frac{\partial\varPhi}{\partial\varepsilon}\dot{\varepsilon} + \frac{\partial\varPhi}{\partial\xi}\xi + \frac{\partial\varPhi}{\partial T}\dot{T} = \dot{U} - T\dot{S} - \dot{T}S \tag{3.6}$$

将式（3.6）和式（3.3）代入式（3.4），可得

$$\left(\sigma - \rho_0\frac{\partial\varPhi}{\partial\varepsilon}\right)\dot{\varepsilon} - \left(S + \frac{\partial\varPhi}{\partial T}\right)\dot{T} - \frac{\partial\varPhi}{\partial\xi}\xi - \frac{1}{\rho_0 T}\cdot\frac{\rho}{\rho_0}qf^{-1}\frac{\partial T}{\partial x} \geqslant 0 \tag{3.7}$$

式（3.7）对任意$\dot{\varepsilon}$和$\dot{T}$都成立的充要条件为各自系数为零，即

$$\sigma = \rho_0\frac{\partial\varPhi(\varepsilon,\xi,T)}{\partial\varepsilon} = \sigma(\varepsilon,\xi,T) \tag{3.8}$$

$$S = -\frac{\partial\varPhi}{\partial T} \tag{3.9}$$

对式（3.8）进行微分就得到增量形式的 SMA 本构方程：

$$\dot{\sigma} = \frac{\partial\sigma}{\partial\varepsilon}\dot{\varepsilon} + \frac{\partial\sigma}{\partial\xi}\dot{\xi} + \frac{\partial\sigma}{\sigma T}\dot{T} = E(\varepsilon,\xi,T)\dot{\varepsilon} + \varOmega(\varepsilon,\xi,T)\dot{\xi} + \varTheta(\varepsilon,\xi,T)\dot{T} \tag{3.10}$$

定义材料函数：

$$E(\varepsilon,\xi,T) = \rho_0\frac{\partial^2\varPhi}{\partial\varepsilon^2}, \quad \varOmega(\varepsilon,\xi,T) = \rho_0\frac{\partial^2\varPhi}{\partial\varepsilon\partial\xi}, \quad \varTheta(\varepsilon,\xi,T) = \rho_0\frac{\partial^2\varPhi}{\partial\varepsilon\partial T} \tag{3.11}$$

式中，E为 SMA 材料的弹性模量；$\varOmega$为相变张量；$\varTheta$为 SMA 材料热弹性张量。

Tanaka 提出了指数形式的相变动力学关系，即相变过程中，ξ与σ、T的关系采用指数形式来表达，形式如下。

（1）马氏体相变：

$$\xi = 1 - \exp\left[a_{\mathrm{M}}(M_{\mathrm{s}} - T) + b_{\mathrm{M}}\sigma\right] \quad (M_{\mathrm{f}} \leqslant T \leqslant M_{\mathrm{s}}) \tag{3.12}$$

（2）马氏体逆相变：

$$\xi = \exp\left[a_{\mathrm{A}}\left(A_{\mathrm{s}} - T\right) + b_{\mathrm{A}}\sigma\right] \quad \left(A_{\mathrm{s}} \leqslant T \leqslant A_{\mathrm{f}}\right) \tag{3.13}$$

式中，M_{s} 和 M_{f} 分别为马氏体相变开始和完成的温度；A_{s} 和 A_{f} 分别表示马氏体逆相变开始和完成的温度；a_{M}、a_{A}、b_{M}、b_{A} 为与 M_{s}、M_{f}、A_{s}、A_{f} 相关的材料常数：

$$a_{\mathrm{M}} = \frac{\ln 0.01}{M_{\mathrm{s}} - M_{\mathrm{f}}}, \quad a_{\mathrm{A}} = \frac{\ln 0.01}{A_{\mathrm{s}} - A_{\mathrm{f}}} \tag{3.14}$$

$$b_{\mathrm{M}} = \frac{a_{\mathrm{M}}}{C_{\mathrm{M}}}, \quad b_{\mathrm{A}} = \frac{a_{\mathrm{A}}}{C_{\mathrm{A}}} \tag{3.15}$$

C_{M}、C_{A} 分别表示正逆相变过程中相变临界应力 σ 与 T 之间关系曲线的斜率，可根据试验结果确定通过相变临界应力点直线的倾角，如图 3.1 所示。

$$C_{\mathrm{M}} = \tan\alpha, \quad C_{\mathrm{A}} = \tan\beta \tag{3.16}$$

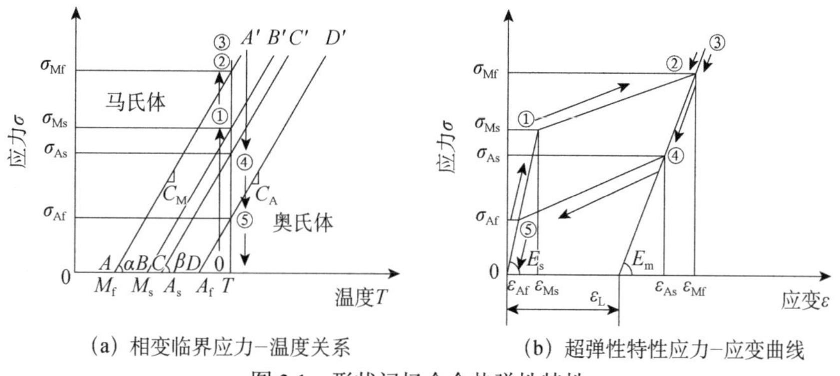

（a）相变临界应力–温度关系　　（b）超弹性特性应力–应变曲线

图 3.1　形状记忆合金热弹性特性

Tanaka 本构关系模型虽然简单，但只能对 SMA 的受力进行定性分析，且只适合一维情况。

3.1.2 Liang-Rogers 模型

Liang 和 Rogers[11]对 Tanaka 模型进行了修正，将式（3.10）进行积分，得到全量形式的 SMA 本构方程：

$$\sigma - \sigma_0 = E\left(\varepsilon - \varepsilon_0\right) + \Omega\left(\xi - \xi_0\right) + \Theta\left(T - T_0\right) \tag{3.17}$$

式中，σ 为应力；ε 为应变；T 为温度；E 为 SMA 材料的弹性模量；Ω 为相变张量；Θ 为 SMA 材料热弹性张量；ξ 为马氏体的体积分数；σ_0、ε_0、ξ_0 和 T_0 为这些变量的初始状态。

Liang 和 Rogers 还对相变方程进行了改进，提出采用余弦形式来表示 ξ 与 σ、T 之间的关系，并考虑了初始状态时 ξ_0 的影响，表达式如下。

（1）马氏体相变：

$$\xi_{A\to M}=\frac{1-\xi_A}{2}\cos\left[a_M\left(T-M_f-\frac{\sigma}{C_M}\right)\right]+\frac{1+\xi_A}{2}$$

$$\left(C_M\left(T-M_s\right)\leqslant\sigma\leqslant C_M\left(T-M_f\right)\right) \tag{3.18}$$

（2）马氏体逆相变：

$$\xi_{M\to A}=\frac{\xi_M}{2}\cos\left[a_A\left(T-A_s-\frac{\sigma}{C_A}\right)\right]+\frac{\xi_M}{2}$$

$$\left(C_A\left(T-A_f\right)\leqslant\sigma\leqslant C_A\left(T-A_s\right)\right) \tag{3.19}$$

式中，ξ_A、ξ_M 分别为相变开始时刻奥氏体体积分数和逆相变开始时刻马氏体体积分数，并有 $\xi_A+\xi_M=1$。

当环境温度大于 A_f，且 $\sigma_0=0$ 和 $\varepsilon_0=0$ 时，SMA 处于奥氏体状态，即 $\xi_0=0$。恒温拉伸条件下，Liang-Rogers 模型可以简化为

$$\sigma=D\varepsilon+\Omega\xi \tag{3.20}$$

Tanaka 模型和 Liang-Rogers 模型都具有试验观察基础、表达形式简单等优点，但两者共有的缺点就是不能描述材料为完全孪晶马氏体状态时 $(T<M_f)$ 的力学行为。以 Liang-Rogers 模型为例，当 $T<M_f$ 时，假定初始状态 $\sigma_0=\varepsilon_0=0$，$\xi_0=1$，且保持温度不变，$T=T_0$，则 $\xi=1$。此时，SMA 材料的应力-应变关系为

$$\sigma=E\varepsilon+\Omega(1-1)+\Theta\left(T-T_0\right)=E\varepsilon \tag{3.21}$$

这是一个线性的应力-应变关系曲线，与前述的 SMA 材料实际的力学行为不符。

3.1.3 Brinson 模型

Brinson[12]对 Liang-Rogers 模型进行了进一步修正，将马氏体分为去孪晶马氏体和孪晶马氏体，马氏体体积分数表示如下：

$$\xi=\xi_S+\xi_T \tag{3.22}$$

式中，ξ_S 为去孪晶马氏体的体积分数；ξ_T 为孪晶马氏体的体积分数。

Brinson 考虑了马氏体体积分数 ξ 对弹性模量的影响，即

$$E(\xi)=\xi E_M+(1-\xi)E_A \tag{3.23}$$

$$\Omega(\xi)=-\varepsilon_L E(\xi) \tag{3.24}$$

式中，E_M 和 E_A 分别为 SMA 马氏体及奥氏体状态的弹性模量；ε_L 为 SMA 最大可恢复应变。

修正后的 SMA 本构方程为

$$\sigma - \sigma_0 = E(\xi)\varepsilon - E(\xi_0)\varepsilon_0 + \Omega(\xi)\xi_S - \Omega(\xi_0)\xi_{S0} + \Theta(T - T_0) \tag{3.25}$$

Brinson 根据 Miyazaki 等对 NiTi 合金应力-温度相图的试验结果，如图 3.2 所示，对 Liang-Rogers 模型的马氏体相变动力方程进行了修正。图中，σ_s^{cr} 和 σ_f^{cr} 分别为温度诱发马氏体向应力诱发马氏体转变的开始和结束临界应力。

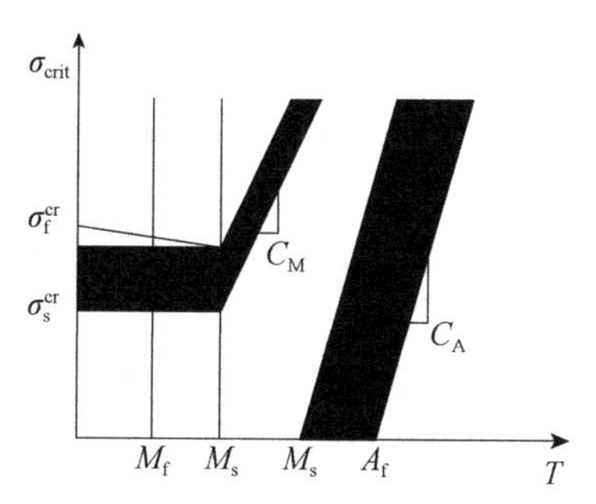

图 3.2　相变或马氏体孪晶转变的临界应力与温度关系

相变方程如下。

（1）SMA 材料中奥氏体向马氏体转变或各个马氏体变体向一特定取向的马氏体转化（即孪晶解孪）:

若 $T > M_s$，且 $\sigma_s^{cr} + C_M(T - M_s) < \sigma < \sigma_f^{cr} + C_M(T - M_s)$，则有

$$\xi_S = \frac{1-\xi_{S0}}{2}\cos\left\{\frac{\pi}{\sigma_s^{cr} - \sigma_f^{cr}}\left[\sigma - \sigma_f^{cr} - C_M(T - M_s)\right]\right\} + \frac{1+\xi_{S0}}{2} \tag{3.26}$$

$$\xi_T = \xi_{T0} - \frac{\xi_{T0}}{1-\xi_{S0}}(\xi_S - \xi_{S0}) \tag{3.27}$$

若 $T < M_s$，且 $\sigma_s^{cr} < \sigma < \sigma_f^{cr}$，则有

$$\xi_S = \frac{1-\xi_{S0}}{2}\cos\left[\frac{\pi}{\sigma_s^{cr} - \sigma_f^{cr}}\left(\sigma - \sigma_f^{cr}\right)\right] + \frac{1+\xi_{S0}}{2} \tag{3.28}$$

$$\xi_T = \xi_{T0} - \frac{\xi_{T0}}{1-\xi_{S0}}(\xi_S - \xi_{S0}) + \varDelta_{T\xi} \tag{3.29}$$

若 $M_f < \sigma < M_s$，且 $T < T_0$，则有

$$\varDelta_{T\xi} = \frac{1-\xi_{T0}}{2}\left\{\cos\left[a_M\left(T - M_f\right)\right] + 1\right\} \tag{3.30}$$

否则，$\varDelta_{T\xi} = 0$。

（2）SMA 材料由马氏体向奥氏体转变。

若 $T > A_s$，且 $c_A(T - A_f) < \sigma < c_A(T - A_s)$，则有

$$\xi = \frac{\xi_0}{2}\left\{\cos\left[a_A\left(T - A_s - \frac{\sigma}{C_A}\right)\right] + 1\right\} \tag{3.31}$$

$$\xi_S = \xi_{S0} - \frac{\xi_{S0}}{\xi_0}(\xi_0 - \xi) \tag{3.32}$$

$$\xi_T = \xi_{T0} - \frac{\xi_{T0}}{\xi_0}(\xi_0 - \xi) \tag{3.33}$$

即

$$\xi_S = \frac{\xi_{S0}}{2}\left\{\cos\left[a_A\left(T - A_s - \frac{\sigma}{c_A}\right)\right] + 1\right\} \tag{3.34}$$

$$\xi_T = \frac{\xi_{T0}}{2}\left\{\cos\left[a_A\left(T - A_s - \frac{\sigma}{c_A}\right)\right] + 1\right\} \tag{3.35}$$

Brinson 模型克服了 Liang-Rogers 模型不能描述 SMA 完全孪晶马氏体状态时力学行为的缺点，但不足之处在于没有考虑加载频率的影响。

3.1.4 数值模拟

采用 Brinson 模型对 SMA 丝不同温度下的应力-应变关系进行数值模拟。表 3.1 为 SMA 丝的相变温度及力学特性参数。常温下（20℃左右），该 SMA 丝为马氏体和奥氏体混合状态。图 3.3 为不同温度下 SMA 丝应力-应变关系数值模拟结果。从数值结果来看，Brinson 模型可以很好地描述 SMA 的热力学特性。

表 3.1 SMA 丝相变温度及力学特性参数[12]

相变温度	弹性模量	相变常数	最大残余位移
$M_f = 9.0$℃ $M_s = 18.4$℃ $A_s = 34.5$℃ $A_f = 49$℃	$E_A = 67000$MPa $E_M = 26300$MPa $E = 0.55$MPa/℃	$C_M = 8.0$MPa/℃ $C_A = 13.8$MPa/℃ $\sigma_s^{cr} = 100$MPa $\sigma_f^{cr} = 170$MPa	$\varepsilon_L = 0.067$

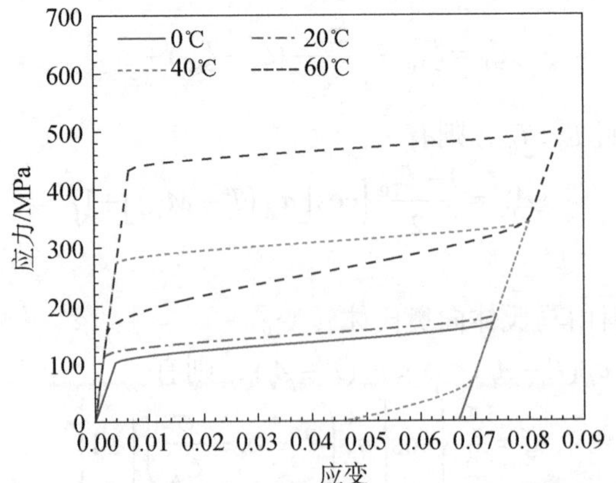

图 3.3 不同温度下 SMA 丝应力-应变关系数值模拟结果

3.2　Graesser-Cozzarelli 模型及其改进模型

3.2.1　Graesser-Cozzarelli 模型

根据塑性和黏塑性理论，Özdemir[14]推导了描述一般金属应力-应变关系的单轴理论模型，微分方程为

$$\sigma = E\left[\varepsilon - |\varepsilon|\left(\frac{\sigma-\beta}{Y}\right)^n\right] \tag{3.36}$$

和

$$\dot{\beta} = \alpha E|\dot{\varepsilon}|\left(\frac{\sigma-\beta}{Y}\right)^n \tag{3.37}$$

式中，σ 和 ε 分别为一维应力和应变；E 为弹性模量；Y 为屈服应力；n 为控制拐点处曲线尖锐度的材料常数，为正奇整数；β 为一维背应力；α 为一个控制 σ-ε 曲线在非弹性范围内斜率的常数，由式（3.38）给定：

$$\alpha = \frac{E_y}{E - E_y} \tag{3.38}$$

其中，E_y 为非弹性范围内斜率。

Graesser 和 Cozzarelli[13]通过对式（3.37）所给背应力表达式的改进来模拟 SMA 的性能。改进的背应力表示为

$$\beta = E\alpha\left\{\varepsilon_{\text{in}} + f_{\text{T}}|\varepsilon|^c \operatorname{erf}(a\varepsilon)[u(-\varepsilon\dot{\varepsilon})]\right\} \tag{3.39}$$

式中，f_{T}、a 和 c 为卸载过程中控制滞回曲线类型及大小的材料常数。其中，$f_{\text{T}}=0$ 表明 SMA 处于完全马氏体状态，$f_{\text{T}}>0$ 表明 SMA 处于混合状态或奥氏体状态；ε_{in} 为非弹性应变：

$$\varepsilon_{\text{in}} = \varepsilon - \frac{\sigma}{E} \tag{3.40}$$

$\operatorname{erf}(x)$ 和 $u(x)$ 分别为误差函数和单位阶跃函数，其表达式为

$$\operatorname{erf}(x) = \frac{2}{\sqrt{\pi}}\int_0^x \mathrm{e}^{-t^2}\,\mathrm{d}t \tag{3.41}$$

$$u(x) = \begin{cases} +1 & (x \geqslant 0) \\ 0 & (x < 0) \end{cases} \tag{3.42}$$

Graesser 和 Cozzarelli 在 Özdemir 模型的背应力表达式中加入第二项是为了使模型在滞回曲线的下降分支以合适的方式描述 SMA 应力-应变关系。Graesser-

Cozzarelli 模型通过 SMA 弹性模量 E、马氏体相变的屈服应力 Y、非弹性范围内斜率 E_y 和合适的参数 f_T、a、c 可以很好地描述 SMA 的马氏体滞回特性 $(T > M_f)$ 和超弹性 $(T > A_f)$。并且经过某些适当的修改，已从一维扩展到三维状态[15]。

Graesser-Cozzarelli 模型因其形式简单，参数易于确定等优点，在工程领域得到了广泛的应用。但依然存在以下不足。

（1）该模型在小应变情况下（$\varepsilon < \varepsilon_{Mf}$，$\varepsilon_{Mf}$ 为马氏体相变完成应变）可以很好地描述 SMA 的特性，但在大应变下（$\varepsilon_{Mf} \leqslant \varepsilon \leqslant \varepsilon_{Mhm}$，$\varepsilon_{Mhm}$ 为马氏体硬化阶段最大应变）不能描述 SMA 马氏体的硬化特性。

（2）该模型不能描述 SMA 应变率相关的滞回特性。从第 1 章对 SMA 丝的力学性能拉伸试验中可以看到，荷载加载速率对 SMA 滞回特性有重要影响。

3.2.2　改进模型

为了克服 Graesser-Cozzarelli 模型上述两个缺点，在试验的基础上，对 Graesser-Cozzarelli 模型进行改进。为此，有以下两条假定。

（1）环境温度恒定。

（2）加载速率小于或等于 $\dot{\varepsilon}_0 = 1.0\times10^{-4}\mathrm{s}^{-1}$ 时，认为是准静力加载，加载速率对 SMA 特性的影响予以忽略。

基于以上假定，把 SMA 应力分为两部分，定义为

$$\sigma = \sigma_s + \sigma_k \tag{3.43}$$

其中，σ_s 为 SMA 在准静力荷载作用下的应力；σ_k 为动力荷载作用下，考虑应变率影响的应力变化量，即 $\sigma_k = \sigma - \sigma_s = \Delta\sigma$。

对式（3.43）求导，可得

$$\dot{\sigma} = \dot{\sigma}_s + \dot{\sigma}_k \tag{3.44}$$

1）准静力荷载作用下的应力

对于准静力荷载作用下的应力 σ_s，其微分形式可用式（3.45）表示：

$$\dot{\sigma}_s = E\left[\dot{\varepsilon} - |\dot{\varepsilon}|\left|\frac{\sigma_s - \beta}{Y}\right|^{n-1}\left(\frac{\sigma_s - \beta}{Y}\right)\right] \tag{3.45}$$

$$\beta = E\alpha\left\{\varepsilon_{in} + f_T|\varepsilon|^c \operatorname{erf}(a\varepsilon)\left[u(-\varepsilon\dot{\varepsilon})\right] + f_M\left[\varepsilon - \varepsilon_{Mf}\operatorname{sgn}(\varepsilon)\right]^m\left[u(\varepsilon\dot{\varepsilon})\right]\left[u\left(|\varepsilon| - \varepsilon_{Mf}\right)\right]\right\} \tag{3.46}$$

需要特别说明的是，背应力表达式中加入的第三项是为了模型在滞回曲线上升段大应变下以合适的方式描述 SMA 马氏体硬化现象。其中，ε_{Mf} 为马氏体相变完成应变，f_M 和 m 为控制马氏体硬化曲线的常数。$\operatorname{sgn}(x)$ 为符号函数：

$$\operatorname{sgn}(x)=\begin{cases}+1 & (x>0)\\ 0 & (x=0)\\ -1 & (x<0)\end{cases} \tag{3.47}$$

式（3.45）～式（3.47）中的参数由准静力荷载下（本节取$\dot{\varepsilon}_0=1.0\times10^{-4}\mathrm{s}^{-1}$）的试验结果得到。

2）应变率相关的应力变化量

对于动力荷载作用下的应力变化量σ_{k}，有以下定义。

（1）若$-\dot{\varepsilon}_0\leqslant\dot{\varepsilon}\leqslant\dot{\varepsilon}_0$，则$\sigma_{\mathrm{k}}=0$。

（2）若$\dot{\varepsilon}>\dot{\varepsilon}_0$，则

$$\sigma_{\mathrm{k}}=p\ln\left(\frac{\dot{\varepsilon}}{\dot{\varepsilon}_0}\right)\sqrt{\varepsilon}=p\left(\ln\dot{\varepsilon}-\ln\dot{\varepsilon}_0\right)\sqrt{\varepsilon} \tag{3.48}$$

式中，p为材料常数，由试验确定。

令$R=-\ln\dot{\varepsilon}_0$，则

$$\sigma_{\mathrm{k}}=p\left(\ln\dot{\varepsilon}+R\right)\sqrt{\varepsilon} \tag{3.49}$$

对时间求导，可得微分形式：

$$\dot{\sigma}_{\mathrm{k}}=p\left[\left(\ln\dot{\varepsilon}+R\right)\frac{\dot{\varepsilon}}{2\sqrt{\varepsilon}}+\frac{\ddot{\varepsilon}}{\dot{\varepsilon}}\sqrt{\varepsilon}\right] \tag{3.50}$$

（3）若$\dot{\varepsilon}<-\dot{\varepsilon}_0$，则

$$\sigma_{\mathrm{k}}=q\ln\left(\frac{|\dot{\varepsilon}|}{\dot{\varepsilon}_0}\right)\varepsilon^2=q\left(\ln|\dot{\varepsilon}|-\ln\dot{\varepsilon}_0\right)\varepsilon^2=q\left(\ln|\dot{\varepsilon}|+R\right)\varepsilon^2 \tag{3.51}$$

对时间求导，可得微分形式：

$$\dot{\sigma}_{\mathrm{k}}=q\left[2\left(\ln|\dot{\varepsilon}|+R\right)|\dot{\varepsilon}|\varepsilon+\frac{\ddot{\varepsilon}}{|\dot{\varepsilon}|}\varepsilon^2\right] \tag{3.52}$$

式中，q为和$\varepsilon_{\max}$有关的材料参数，可由试验确定。

至此，SMA 的应力-应变关系曲线可以采用式（3.43）～式（3.52）来描述。通过 MATLAB 软件的 Simulink 模块，采用改进的 SMA 本构模型对 SMA 不同状态下的力学性能进行数值仿真。图 3.4 给出了频率为 0.1Hz、正弦加载下不同状态时 SMA 的应力-应变关系曲线。图 3.4（a）为马氏体状态（$T<M_{\mathrm{f}}$）SMA 的应力-应变关系曲线，模型参数：$\varepsilon=0.07\sin(0.1\pi t)$，$E=22000\mathrm{MPa}$，$Y=100\mathrm{MPa}$，$\alpha=0.01$，$f_{\mathrm{T}}=0.00$，$c=0.001$，$a=550$，$n=3$，$\varepsilon_{\mathrm{Mf}}=0.04$，$f_{\mathrm{M}}=10000$，$m=3$；图 3.4（b）为混合状态（$M_{\mathrm{f}}<T<A_{\mathrm{f}}$）SMA 应力-应变关系曲线，模型参数：$\varepsilon=0.07\sin(0.1\pi t)$，$E=30000\mathrm{MPa}$，$Y=300\mathrm{MPa}$，$\alpha=0.01$，$f_{\mathrm{T}}=0.97$，$c=0.001$，$a=250$，$n=3$，$\varepsilon_{\mathrm{Mf}}=0.04$，$f_{\mathrm{M}}=10000$，$m=3$；图 3.4（c）为奥氏体状态（$A_{\mathrm{f}}<T<M_{\mathrm{d}}$）SMA

应力-应变关系曲线，模型参数：$\varepsilon = 0.07\sin(0.1\pi t)$，$E = 39000\text{MPa}$，$Y = 400\text{MPa}$，$\alpha = 0.01$，$f_T = 1.40$，$c = 0.001$，$a = 250$，$n = 3$，$\varepsilon_{Mf} = 0.04$，$f_M = 10000$，$m = 3$。

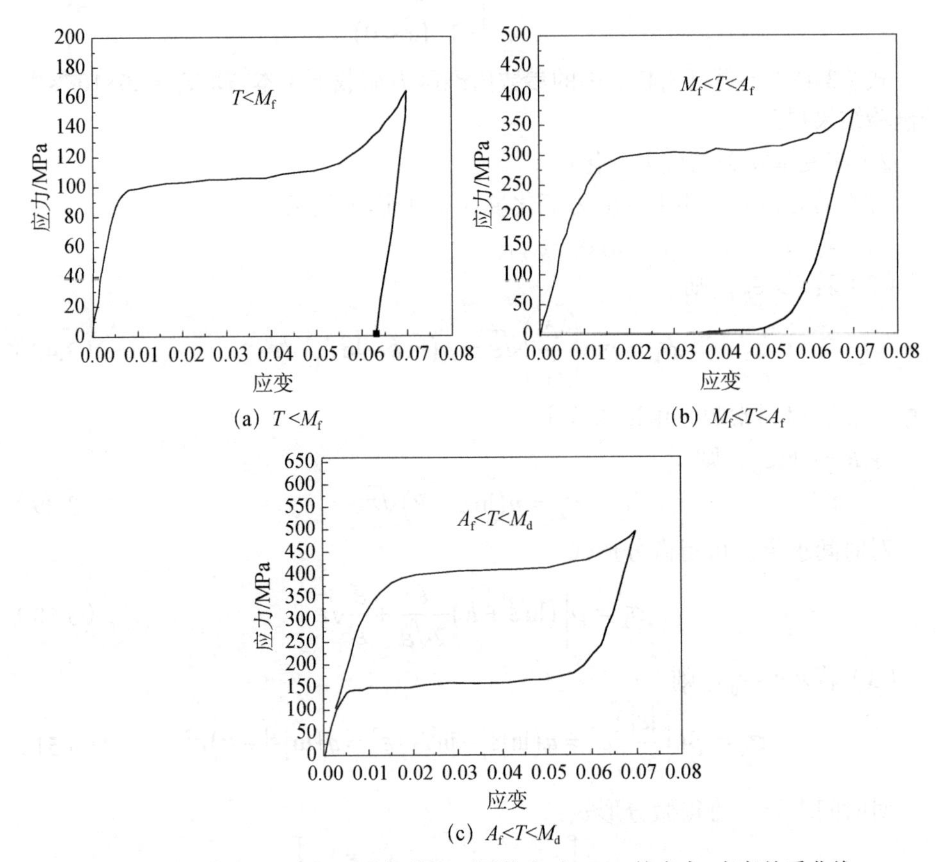

(a) $T<M_f$

(b) $M_f<T<A_f$

(c) $A_f<T<M_d$

图 3.4 频率为 0.1Hz、正弦加载下不同状态时 SMA 的应力-应变关系曲线

从图 3.4 可以看出，通过选择合适的材料参数，本节模型可以很好地描述 SMA 不同状态下的滞回曲线，同时也再现了 SMA 在大应变幅值情况下的马氏体硬化特性。

3.2.3 模型参数的确定

为了能准确地描述 SMA 的特性，使本节模型的数值结果和试验数据很好地吻合，模型的参数需要合理选取。参数选取遵循的原则是使模型各幅值下的最大应力及每循环滞回曲线所围的面积（即消耗的能量）和试验结果尽可能接近。其具体步骤如下。

（1）对 SMA 丝进行拉伸试验，测得准静力荷载下（假定应变率 $\dot{\varepsilon}_0$ 为 0.0001s^{-1}，加载频率可以通过 $f = \dot{\varepsilon}/2\delta$ 换算，δ 为应变幅值）和动力荷载下的应

力-应变关系曲线。

（2）根据准静力荷载下的试验结果，确定 SMA 的初始弹性模型 E、非弹性范围内斜率 E_y、给定温度下发生马氏体相变的临界应力 Y 和马氏体相变完成应变 $\varepsilon_{\mathrm{Mf}}$。

（3）由式（3.38）确定 α 值。

（4）由加载过程中马氏体相变开始时和卸载过程中马氏体逆相变开始时的曲线形状，确定 n 的值。

（5）根据 SMA 卸载过程中发生马氏体逆相变阶段曲线的斜率，确定参数 c 的值。

（6）根据 SMA 的相变状态确定 f_{T} 的值。

（7）由卸载段的曲线形状确定 a 的值。

（8）重复步骤（5）～（7），优化参数 c、f_{T} 和 a，使模型数值结果在幅值 $\varepsilon < \varepsilon_{\mathrm{Mf}}$ 的情况下和试验曲线相吻合。

（9）由马氏体硬化阶段的曲线斜率确定 m 值。

（10）由马氏体硬化阶段曲线的整体形状确定 f_{M} 的值。

（11）重复步骤（9）～（10），优化参数 m 和 f_{M}，使模型数值结果在幅值 $\varepsilon_{\mathrm{Mf}} < \varepsilon < \varepsilon_{\mathrm{Mhf}}$ 的情况下和试验曲线相吻合。

（12）根据动力荷载下的试验结果，确定马氏体正相变过程中的动力特征参数 p 和马氏体逆相变过程中的动力特征参数 q。

3.2.4 数值模拟

为了检验本节提出的 SMA 改进 Graesser-Cozzarelli 本构模型的正确性和适用性，将 Graesser-Cozzarelli 模型及其改进模型拟合结果和 SMA 拉伸试验结果进行对比分析。

1. 准静力荷载作用下的马氏体硬化数值模拟

图 3.5 为不同应变幅值下拉伸试验曲线与 Graesser-Cozzarelli 模型拟合曲线和本节模型拟合曲线的对比，模型参数为：E=39500MPa，Y=385MPa，$\alpha = 0.01$，$f_{\mathrm{T}} = 1.14$，$c = 0.001$，$a = 550$，$n = 3$，$\varepsilon_{\mathrm{Mf}} = 0.05$，$f_{\mathrm{M}} = 42500$，$m = 3$。试验曲线为直径 0.5mm NiTi-SMA 丝在训练 30 圈后，应变幅值分别为 1%, 2%, …, 8%时的循环加载拉伸结果，试验设备及详细结果见第 2 章。

从图 3.5 可以看出，改进本构模型数值拟合曲线和试验曲线吻合较好，表明该模型克服了 Graesser-Cozzarelli 模型不能描述大应变下马氏体硬化的缺点，可以很好地描述大应变下 SMA 的应力-应变关系。表 3.2～表 3.4 分别给出了不同应变幅值下每循环耗能能量、峰值应力、等效阻尼比的比较结果。结果表明，本节改进模型在不同幅值下每循环耗能能量的最大误差为 2.7%，峰值应力最大误差为 4.35%，等效阻尼比最大误差为 7.27%，总体来看本节模型拟合较好，说明了本节提出的 SMA 改进模型的正确性和有效性。

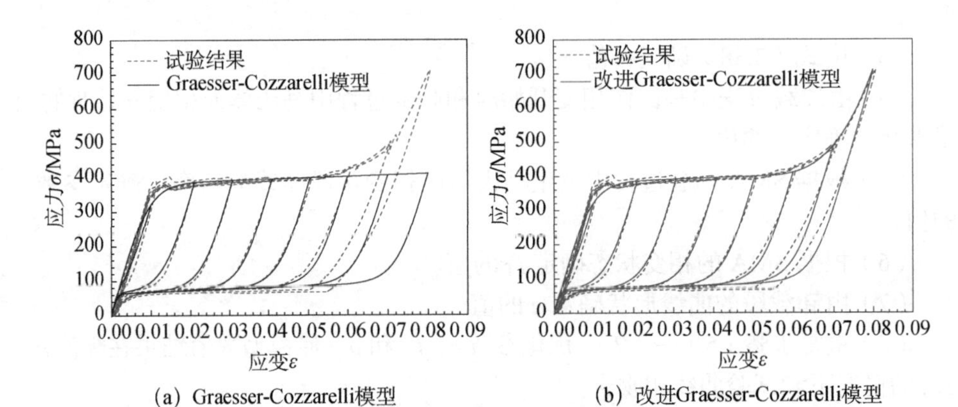

(a) Graesser-Cozzarelli模型　　(b) 改进Graesser-Cozzarelli模型

图 3.5　模型曲线和试验曲线的比较

表 3.2　各幅值下每循环耗能能量比较

应变幅值/%	试验结果 /（MPa·m/m）	Graesser-Cozzarelli 模型 /（MPa·m/m）	误差 /%	改进模型 /（MPa·m/m）	误差 /%
4	9.05	9.12	0.8	9.12	0.8
5	11.93	12.12	1.6	12.12	1.6
6	14.68	15.11	2.9	15.07	2.7
7	17.54	18.27	4.2	17.89	2.0
8	20.12	21.42	6.5	20.17	0.2

表 3.3　各幅值下的峰值应力比较

应变幅值/%	试验结果 /MPa	Graesser-Cozzarelli 模型 /MPa	误差 /%	改进模型 /MPa	误差 /%
4	400.53	395.96	1.1	395.96	1.14
5	400.53	399.67	0.2	399.67	0.21
6	429.73	403.393	6.1	411.03	4.35
7	495.00	407.30	17.7	489.84	1.04
8	711.55	411.21	42.2	711.43	0.02

表 3.4　各幅值下的等效阻尼比比较

应变幅值/%	试验结果 /%	Graesser-Cozzarelli 模型 /%	误差 /%	改进模型 /%	误差 /%
4	8.99	9.17	2.00	9.17	2.00
5	9.48	9.66	1.90	9.66	1.90

续表

应变幅值/%	试验结果/%	Graesser-Cozzarelli 模型/%	误差/%	改进模型/%	误差/%
6	9.07	9.94	9.60	9.73	7.27
7	8.05	10.20	26.71	8.31	3.23
8	5.63	10.37	84.19	5.64	0.18

2. 动力荷载作用下加载速率相关特性

图 3.6（a）为加载过程中，不同加载速率下相对准静力荷载的应力变化量 $\Delta\sigma$ 和应变的关系。试验中，SMA 丝直径为 0.5mm，应变幅值为 4%，环境温度为 20℃，准静力加载速率为 $1.0\times10^{-4}\text{s}^{-1}$，动力加载速率分别为 $5.0\times10^{-4}\text{s}^{-1}$、$1.0\times10^{-3}\text{s}^{-1}$、$2.5\times10^{-3}\text{s}^{-1}$ 和 $5.0\times10^{-3}\text{s}^{-1}$。从图中可以看出，随着应变的增加，$\Delta\sigma$ 增大，但 $\Delta\sigma$ 递增速率逐渐减小；等应变幅值下，应变速率越高，$\Delta\sigma$ 越大。

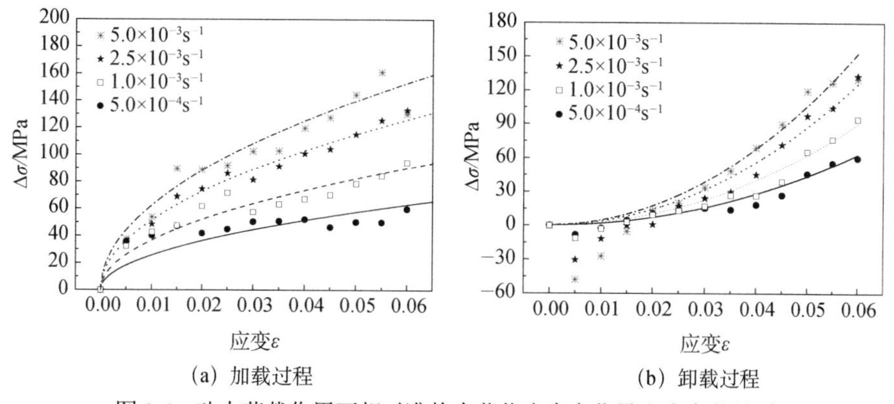

(a) 加载过程　　(b) 卸载过程

图 3.6　动力荷载作用下相对准静力荷载应力变化量和应变的关系

加载过程中不同加载速率下应力变化量和应变的关系，可通过式（3.53）拟合得到：

$$\Delta\sigma = 159.6\left(\ln\dot{\varepsilon} + 9.21\right)\sqrt{\varepsilon} \tag{3.53}$$

图 3.6（a）中曲线为采用式（3.53）得到的不同加载速率下应力变化量和应变关系拟合曲线。从数值分析结果来看，SMA 材料动力特征参数 p=159.6。

图 3.6（b）为卸载过程中，不同加载速率下相对准静力荷载的应力变化量 $\Delta\sigma$ 和应变的关系。从图中可以看出，随着应变幅值的减小，$\Delta\sigma$ 也减小，当应变幅值小于 0.02 后出现负值；随着应变幅值的减小，$\Delta\sigma$ 递减速率逐渐减小；等应变幅值下，加载速率越高，$\Delta\sigma$ 越大。

同样，卸载过程中不同加载速率下应力变化量和应变幅值的关系可通过式（3.54）近似拟合得到：

$$\Delta\sigma = -500\left(\ln\left|\dot{\varepsilon}\right| + 9.21\right)\varepsilon^2 \tag{3.54}$$

图 3.6（b）中曲线为采用式（3.54）得到的不同加载速率下应力变化量和应变关系拟合曲线。从数值分析结果来看，SMA 材料动力特征参数 q=−500。

需要说明的是，在高加载速率条件下，卸载过程中应力变化量 $\Delta\sigma$ 出现了负值，这是应力-应变关系曲线的硬化所致。为了模型的简化，负值卸载阶段没有给予考虑。

图 3.7（a）～（e）分别给出了不同加载速率条件下试验曲线和数值拟合曲线的比较。试验中，SMA 丝直径为 0.5mm，应变幅值为 4%，环境温度为 20℃，准静力加载速率为 $1.0\times10^{-4}\text{s}^{-1}$，动力加载速率分别为 $5.0\times10^{-4}\text{s}^{-1}$、$1.0\times10^{-3}\text{s}^{-1}$、$2.5\times10^{-3}\text{s}^{-1}$ 和 $5.0\times10^{-3}\text{s}^{-1}$；模型参数为：$E = 43000\text{MPa}$，$Y = 350\text{N}$，$\alpha = 0.006$，$f_{\text{T}} = 2.3$，$c = 0.04$，$a = 400$，$n = 6$，$R = 9.21$，$p = 159.6$，$q = -500$。可以看出，各加载速率下，数值拟合曲线和试验结果吻合很好。结果表明，理论模型能够描述超弹性 SMA 应变速率相关的动力特性。

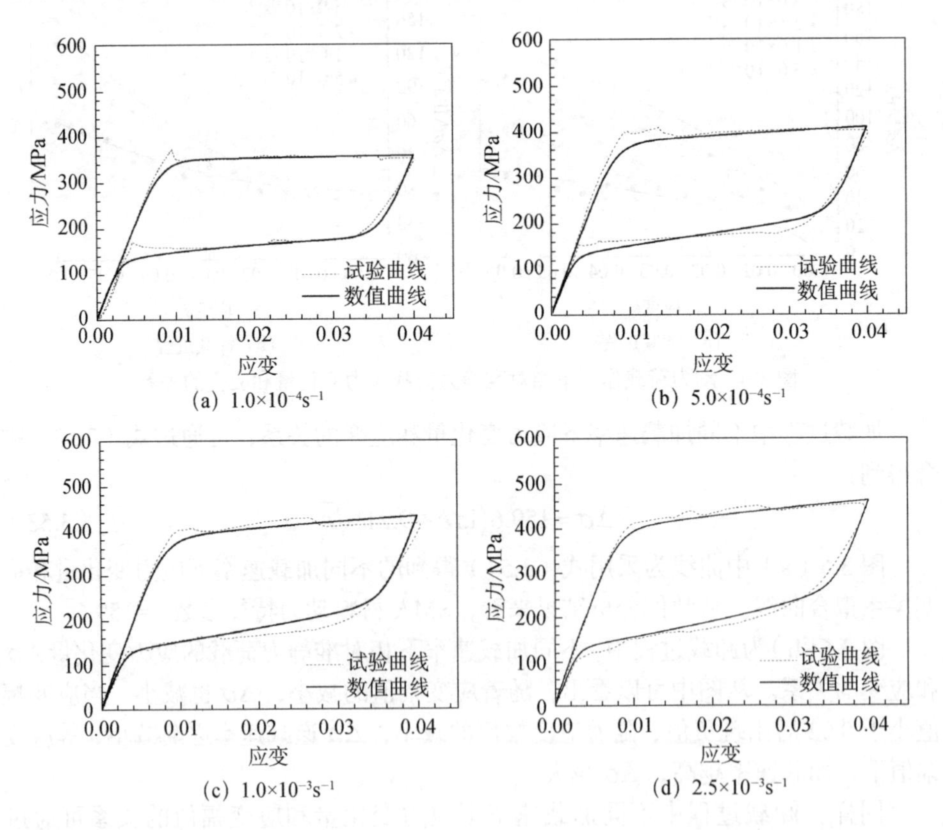

(a) $1.0\times10^{-4}\text{s}^{-1}$

(b) $5.0\times10^{-4}\text{s}^{-1}$

(c) $1.0\times10^{-3}\text{s}^{-1}$

(d) $2.5\times10^{-3}\text{s}^{-1}$

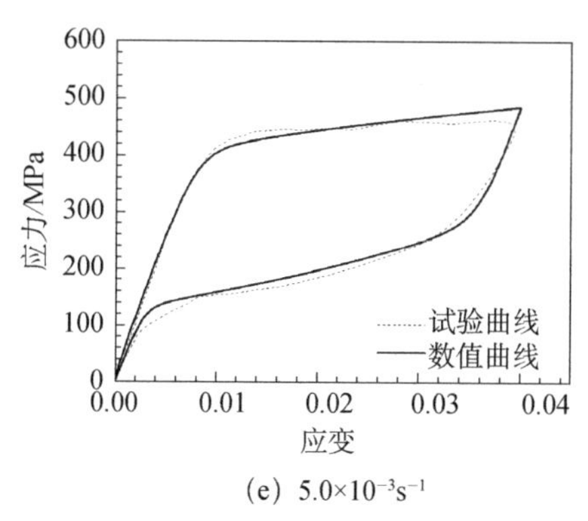

(e) $5.0\times10^{-3}s^{-1}$

图 3.7　不同加载速率条件下理论模型曲线和试验曲线比较

表 3.5～表 3.7 分别给出了应变幅值 4%、不同加载速率条件下，数值拟合曲线的每循环耗能能量、峰值应力、等效阻尼比和试验结果的比较。对比结果表明，本节模型在不同加载速率下每循环耗能能量的最大误差为 6.85%，峰值应力最大误差为 4.00%，等效阻尼比最大误差为 10.48%。总体来看，本节模型拟合结果较好，说明了提出的 SMA 改进本构模型的正确性和有效性。

表 3.5　各加载速率下每循环耗能能量比较（应变幅值 4%）

加载速率/s^{-1}	每循环消耗能量/（MJ/m^3）		
	试验结果	计算结果	误差/%
1.0×10^{-4}	5.84	5.95	1.88
5.0×10^{-4}	6.99	6.64	5.01
1.0×10^{-3}	7.45	6.94	6.85
2.5×10^{-3}	7.70	7.33	4.81
5.0×10^{-3}	7.75	7.62	1.68

表 3.6　各加载速率下的峰值应力比较（应变幅值 4%）

加载速率/s^{-1}	峰值应力/MPa		
	试验结果	计算结果	误差/%
1.0×10^{-4}	351.21	357.82	1.88
5.0×10^{-4}	400.53	409.07	2.13
1.0×10^{-3}	414.56	431.14	4.00
2.5×10^{-3}	453.83	460.32	1.43
5.0×10^{-3}	464.27	482.39	3.90

表 3.7 各加载速率下的等效阻尼比比较（应变幅值 4%）

加载速率/s^{-1}	等效阻尼比/%		
	试验结果	计算结果	误差/%
1.0×10^{-4}	6.62	6.63	0.15
5.0×10^{-4}	6.94	6.46	6.92
1.0×10^{-3}	7.16	6.41	10.48
2.5×10^{-3}	6.84	6.34	7.31
5.0×10^{-3}	6.75	6.29	6.81

3.3 有限元软件中常用的 SMA 本构模型

3.3.1 OpenSees 中的 SelfCentering Material 本构模型

1. SelfCentering 本构模型介绍

SMA 材料的模拟采用 OpenSees 官网中提供的 SelfCentering Material 本构模型。Jeff Erochko 开发了 SelfCentering 单轴自复位本构模型[16]。该模型是 OpenSees 中专门为自复位支撑、自复位材料和摇摆墙结构等开发的旗帜形滞回本构模型。该模型可以很好地模拟滞回曲线表现为旗帜形的自复位材料、自复位支撑、摇摆结构等，如图 3.8 所示。

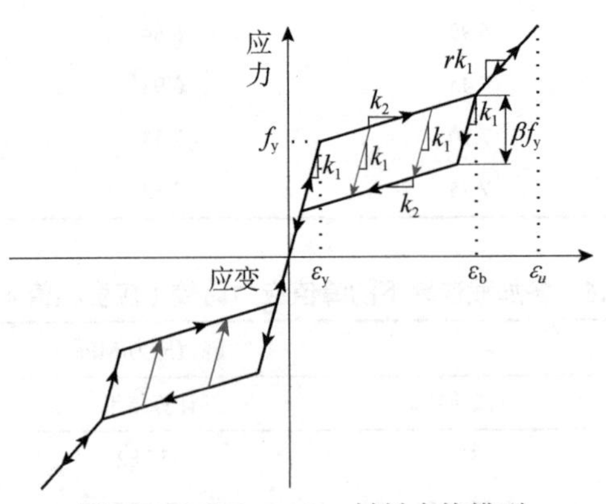

图 3.8 SelfCentering 材料本构模型

该本构模型的应力-应变关系曲线有以下四个特点。

（1）弹性阶段：在应力小于 f_y（屈服强度）时，模型在加载、卸载过程中，均以斜率为 k_1（第一刚度）的直线线性发展。

（2）相变阶段：在应力大于屈服强度 f_y（正向相变应力）之后，模型加载过程以斜率为 k_2（$0<k_2<k_1$，第二刚度）的直线上升，直到应变达到 ε_b（硬化应变，一般为 6%～8%）；若在这个区间内卸载，模型卸载过程首先以斜率为 k_1 的直线下降，直到应力下降至 βf_y（$0<\beta\leqslant 1$：逆向相变应力比），然后沿着斜率为 k_2 的直线下降，相交于初始弹性直线后，又回到弹性阶段。

（3）硬化阶段：当 $\varepsilon_b \leqslant \varepsilon < \varepsilon_u$（$\varepsilon_u$：SMA 极限应变，一般大于 8%）时，模型加载、卸载过程均以斜率为 rk_1（$0 < r \leqslant 1$：马氏体 SMA 刚度比）的直线发展，在此区间内卸载，模型可弹性恢复到 ε_b；当 $\varepsilon_u \leqslant \varepsilon$ 时，SMA 材料达到极限应变后破坏；不过在实际应用中，其应变通常不超过 ε_u。

（4）虽然 SMA 受压行为与受拉稍有差别，但是对数值模拟结果影响较小，所以受压部分与受拉部分对称建模。

2. 模型验证

OpenSees 中提供的 SelfCentering Material 本构模型的命令流为

uniaxialMaterial SelfCentering $matTag $k1 $k2 $sigAct $beta <$epsSlip> <$epsBear> <rBear>

该命令流中需要用户定义七个参数：$k1 为线弹性阶段的斜率，也称为第一刚度；$k2 对应为相变阶段的直线斜率，称为第二刚度；当材料应变达到 6%～8% 区间时，会出现应变硬化现象，此时用<rBear>来表示相对应硬化系数；$sigAct 表示材料的主动应力，一般为材料的屈服强度，对应 SMA 材料的正相变应力；$beta 表示激活应变力比，对应 SMA 材料的逆相变应力与相变应力之比；<$epsSlip>表示滑移应变，可以通过材料试验得到；<$epsBear>表示硬化应变，根据自复位材料拉伸试验可以获得。

该本构模型通过七个用户自定义参数来定义不同的 SMA 材料性能。根据第 2 章中 SMA 棒材单轴循环拉伸试验的结果，确定 SMA 材料的参数取值，详见表 3.8。在 OpenSees 中模拟 SMA 棒材单轴循环拉伸试验，对比试验数据和模拟数据，验证 SelfCentering 自复位本构模型的适用性，如图 3.9 所示。

表 3.8　SelfCentering 自复位本构模型参数及取值

参数	k_1	k_2	f_y	β	ε_s	ε_b	r
取值	40000MPa	1827MPa	400MPa	0.8	0.06	0.06	0.39
物理意义	第一刚度	第二刚度	正向相变应力	逆相变应力/相变应力	滑移应变	硬化应变	硬化后刚度/第一刚度

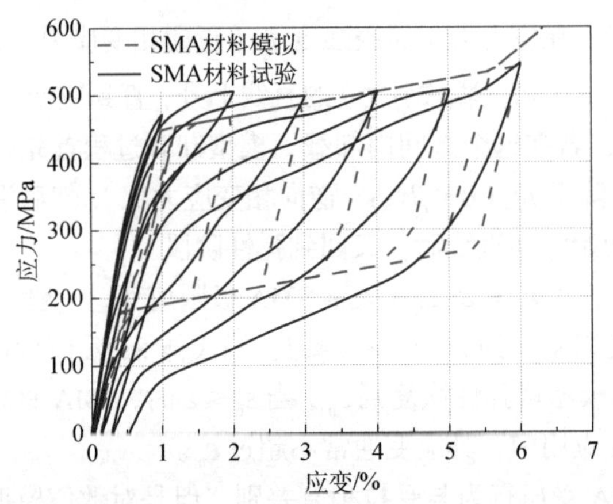

图 3.9　SMA 棒材单轴循环拉伸试验与模拟应力-应变关系曲线

3.3.2　ABAQUS 中的超弹性本构模型

1. 超弹性本构模型

ABAQUS 2019 版本材料库中新嵌入的超弹性（superelasticity）本构模型可以很好地模拟奥氏体相的 SMA 在应力或温度诱发下的力学行为。超弹性本构模型是基于相变材料的单轴应力-应变响应，如图 3.10 所示。需要输入 ABAQUS 的 SMA 材料参数及其说明见表 3.9。

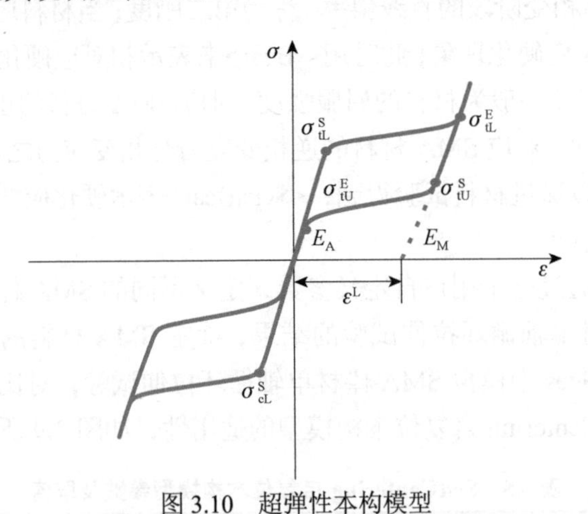

图 3.10　超弹性本构模型

表 3.9　ABAQUS 超弹性材料参数

编号	符号	物理意义
1	E_A	奥氏体弹性模量
2	ν_A	奥氏体泊松比

续表

编号	符号	物理意义
3	E_{M}	马氏体弹性模量
4	ν_{M}	马氏体泊松比
5	ε^{L}	单轴相变应变
6	$\sigma_{\mathrm{tL}}^{\mathrm{S}}$	在拉伸加载过程中开始相变的应力
7	$\sigma_{\mathrm{tL}}^{\mathrm{E}}$	在拉伸加载过程中结束相变的应力
8	$\sigma_{\mathrm{tU}}^{\mathrm{S}}$	在拉伸卸载过程中开始逆相变的应力
9	$\sigma_{\mathrm{tU}}^{\mathrm{E}}$	在拉伸卸载过程中结束逆相变的应力
10	$\sigma_{\mathrm{cL}}^{\mathrm{S}}$	在压缩加载过程中开始相变的应力
11	T_0	参考温度
12	$\left(\dfrac{\delta\sigma}{\delta T}\right)_{\mathrm{L}}$	加载应力-温度曲线的斜率
13	$\left(\dfrac{\delta\sigma}{\delta T}\right)_{\mathrm{U}}$	卸荷应力-温度曲线的斜率

2. 模型验证

本节试验选用的 SMA 材料为处于奥氏体相的 SMA 筋材，具有超弹性特性，ABAQUS 中关于 SMA 的超弹性本构模型的准确性，需要进一步验证。选用不同直径奥氏体 SMA 筋材的材料力学性能试验数据，来对 SMA 材料力学性能进行数值模拟。加载工况为：SMA 筋材直径 5.5mm、8mm、10mm 和 14mm，常温（25℃）下以 0.017mm/s 的速率进行循环往复加载。

SMA 通过拉伸试验所获得的试验值，为工程应力和工程应变，但是为了将其运用到 ABAQUS 有限元模拟中，需将工程应力和工程应变转换成数值模拟中的应力和应变，称为真实应力和真实应变。其换算方法如式（3.55）所示。

$$\begin{cases}\varepsilon^{\mathrm{T}}=\ln(1+\varepsilon)\\ \sigma^{\mathrm{T}}=\sigma(1+\varepsilon)\end{cases}\tag{3.55}$$

式中，ε 为工程应变；σ 为工程应力；ε^{T} 为真实应变；σ^{T} 为真实应力。

通过 ABAQUS 有限元模拟得到的 SMA 力学性能结果与试验结果的对比如图 3.11 所示。

由图 3.11 可知，超弹性本构模型在 ABAQUS 有限元模拟中无法拟合 SMA 的残余应变，应变幅值在 6%以内，有限元模拟结果与试验结果吻合度比较高，而且在马氏体相变平台的模拟上与试验结果的拟合度比较高。

本次模拟选用的为直径 14mm 的同一批次做试验的 SMA 筋材。SMA 材性试验转化成的真实应力-真实应变曲线可以确定本次用 ABAQUS 有限元模拟中 14mm SMA 筋材超弹性本构模型的主要相关参数，详见表 3.10。

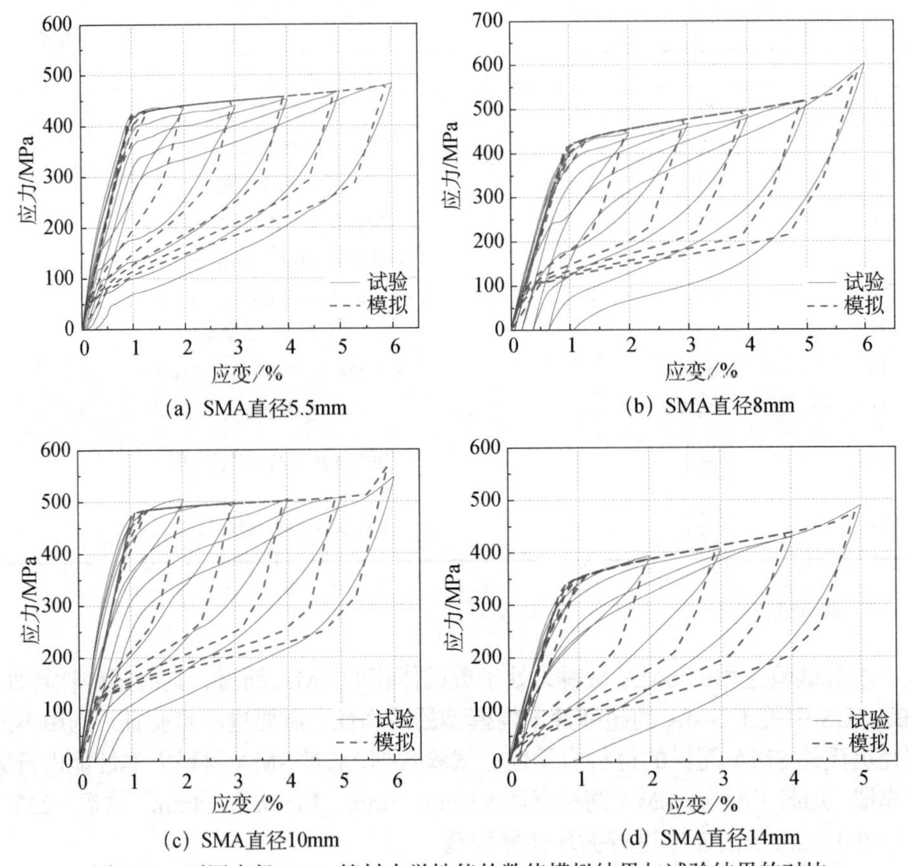

(a) SMA直径5.5mm

(b) SMA直径8mm

(c) SMA直径10mm

(d) SMA直径14mm

图 3.11 不同直径 SMA 筋材力学性能的数值模拟结果与试验结果的对比

表 3.10 14mm SMA 筋材超弹性模拟参数取值

E_A / MPA	E_M / MPA	ν_M	ε^L	σ_{tL}^S / MPA	σ_{tL}^E / MPA	σ_{tU}^S / MPA	σ_{tU}^E / MPA	σ_{cL}^S / MPA
43600	45650	0.3	0.65	332.5	513.6	254	10	332.5

3.4 本 章 小 结

本章研究了适用于工程结构的超弹性 SMA 的本构模型。Graesser-Cozzarelli 模型因其形式简单，参数容易得到，在土木工程中得到广泛应用，但该模型不能描述 SMA 大应变下马氏体硬化特性和应变率相关特性。在试验的基础上，本章提出了改进 Graesser-Cozzarelli 模型，并通过数值模拟结果和试验结果的比较，验证了改进模型的正确性和适用性。得出以下主要结论。

(1)针对 Graesser-Cozzarelli 模型仅能描述小应变下的力学特性，而不能描述大应变下 SMA 马氏体硬化特性的问题，提出了改进 Graesser-Cozzarelli 模型，对背应力表达式的修改，使模型能够描述 SMA 超弹性范围内任意应变幅值下的力学性能。

（2）针对 Graesser-Cozzarelli 模型没有描述 SMA 应变率相关的动力特性，对 SMA 本构模型进行了进一步改进。将 SMA 动力荷载下的应力分为两部分：准静力荷载下的应力和动力荷载引起的应力变化量。准静力部分采用上述（1）中改进 Graesser-Cozzarelli 模型，其参数可以通过对 SMA 丝进行准静力拉伸试验获得；而动力荷载应力变化量是应变率和应变幅值的函数，考虑了应变率对 SMA 丝力学特性的影响。

（3）对不同加载条件下的改进模型数值模拟结果和试验结果进行了分析对比。结果表明，数值模拟结果和试验数据吻合很好，该模型不仅可以很好地模拟 SMA 在不同应变幅值下（达 8%）的应力-应变关系，而且其应变率相关的动力特性也得以描述。

（4）介绍了目前有限元软件中常用的 SMA 材料本构模型，并且与材料试验结果进行了对比验证，为 SMA 材料在有限元数值模拟中的使用提供了参考。

参 考 文 献

[1] 王健，沈亚鹏，王社良. 形状记忆合金的本构关系[J]. 上海力学，1998，19（3）：185-195.

[2] Falk F. Model free energy，mechanics and thermodynamics of shape memory alloys[J]. Acta Metallurgica，1980，28（12）：1773-1780.

[3] Falk F，Konopka P. Three-dimensional Landau theory describing the martensitic phase transformation of shape-memory alloys[J]. Journal of Physics：Condensed Matter，1990，2：61-77.

[4] Tanaka K，Sato Y. Phenomenological description of the mechanical behavior of shape memory alloys[J]. JSME，1987，53（491）：1368-1373.

[5] Patoor E，Eberhardt A，Bertveiller M. Thermomechanical behaviour of shape memory alloys[J]. Archives of Mechanics，1988，40（5-6）：775-794.

[6] Sun Q P，Hwang K C. Micromechanics modeling for the constitutive behavior of polycrystalline shape memory alloy—Ⅰ. Derivation of general relations[J]. Journal of the Mechanics and Physics of Solids，1993，41（1）：1-17.

[7] Sun Q P，Hwang K C. Micromechanics modeling for the constitutive behavior of polycrystalline shape memory alloys—Ⅱ. Study of individual phenomenon[J]. Journal of the Mechanics and Physics of Solids，1993，41（1）：19-33.

[8] Boyd J G，Lagoudas D C. A thermodynamical constitutive model for shape memory materials.

Part I. The monolithic shape memory alloy[J]. International Journal of Plasticity，1996，12（6）：805-842.

［9］ Boyd J G，Lagoudas D C. A thermodynamical constitutive model for shape memory materials. Part II. The SMA composite material[J]. International Journal of Plasticity，1996，12（7）：843-873.

［10］ Tanaka K. A thermomechanical sketch of shape memory effect：One dimensional tensile behavior[J]. Res Mechanica：International Journal of Structural Mechanics and Materials Science，1986，18：251-263.

［11］ Liang C，Rogers C A. One-dimensional thermomechanical constitutive relations for shape memory materials[J]. Journal of Intelligent Material Systems and Structures，1990，1（2）：207-234.

［12］ Brinson L C. One dimensional constitutive behavior of shape memory alloys：Thermomechanical derivation with non-constant material functions and redefined martensite internal variable[J]. Journal of Intelligent Material Systems and Structures，1993，4：229-242.

［13］ Graesser E J，Cozzarelli F A. Shape memory alloys as new materials for aseismic isolation[J]. Journal of Engineering Mechanics，1991，117（11）：2590-2608.

［14］ Özdemir H. Nonlinear transient dynamic analysis of yielding structures[D]. Berkeley：University of California，1976.

［15］ Graesser E J，Cozzarelli F A. A proposed three-dimensional constitutive model for shape memory alloys[J]. Journal of Intelligent Material Systems and Structures，1994，5（1）：78-89.

［16］ Auricchio F，Taylor R L，Lubliner J. Shape-memory alloys：Macromodelling and numerical simulations of the superelastic behavior[J]. Computer Methods in Applied Mechanics and Engineering，1997，146（3-4）：281-312.

第 4 章　超弹性 SMA/GFRP 增强 ECC 梁抗弯性能研究

建设工程领域中，建筑材料的兴起对当今世界的发展有着举足轻重的作用。目前，国内建筑行业发展十分迅速，在众多结构形式中，混凝土结构在土木工程中的应用最为广泛。但是在实际工程中，随着结构使用时间的延长，混凝土的性能会受到多方面因素的影响，如不良环境、老化、混凝土碳化等。这些因素不仅会影响混凝土的受力性能，也会对使用者的人身安全造成威胁。因为 SMA 具有较高的阻尼特性、较好的抗疲劳性能和耐腐蚀性，有利于工程实际应用中取得较好的材料力学性能，而 ECC 具有良好的延性和抗弯性能，玻璃纤维增强塑料（glass fiber reinforced plastics，GFRP）具有轻质高强等特性，所以本章提出将三者重组形成一个新型的复合梁，研究三者之间的力学关系，以及承载能力、裂缝开展情况、裂缝宽度和数量，同时还与普通的钢筋混凝土、reinforcing-ECC、钢绞线-ECC、GFRP-ECC 和 SMA-ECC 进行对比。采用四点弯曲试验和低周单向循环加卸载抗弯试验，对比这六种构件的力学性能。本章主要对六个试件设计和制作过程进行详细的讲解。

4.1　试验概况

4.1.1　试件尺寸和形状

本试验共设计了六个试验梁，每个试件的截面尺寸均相同。试验设计参照《混凝土结构设计规范》（2015 年版）（GB 50010—2010）[1]，同时也参照《建筑抗震试验规程》（JGJ/T 101—2015）[2]等设计原则来制定构件的尺寸和配筋，具体情况如图 4.1 和表 4.1 所示。所有梁的截面尺寸均为 100mm×100mm×1100mm，箍筋类型是 HRB400，直径 6mm，混凝土设计强度为 C30。

4.1.2　试验材料

1. 混凝土

本试验设计的混凝土的强度等级是 C30，用来实测浇筑混凝土抗压强度的试块与浇筑梁所用的混凝土为同一批材料，试块养护条件与构件相同，以确保试验的准确性。混凝土抗压试块尺寸为 100mm×100mm×100mm，换算成标准试块后抗压强度平均值见表 4.2。

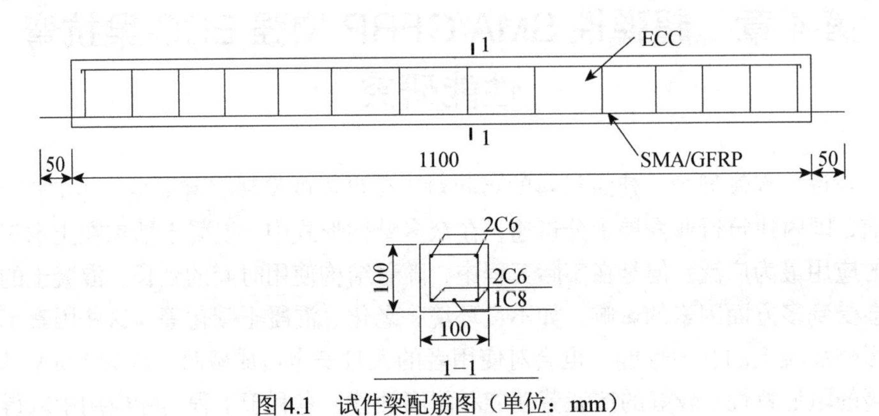

图 4.1　试件梁配筋图（单位：mm）

表 4.1　试件类型及配筋

试件编号	增强类型	截面尺寸/（mm×mm×mm）	纵向配筋/mm	箍筋/mm
RC	钢筋/混凝土	100×100×1100	2C8	C6@80/100
R-ECC	钢筋/ECC	100×100×1100	2C8	C6@80/100
SS-ECC	钢绞线/ECC	100×100×1100	3D4.5	C6@80/100
GFRP-ECC	GFRP/ECC	100×100×1100	2C8	C6@80/100
SMA-ECC	SMA/ECC	100×100×1100	2C8	C6@80/100
SMA/GFRP-ECC	SMA/GFRP/ECC	100×100×1100	2C6/1C8	C6@80/100

表 4.2　混凝土立方体抗压强度

混凝土强度等级	立方体抗压强度/MPa	标准立方体抗压强度 $f_{cu,k}$/MPa	标准抗压强度平均值/MPa
C30	45.8	43.51	44.02
	47.0	44.65	
	46.2	43.89	

2. 钢筋

纵向受拉纵筋和箍筋均采用 HRB400 级钢筋，属于Ⅲ级钢筋。RC 梁纵向配置 2C8 的钢筋，其他五个梁配置 2C6 的架立筋。分别对试验中所用的钢筋截取 500mm 进行拉伸试验，钢筋拉伸试验在前文已做详细描述，实测值见表 4.3。

表4.3　钢筋材料的力学性能

钢筋种类	钢筋型号	钢筋直径/mm	横截面积/mm^2	屈服强度 f_y/MPa	平均值/MPa	极限强度 f_u/MPa	平均值/MPa
纵筋	HRB400	8	50.24	432 429 430	430	663 665 664	664
箍筋	HRB400	6	28.26	418 413 416	416	635 639 638	637

3. 钢绞线

钢绞线由北京荣达信新技术有限公司提供，拉伸试验在第2章已做详述，具体参数见表4.4。

表4.4　钢绞线材料性能

钢绞线	直径/mm	横截面积/mm^2	极限强度 f_u/MPa	平均值/MPa
纵筋	4.5	15.89	1592 1604 1598	1598

4. GFRP筋

本试验采用的GFRP筋来自深圳海川新材料科技股份有限公司，主要对材料的拉伸性能做具体分析，实测值见表4.5。

表4.5　GFRP材料性能

GFRP类型	直径/mm	横截面积/mm^2	极限强度 f_u/MPa	平均值/MPa
纵筋	8	50.24	898 912 903	904

4.1.3　试件制作过程

1. 材料锚固处理

1）钢筋锚固

为使钢筋和混凝土能够共同工作以承担各种应力（协同工作承受来自各种荷载产生压力、拉力以及弯矩、扭矩等），对钢筋做90°和135°弯钩处理。

2）钢绞线、GFRP锚固

因为钢绞线和GFRP无法像钢筋一样弯起锚固，所以在两端采用增大截面的方法进行锚固，主要是用长 70mm、壁厚 2.2mm 的钢管锚固，材料和钢管之间灌入环氧树脂。钢绞线在体外锚固，在钢管和混凝土接触位置加入 5mm 厚的钢板，防止混凝土产生局部应力，影响试验效果，锚固方式如图 4.2 所示。

(a) 钢绞线锚固　　(b) GFRP锚固

图 4.2　钢绞线和 GFRP 的锚固方式

3）SMA 锚固

由于 SMA 材料表面比较光滑，不能做弯钩锚固。在构件加载之前，用夹具在 SMA 两端加紧以防产生滑移，夹具在设计时考虑了承载力以及截面尺寸等原因，夹具及安装方式如图 4.3 所示。

图 4.3　夹具及安装方式

2. 试件制作

1）粘贴应变片

为了较好地了解钢筋在构件中的受力情况，在钢筋的中点和三分点位置粘贴应变片。首先把粘贴应变片的钢筋位置用打磨机磨平，再用棉签蘸取纯度为 97% 的乙醇把打磨的位置清理干净，待乙醇蒸发之后用 502 胶水把 3mm×5mm 的应变片粘贴在相应位置，之后用尼龙扎带固定好导线，连接好应变片和导线。为避免胶层吸收空气中的水分而降低绝缘电阻，在应变片上面均匀地涂抹 704 硅胶，再用蘸有环氧树脂的纱布包裹在应变片外面（图 4.4）。GFRP、SMA 和钢绞线直接用乙醇涂抹以后，在相同的位置粘贴应变片。

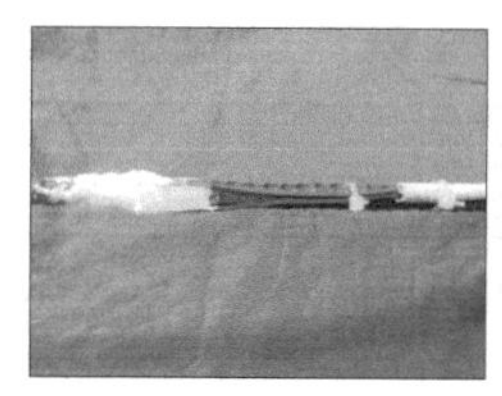
（a）涂抹704硅胶

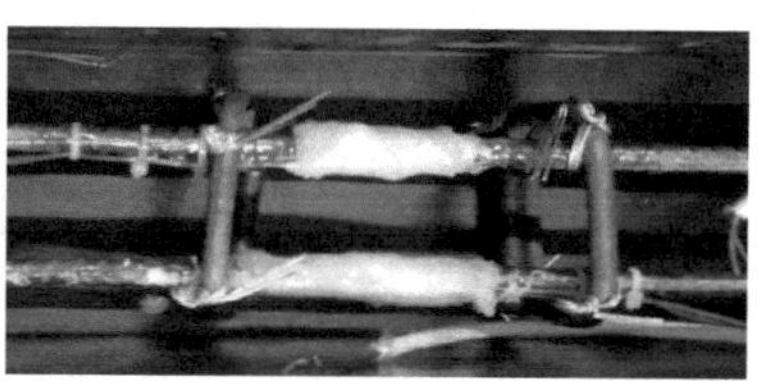
（b）外裹环氧树脂

图 4.4　粘贴应变片

2）制作模板、浇筑混凝土和 ECC

由于试验梁尺寸不大，在设计时考虑经济原因使用木模板，按设计的尺寸切割相应的模板，在模板两端打孔，方便后期锚固。浇筑前，在模板与混凝土或者 ECC 接触面涂刷隔离剂，方便后期拆模且使表面光滑。由于构件不大，在浇筑过程中用振动台振捣，直到表面不再出现气泡，再用磨具把梁表面抹平，用保鲜膜包裹防止水分蒸发。构件浇筑成型之后，自然养护 28 天，每天浇水养护，并在构件上面覆盖土工布，浇筑构件如图 4.5 所示。

（a）模板和钢筋笼

（b）浇筑成型

图 4.5　构件浇筑过程

4.1.4　试件测试方法和内容

1. 试件测试方法

1）加载装置

本试验采用四点弯曲试验，加载示意图如图 4.6 所示。试验仪器所用的是郑州大学结构实验室的 CMT 系列微机控制电液伺服万能材料试验机，加载量程是

200t。因为只有一个作动头，所以在试验梁上面放了一个工字形的分配梁，在分配梁和试验梁之间放置铰支座和固定支座，具体实物如图 4.7 所示。

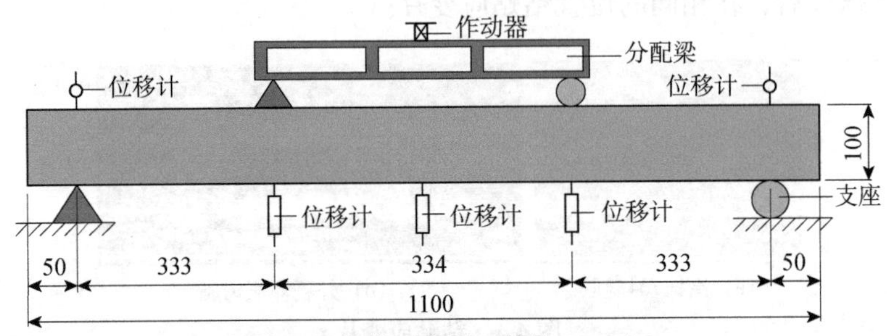

图 4.6　加载示意图（单位：mm）

图 4.7　试验加载实物图

2）加载制度

结构动力试验中最常用的加载方式是结构伪静力试验[3]，它又称为低周反复加载试验。在加载过程中主要以控制位移和荷载为主，对设备的要求不高且能获得较多参数（如承载力、变形能力和耗能能力等）。本试验参照《混凝土结构试验方法标准》（GB/T 50152—2012）[4]设计试验加载制度，主要以位移控制为主。采用单调分级加载：首先进行预加载两次，荷载值不得超过开裂荷载；然后正式加载，以纵向受力钢筋屈服位移值以及位移值的倍数逐级递增加载。加载方式如图 4.8 所示。

2. 试件测试内容

试验梁在加卸载过程中实时记录试验现象，并记录好试验数据，如裂缝开展状况、裂缝数量和宽度、百分表读数以及混凝土变形情况等，具体操作如下所述。

（1）跨中挠度：构件加载之前，分别在支座、梁中点和三分点位置放置百分表，并使用 CM-24 型静态电阻应变仪记录数据。

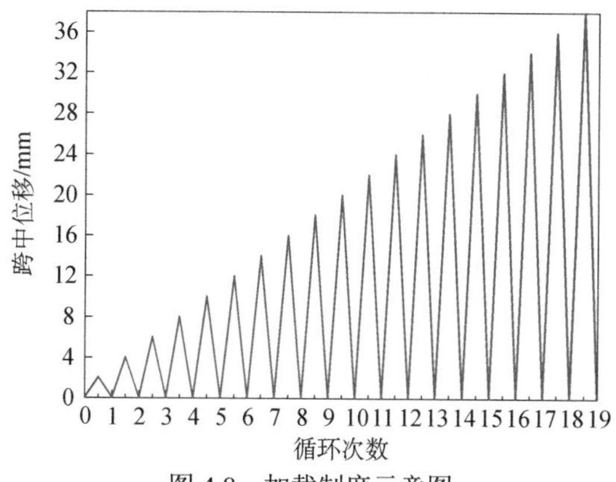

图 4.8　加载制度示意图

（2）试件跨中区域沿梁高的平均应变：为了验证梁的平截面假定，在梁中点位置均匀布置五个 3mm×100mm 应变片，通过各测点的差值判断截面的应变情况。

（3）试验材料的应变：为了得到材料的力学性能，在材料的中间和三分点位置粘贴 3mm×5mm 的应变片，外部用环氧树脂包裹，并用 CM-24 型静态电阻应变仪记录数据。

（4）荷载：采用 CMT 系列微机控制电液伺服万能材料试验机。在加载之前，事先做好编程以及加载制度，用计算机自动控制荷载，随时记录好数据。

（5）裂缝：裂缝宽度使用裂缝观测检测仪观测，在每一级加卸载之后，都要记录裂缝宽度和数量，并用铅笔把裂缝的走向和宽度描绘在试验梁上。

试验加载所用部分仪器如图 4.9 所示。

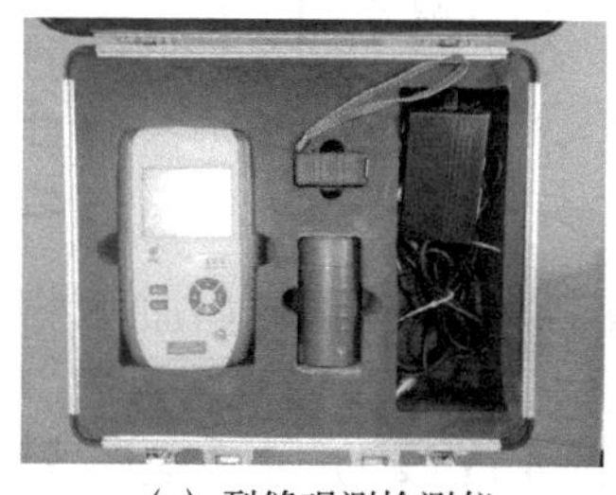

（a）裂缝观测检测仪

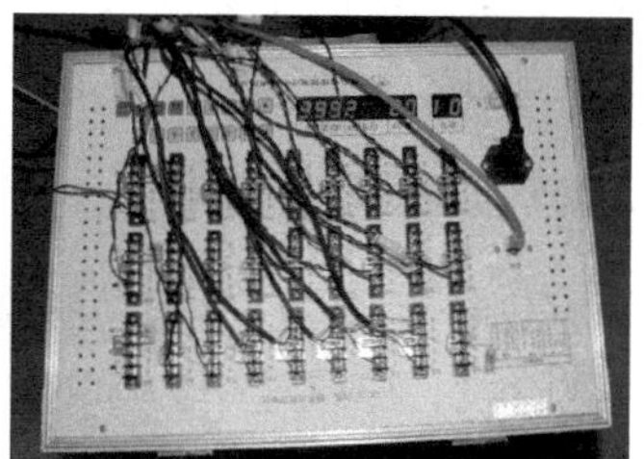

（b）CM-24型静态电阻应变仪

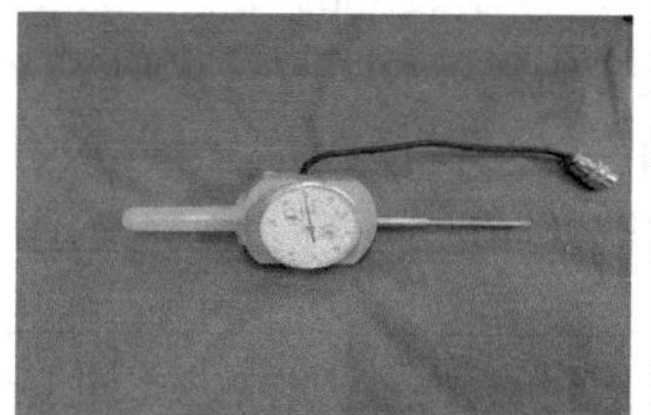

（c）百分表

（d）混凝土、钢筋应变片

图 4.9　试验加载所用部分仪器

4.2 试验过程与结果分析

4.2.1 试验过程

分别对 RC 梁、R-ECC 梁、SS-ECC 梁、GFRP-ECC 梁、SMA-ECC 梁和 SMA/GFRP-ECC 梁进行低周单向加卸载试验，并把试验现象记录如下。

1. RC 梁试验现象

RC 梁在加载初期首先进行两次预加载，预加载的值设置为 1kN 且不得超过构件的开裂荷载。然后开始进入正式加载，加载速率 50N/s。本节试验采用位控的加载方式，每级的位控值以纵向受力钢筋屈服位移值以及位移值的倍数逐级递增加载。第 1 加载级时，各个仪器示数缓慢变化，在荷载达到 3.25kN 时，在两个三分点处各出现一条裂缝，高为 2.5cm（图 4.10（a））。加载到 10kN，跨中裂缝逐渐增长到 6cm，宽度也达到了 0.04mm。随着荷载的不断增大，构件的裂缝数量和宽度也不断增大。加载至 16kN 时，钢筋发生了屈服，此时裂缝数量是九条，裂缝长度最高达到 8.7cm，宽度为 0.86mm（图 4.10（b））。当钢筋屈服以后，随着荷载的不断增大，裂缝数量几乎没有增加，但宽度却不断增大，随着构件的刚度不断降低，跨中挠度也不断增大。由于混凝土恢复性较差，当荷载降低时，跨中挠度没有减小太多。当达到极限荷载 20.586kN 时，构件的承载力不再增加，主裂缝宽度也增大到 2.64mm。达到极限承载力之后，构件又经过四个循环加载，承载力降低到 75%时，梁顶混凝土鼓起被压酥，构件破坏（图 4.10（c））。裂缝具体发展情况如图 4.10 所示。

2. R-ECC 梁试验现象

R-ECC 梁加载制度和 RC 梁保持一致，荷载从零级开始加载，两次预加载之后进入正式加载阶段，加载速率为 50N/s。在荷载达到 3.68kN 时，在两个加载点下面各出现了一条细小的裂缝，长 2cm（图 4.11（a））。由于裂缝宽度较小，在第 1 个循环之后基本闭合，良好地体现了 ECC 控制裂缝的性能。随着荷载的增大，构件的裂缝数量不断增加，构件开始进入带裂缝工作状态。R-ECC 构件的裂缝发展与普通混凝土不同，随着荷载的增大和 ECC 材料的引入，裂缝数量增多，裂缝间距减小，呈现出多而密的分布状况。在第 4～7 个循环，裂缝发展迅速，最大宽度达到 0.12mm，钢筋应变也在不断增大，在位控为 12mm 时，接近梁底的 ECC 表面的应变片因变形过大而破坏。加载到 19.34kN 时，钢筋进入屈服阶段（图 4.11（b）），裂缝数量几乎没有增加，宽度增大比较缓慢，高度分布均匀，都在 5cm 左右。在第 8 个循环时，构件达到极限荷载 21.572kN，之后构件承载力不再增加且第二个 ECC 表面的应变片损坏，裂缝宽度增大迅速，经过四个循环之后承载力降低到原来的 82%，最后又经过四个循环构件完全破坏（图 4.11（c））。裂缝具体发展情况如图 4.11 所示。

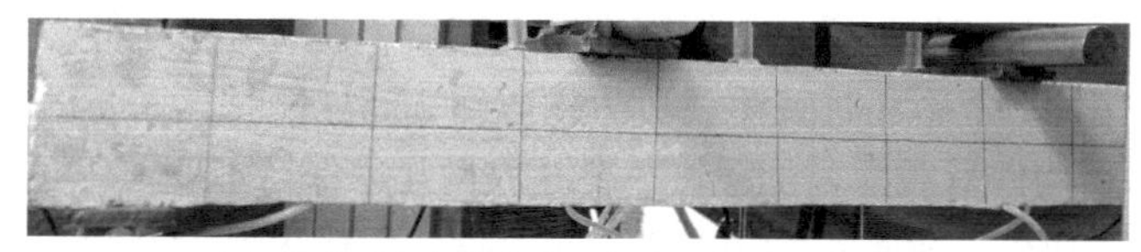

（a）初裂阶段加载峰值、卸载峰值裂缝发展情况

（b）屈服阶段加载峰值、卸载峰值裂缝发展情况

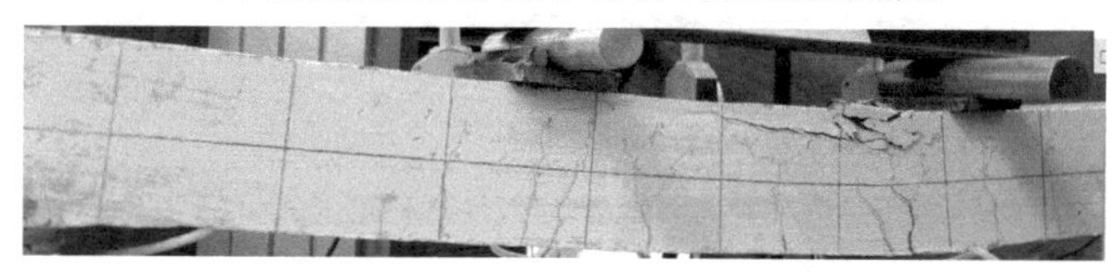

（c）破坏阶段加载峰值、卸载峰值裂缝发展情况

图 4.10　RC 梁裂缝开展过程

（a）初裂阶段加载峰值、卸载峰值裂缝发展情况

（b）屈服阶段加载峰值、卸载峰值裂缝发展情况

（c）破坏阶段加载峰值、卸载峰值裂缝发展情况

图 4.11　R-ECC 梁裂缝开展过程

3. SS-ECC 梁试验现象

荷载从零级开始加载，加载速率 50N/s，由于第一级加载荷载较小，试件基

本上没有出现裂缝，刚开始的前两个阶段处于弹性阶段，残余位移较小。当荷载达到 4.95kN 时，在两个三分点位置分别出现两条细小的裂缝，宽度较小，高约 2.3cm，构件开始带裂缝工作（图 4.12（a））。随着荷载的增大，裂缝数量和宽度不断增多和增大，由于 ECC 的作用，裂缝多而密，裂缝宽度基本上在 0.06mm 左右。在第 5～12 个循环时，裂缝发展迅速，但宽度增大缓慢，裂缝不断延伸，使得接近梁底的混凝土片在第 11 个循环时破坏。当荷载达到 22.51kN 时，钢筋达到屈服状态，进入屈服阶段，构件承载力增加缓慢，裂缝数量几乎保持不变，高度基本一致，在 6cm 左右，宽度却在不断增大。在第 13 个循环时，荷载达到 24.09kN（图 4.12（b）），第二个 ECC 表面的应变片破坏，构件承载力达到最大值，在之后的循环中承载力开始降低，裂缝宽度不断增大，有一定的残余位移，且在梁顶出现一条向下延伸的裂缝，长度约为 2.8cm。当构件达到第 17 个循环峰值点时，听见“砰”的一声巨响，钢绞线拉断，构件破坏（图 4.12（c））。裂缝具体发展情况如图 4.12 所示。

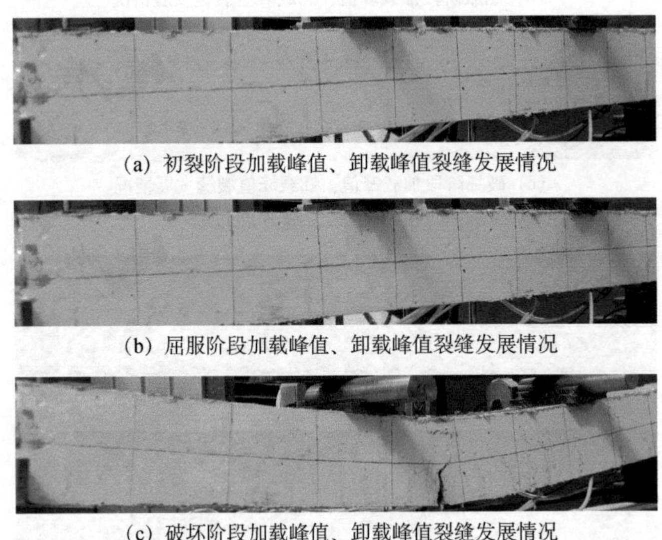

(a) 初裂阶段加载峰值、卸载峰值裂缝发展情况

(b) 屈服阶段加载峰值、卸载峰值裂缝发展情况

(c) 破坏阶段加载峰值、卸载峰值裂缝发展情况

图 4.12　SS-ECC 梁裂缝发展过程

4. GFRP-ECC 梁试验现象

首先进行两次预加载，接着进入正式加载，荷载从零开始，加载速率 50N/s，由于第一级荷载较小，五个百分表只有较小示数，且缓慢增长。在荷载达到 5.1kN 时，出现了四条细小的裂缝，宽度较小，高约 2.1cm，之后构件进入带裂缝加载阶段（图 4.13（a））。在第 2～5 个循环，裂缝宽度没有明显的增长，最大只有 0.08mm，高度最大达到 5.8cm 左右，数量由原来的两条增加到 42 条。在第 5 个循环卸载之后能够明显看出的裂缝数量只有四条，残余位移较小，百分表示数稳

定增加。在第 6～15 个循环时，构件的承载力逐渐增大，接近梁底的应变片因变形过大而破坏，裂缝数量和裂缝高度也在不断加大，在 12～15 个循环能够明显看到裂缝宽度在变大，峰值裂缝宽度为 5.1mm，卸载之后仅有 0.36mm，同时也存在一定的残余位移，在卸荷之后，大部分裂缝都能闭合，只有少许裂缝宽度可用裂缝观测仪看到。ECC 表面混凝土片在第 11 个循环时，最接近梁底的混凝土片已经破坏（图 4.13（b））。在第 16 个循环时，构件承载力达到最大值 27.68kN，之后再进行加载，承载力开始降低，裂缝数量和高度增加变缓，但宽度却在不断加大。在第 17～19 个循环中，承载力降低到极限荷载的 85%以下，两个三分点处的百分表已经滑落，构件顶部 ECC 开裂且被压酥，构件破坏（图 4.13（c））。裂缝具体发展情况如图 4.13 所示。

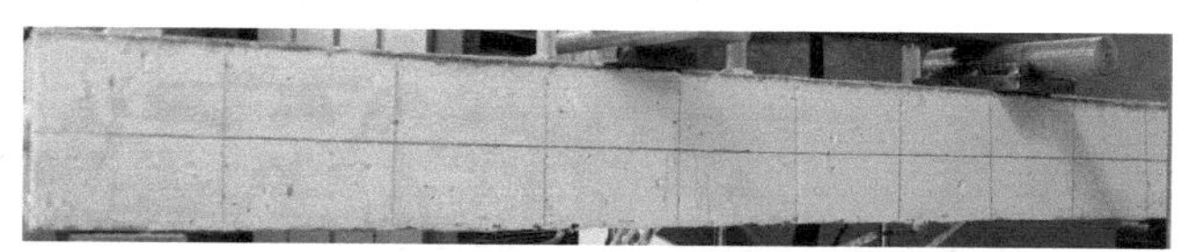

（a）初裂阶段加载峰值、卸载峰值裂缝发展情况

（b）屈服阶段加载峰值、卸载峰值裂缝发展情况

（c）破坏阶段加载发展、卸载峰值裂缝发展情况

图 4.13　GFRP-ECC 梁裂缝发展过程

5. SMA-ECC 梁试验现象

首先进行两次预加载，每次荷载限值为 1kN。然后进入正式加载，加载速率 50N/s，在 1～2 个循环中，裂缝扩展较慢，裂缝宽度无法用肉眼识别，高度在 1.8cm 左右，ECC 表面的应变片和百分表示数都处于较小的数值，变化缓慢，刚开始由于仪器不稳定，两个三分点的百分表示数跳跃较大，在进入正式加载时，示数开始稳定增长，此时构件处于弹性阶段（图 4.14（a））。当荷载达到 3.5kN 时，构件出现多条裂缝且肉眼无法识别其宽度，构件进入带裂缝工作状态。在第 1～3 个循环时，构件承载力增长速度较快，裂缝数量和宽度发展较快，呈现多而密的现象，暂时还没有大裂缝出现，裂缝在两个加载点比较集中。在第 4～9 个循环时，荷载增长变缓。在第 5 个循环时，接近构件底部的 ECC 表面应变片因变形过大而破坏，

此时裂缝发展基本已经成型，几条集中裂缝发展成一条宽度较大的裂缝，卸载之后有一定的残余位移，构件进入屈服阶段（图 4.14（b））。在第 10 个循环时，构件达到极限荷载 13.36kN，裂缝宽度随挠度的增加而增大，最大值为 0.84mm，与《混凝土结构设计规范》（2015 年版）（GB 50010—2010）中要求的最大值还有一定差距[1]，此时第二个 ECC 表面的应变片损坏。之后构件承载力开始逐渐减小，又经过了 7 次循环加载，构件承载力达到其极限承载力的 85%以下，梁顶 ECC 出现很多裂缝且被压酥，构件最终破坏（图 4.14（c））。裂缝具体发展情况如图 4.14 所示。

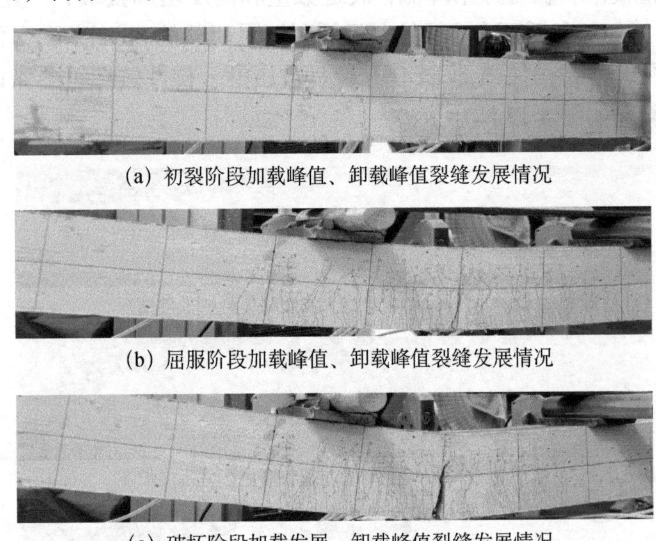

(a) 初裂阶段加载峰值、卸载峰值裂缝发展情况

(b) 屈服阶段加载峰值、卸载峰值裂缝发展情况

(c) 破坏阶段加载发展、卸载峰值裂缝发展情况

图 4.14 SMA-ECC 梁裂缝发展过程

6. SMA/GFRP-ECC 梁试验现象

构件正式加载之前先进行两次预加载，力控制在 1000N 左右。接着荷载从零级开始加载，加载速率 50N/s，由于刚开始荷载较小，五个百分表和 ECC 侧面的应变片示数比较小、变化也比较缓慢，在第一级卸载之后没有裂缝产生，构件有较小的残余位移（图 4.15（a））。在荷载达到 3.96kN 时，在两个三分点处出现了四条细小的裂缝，宽度较小，肉眼无法识别，高度均匀在 2cm 左右，此后构件开始进入带裂缝工作状态。在第 3～10 个循环中，构件的承载力逐渐增大，裂缝数量增加至 65 条，且在两个三分点处较为集中，距离梁底较近的侧面应变片因变形过大而损坏，裂缝最大宽度为 2.0～2.62mm。此时，构件进入屈服阶段，构件屈服之后裂缝几乎不会增加，但宽度会随着挠度的增大而增大。在第 12 个循环时，构件达到极限承载力 19.85kN，裂缝延伸到 8.2cm，宽度最大值为 2.34mm，卸载之后构件具有一定的残余位移（图 4.15（b））。在第 13～17 个循环中，构件承载力逐渐降低，但降低速率很慢，表明构件具有一定的延性。在第 17 个循环

时，构件梁顶 ECC 出现裂缝且被压酥，承载力降低到极限荷载的 85%以下，导致构件破坏（图 4.15（c））。裂缝具体发展情况如图 4.15 所示。

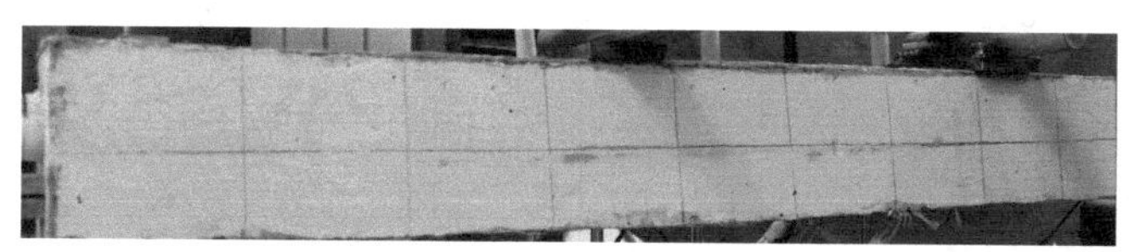

(a) 初裂阶段加载峰值、卸载峰值裂缝发展情况

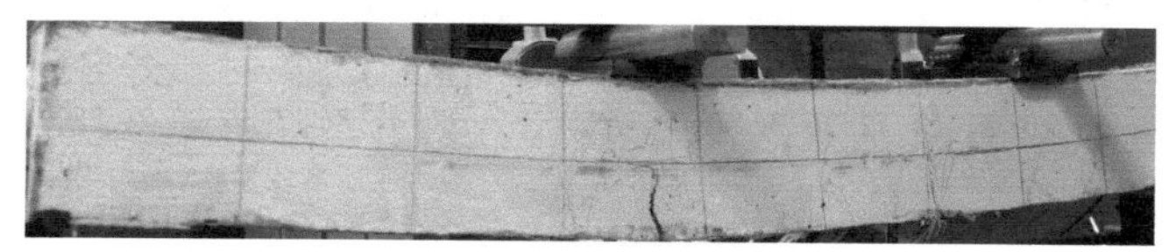

(b) 屈服阶段加载峰值、卸载峰值裂缝发展情况

(c) 破坏阶段加载发展、卸载峰值裂缝发展情况

图 4.15　SMA/GFRP-ECC 梁裂缝发展过程

4.2.2　试验分析比较

1. 荷载-位移曲线

荷载-位移曲线又称为 P-Δ 曲线，是指构件在单向循环加卸载作用下的位移和相应荷载的关系图，曲线特征可以反映出构件的承载力、耗能能力和自复位性能等力学特征，是分析试验构件的重要指标。图 4.16 所示为试验六个构件的荷载-位移曲线。

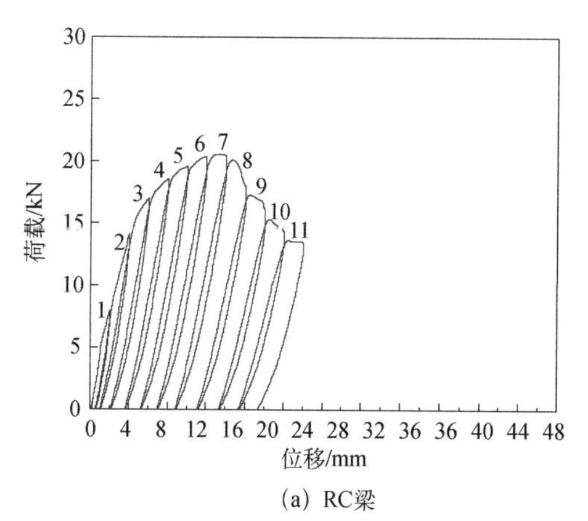

(a) RC梁

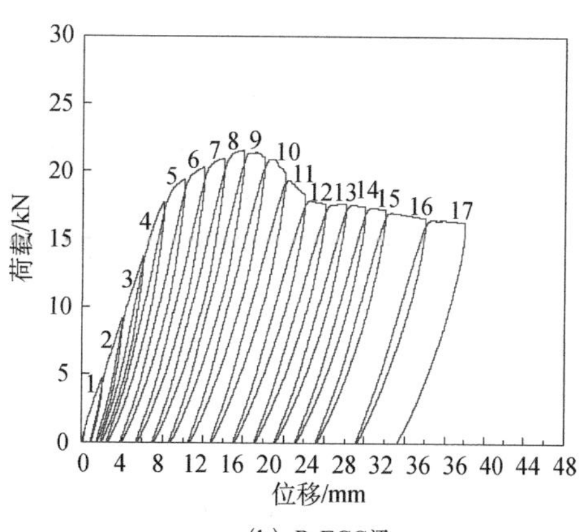

(b) R-ECC梁

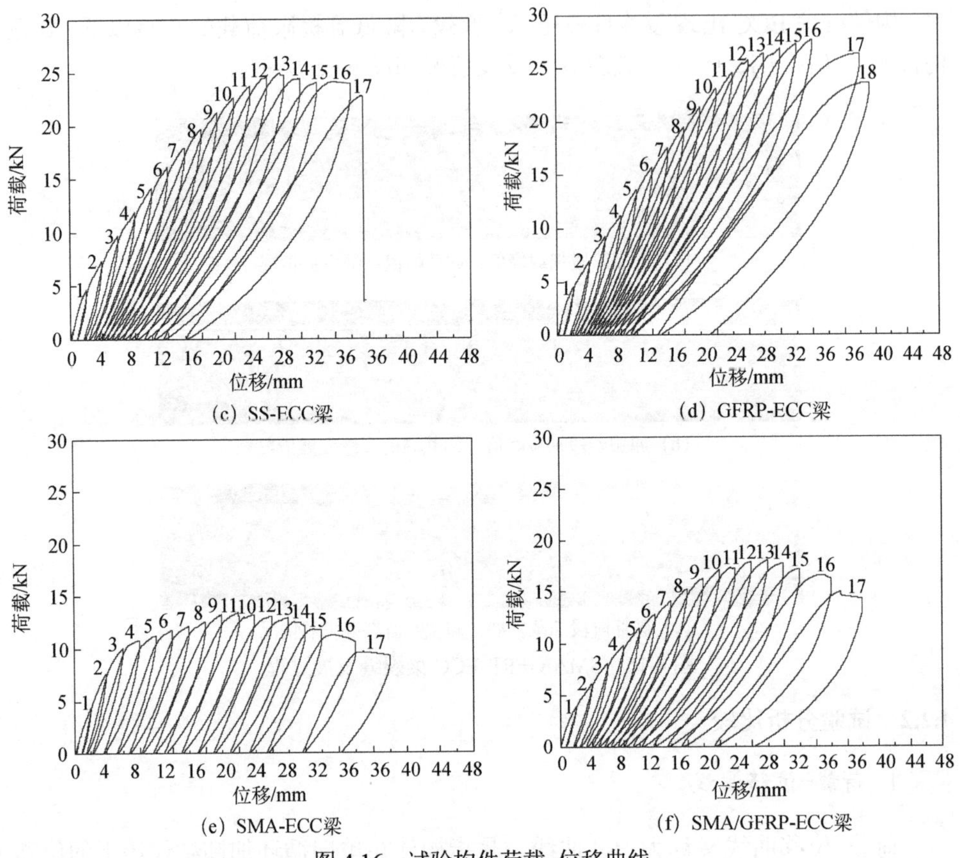

(c) SS-ECC梁

(d) GFRP-ECC梁

(e) SMA-ECC梁

(f) SMA/GFRP-ECC梁

图 4.16　试验构件荷载-位移曲线

（1）由图 4.16 可知，RC 梁、R-ECC 梁、SMA-ECC 梁和 SMA/GFRP-ECC 梁加载时，分为三个阶段：弹性阶段、弹塑性阶段和塑性阶段。弹性阶段，在加载初期，荷载较小，尚未有裂缝出现，构件即将进入带裂缝工作状态。在弹塑性阶段，由于荷载不断增大，裂缝数量和宽度也不断增多和增大，构件承载力呈线性增长，发展较快。塑性阶段也称为破坏阶段，构件达到屈服状态，承载力基本上不再增大，但构件挠度增大变快，直至构件破坏。卸载以后，RC 梁几乎没有回弹，而 R-ECC 梁、SMA-ECC 梁和 SMA/GFRP-ECC 梁具有明显的回弹现象，具体参数参见图 4.16 所示的荷载-位移曲线。

（2）由图 4.16（c）、（d）可知，SS-ECC 梁和 GFRP-ECC 梁在加载时，表现出两个阶段：弹性阶段和塑性阶段。承载力呈线性增长，达到极限承载力以后，构件承载力下降速度较快，构件延性较差。

（3）对比六个构件可以看出，RC 梁滞回曲线最少，GFRP-ECC 梁承载力最高，SMA-ECC 梁延性最好，而 SMA/GFRP-ECC 梁综合了这三个构件的优势。

2. 承载能力

各构件开裂荷载、屈服荷载、极限荷载对比见表 4.6。开裂荷载以构件出现第一条裂缝为主，极限荷载的取值以纵向受拉钢筋拉断、ECC 或者混凝土压酥、跨中挠度达到梁长的一半以及裂缝宽度达到 3mm 等记录。

表 4.6　构件开裂、屈服、极限荷载对比

构件名称	开裂荷载/kN	屈服荷载/kN	极限荷载/kN	破坏形式
RC	3.25	17.49	20.59	混凝土压酥
R-ECC	3.68	18.34	21.57	裂缝宽度≥3mm
SS-ECC	4.95	—	24.09	钢绞线被拉断
GFRP-ECC	5.10	23.53	27.68	GFRP 被拉断
SMA-ECC	3.50	—	13.36	裂缝宽度≥3mm
SMA/GFRP-ECC	3.96	15.51	19.85	裂缝宽度≥3mm

由表 4.6 可知，RC 梁的开裂荷载最小，GFRP-ECC 梁最大。GFRP-ECC 梁承载力（极限荷载）最高，是 SMA-ECC 梁的两倍以上。因为 ECC 具有应变硬化的特点，所以加入 ECC 材料能够有效地提高构件的承载力，GFRP-ECC 梁比 RC 梁提高了 34.4%。

3. 骨架曲线

将同方向（拉或压）加载的应力-应变曲线中，超过前一次加载最大应力的区段平移相连后得到的曲线称为骨架曲线。也可表述为，滞回曲线上同向（拉或压）各次加载的荷载极值点依次相连得到的包络曲线称为骨架曲线。骨架曲线是每次循环加载达到的水平力最大峰值的轨迹，反映了构件受力与变形的各个不同阶段及特性（强度、刚度、延性、耗能及抗倒塌能力等）也是确定恢复力模型中特征点的重要依据，本试验的六种试验梁骨架曲线如图 4.17 所示。

由图可得到以下结论。

（1）由 RC 梁、R-ECC 梁和 SS-ECC 梁的骨架曲线可知，在破坏之前，构件承载力比较大，几乎呈线性增长，刚度较大，这是因为钢筋、钢绞线弹性模量大于其他试验材料。

（2）对比 RC 梁和 R-ECC 梁可知，R-ECC 梁延性比 RC 梁好，这是因为 ECC 具有应变硬化的特点，当构件开裂以后受拉区 ECC 与钢筋共同承担拉力，其应力随应变的增加而增大。

（3）SMA-ECC 梁具有较好的延性，但其承载力较低；相反，GFRP-ECC 梁虽然承载力高，但延性较差；对比复合梁 SMA/GFRP-ECC，综合两者优点，承载

力比 SMA-ECC 梁提高了 73%，也体现出较好的延性。

4. 跨中荷载-钢筋应变曲线

试件的跨中荷载-钢筋应变曲线如图 4.18 所示。

由图 4.18 可知，构件加载初期，钢筋应变与每级荷载呈线性增长，都经历了弹性阶段和塑性阶段。对比图 4.17 可知，六个构件的骨架曲线与荷载-钢筋应变曲线相近，构件在加载时裂缝发展阶段与钢筋应变相同，说明试验所用材料与 ECC 或混凝土有较好的协同变形能力。

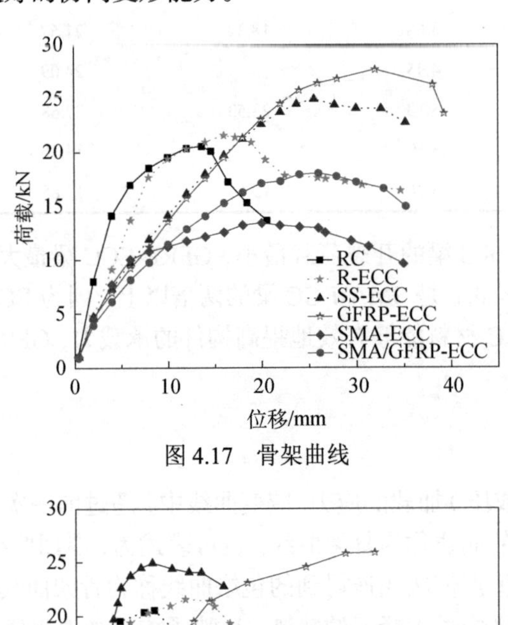

图 4.17　骨架曲线

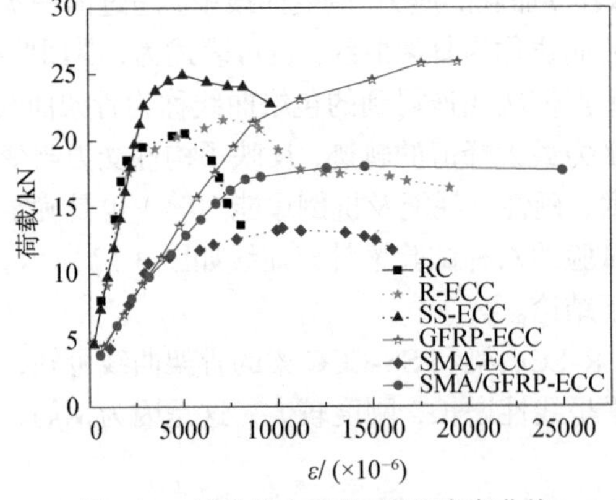

图 4.18　试件跨中荷载-钢筋应变曲线

5. 耗能能力分析

试件的耗能能力是指试件在地震反复作用下吸收能量的大小，以滞回曲线（或者荷载-位移曲线）包围的面积来衡量。试验证明，滞回环的面积与耗能能力

呈正比例关系，具体参数如图 4.19 所示。

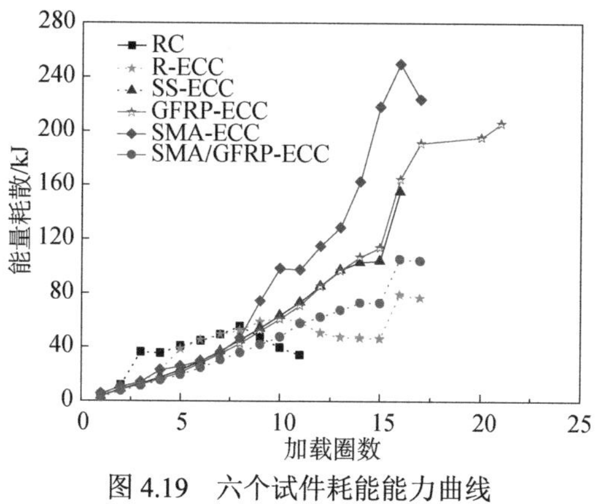

图 4.19　六个试件耗能能力曲线

由图 4.19 可以看出，RC 梁在开始加载阶段，耗能能力是最大的，随着荷载的增大，耗能能力逐渐降低；在加载初期，SMA-ECC 梁耗能能力和其他试件基本一致，在加载后期，耗能能力逐渐增长，在第 8 个循环之后，耗能能力基本上成线性增长，在屈服阶段和塑性阶段效果最佳，GFRP-ECC 梁耗能能力仅次于 SMA-ECC 梁，而 RC 梁和 R-ECC 梁在加载后期耗能能力最低。

6. 刚度退化曲线分析

在循环反复荷载作用下，当保持相同的峰值荷载时，峰值点位移随循环次数的增加而增大，这种现象称为刚度退化。从图 4.20 可以看出，RC 梁刚度退化最快，其次是 SS-ECC 梁、SMA/GFRP-ECC 梁和 SMA-ECC 梁，GFRP-ECC 梁刚度退化最慢。这是由于 ECC 较好的抗弯能力和超高韧性，有利于提高构件的刚度。

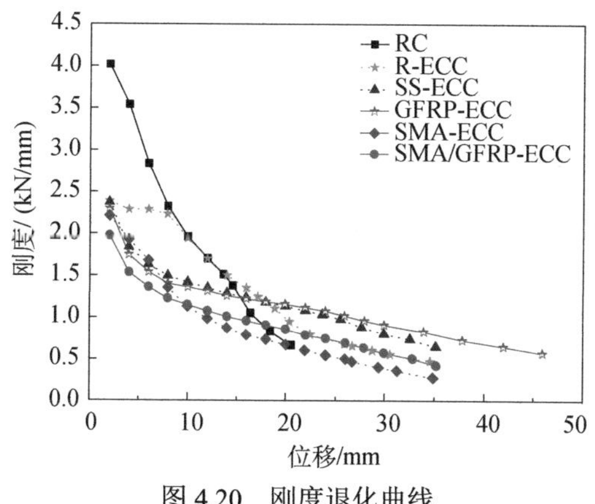

图 4.20　刚度退化曲线

7. 试件自复位能力曲线

自复位结构体系能够有效地控制构件的变形和损伤，特别是在地震作用下产生的塑性铰，把具有自复位性能的材料运用到结构中，能够加强结构的自复位能力，达到消能减震的作用，这种理念在现行工程抗震中都有所运用。本节试验浇筑的六个构件自复位能力曲线如图 4.21 所示。

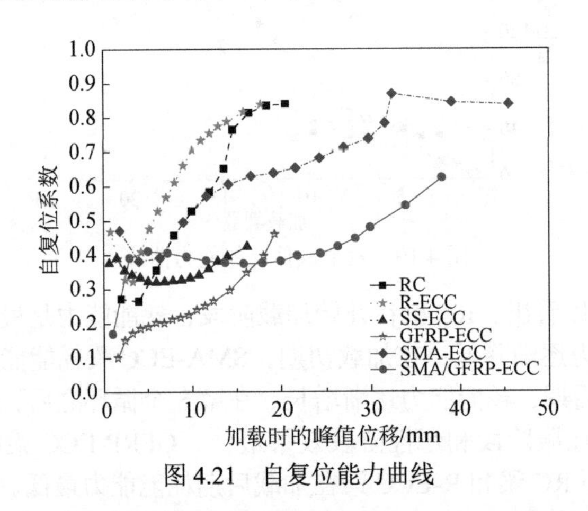

图 4.21 自复位能力曲线

试验中的六个构件自复位能力曲线以加载时的峰值位移为 X 坐标，以每个循环的卸载时残余位移与当前的峰值位移比值（自复位系数）为 Y 坐标，Y 坐标越大，表示该构件自复位能力越低。由图 4.21 可知，RC 梁和 R-ECC 梁在前三个循环（图中图线上的点数）时自复位系数在 0.3 左右，在第 4 个循环之后，自复位系数越来越大，自复位能力却越来越小，这是由于钢筋受拉时恢复能力很低。SS-ECC 梁、GFRP-ECC 梁和 SMA/GFRP-ECC 梁，自复位系数变化幅度不大，说明这三个构件的自复位能力在不断循环加载的情况下依然保持原来的恢复能力，在最后屈服阶段，该复位能力稍有降低。

8. ECC 和钢筋应变曲线

在试验时，除了在跨中、两个三分点和两端支座安置百分表外，同时分别在构件侧面 10mm、30mm、50mm、70mm 和 90mm 处粘贴混凝土应变片，并用数据采集仪来采集相应的应变值，经过换算可计算出标段内不同高度 ECC/混凝土截面的应变值。六种构件在每级荷载作用下，ECC/混凝土截面的平均应变值随梁高的变化（h-ε）曲线如图 4.22 所示。

观察图 4.22 可知，构件加载初期，中性轴以上的 ECC/混凝土应变是负值，因为此时的 ECC/混凝土应变片处于受压状态，中性轴以下的 ECC/混凝土应变片应变是正值，因为此时的 ECC/混凝土应变片处于受拉状态。随着荷载不断增大，

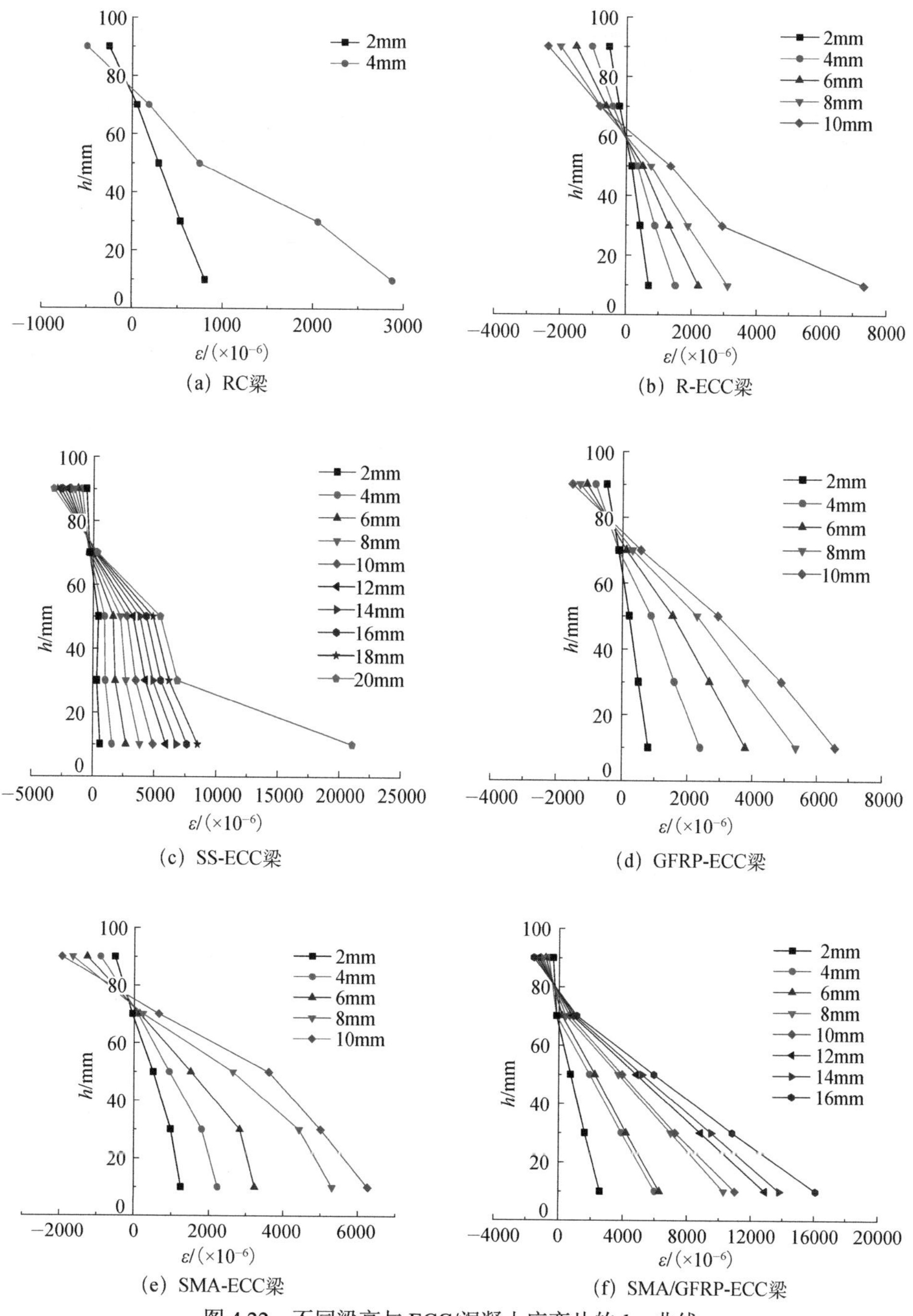

图 4.22　不同梁高与 ECC/混凝土应变片的 h-ε 曲线

中性轴的高度不断往上移动，之前受压的 ECC/混凝土片由于中性轴的移动，数据会由负值转化成正值。从图 4.22 可以看出，构件从开始加载到破坏阶段，测得的 ECC/混凝土应变片随梁高的变化近似呈线性变化，这说明 ECC/混凝土的黏结性能良好，能够较好地进行协调变形，六个构件的正截面受弯全过程基本符合平截面假定。

4.2.3　裂缝发展

1. 最大裂缝宽度分析

构件在加载的过程中，裂缝宽度随荷载的增加而增大。在每级加载峰值和卸载保持时，用裂缝观测仪观测裂缝宽度，并用铅笔把裂缝走向描绘出来。由于普通混凝土在第 7 个循环时达到极限荷载，所以对比前七个循环的裂缝宽度。试验实测最大裂缝宽度与循环次数的关系曲线如图 4.23 所示。

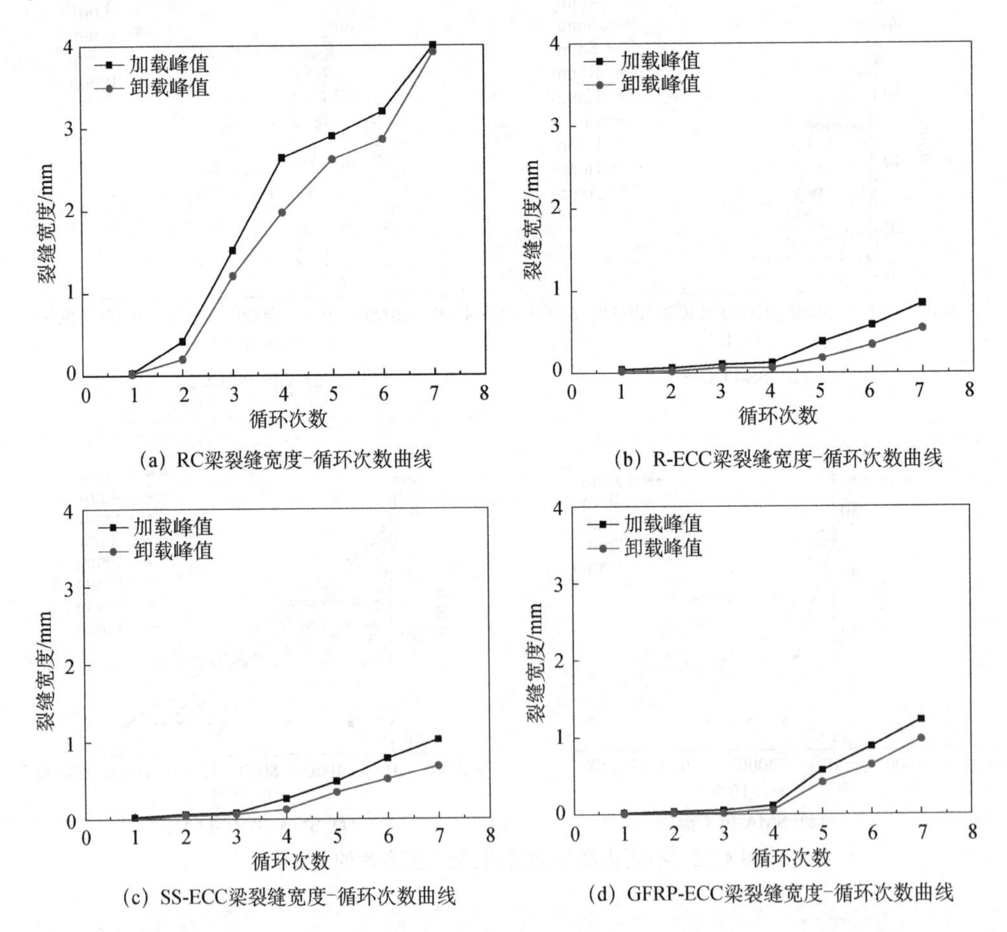

(a) RC梁裂缝宽度-循环次数曲线

(b) R-ECC梁裂缝宽度-循环次数曲线

(c) SS-ECC梁裂缝宽度-循环次数曲线

(d) GFRP-ECC梁裂缝宽度-循环次数曲线

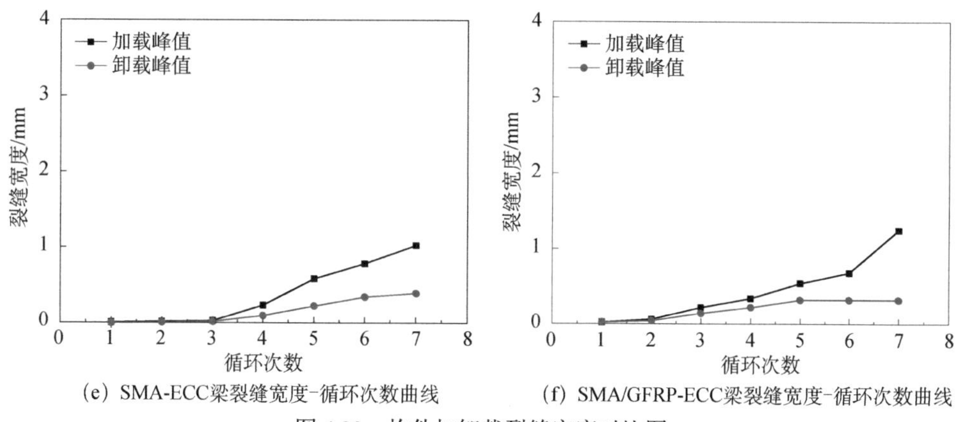

(e) SMA-ECC梁裂缝宽度-循环次数曲线　(f) SMA/GFRP-ECC梁裂缝宽度-循环次数曲线

图4.23　构件加卸载裂缝宽度对比图

由图4.23可得到以下三个结论。

（1）随着荷载的增大，构件裂缝宽度不断增大，数量也不断增多。

（2）对比图4.23（a）和其他五个构件可知，随荷载的增大RC梁裂缝宽度增大，当卸载之后，裂缝宽度几乎没有减小；其他五个构件，在相同等级下，裂缝宽度明显减小很多；卸载之后，裂缝宽度有一定的恢复能力，可见ECC有效地控制了裂缝的开展。

（3）除了RC梁，其他构件裂缝宽度基本都在1mm左右，这是因为ECC里面的纤维发生了桥联应力与受拉钢筋共同承担拉力。由GFRP-ECC梁和SMA-ECC梁的裂缝宽度-循环次数曲线可知，两者对控制裂缝起到了作用，但后者稍微弱点，主要是因为SMA受相变温度影响没有完全发挥超弹性的作用。

2. 裂缝数量分析

随着荷载的增加，构件原有裂缝的宽度增大，伴随此现象还会产生更多的裂缝条数，本试验在测量原有裂缝宽度的同时，也记录了每一级加载时产生的新裂缝，具体实测值如图4.24所示。

对比六个构件的裂缝数量-循环次数曲线发现，RC梁的裂缝数量最少，在加载和卸载时，裂缝数量几乎没有变化。其他五个构件由于使用了纤维混凝土ECC，随着荷载的增大，裂缝数量也逐渐呈线性增加，当在每级卸载之后，裂缝数量明显减少，说明ECC具有良好的控制裂缝的能力。

4.2.4　跨中挠度分析

加载过程中，对每个循环加卸载时对应的跨中挠度与循环次数进行分析，具体数值如图4.25所示。

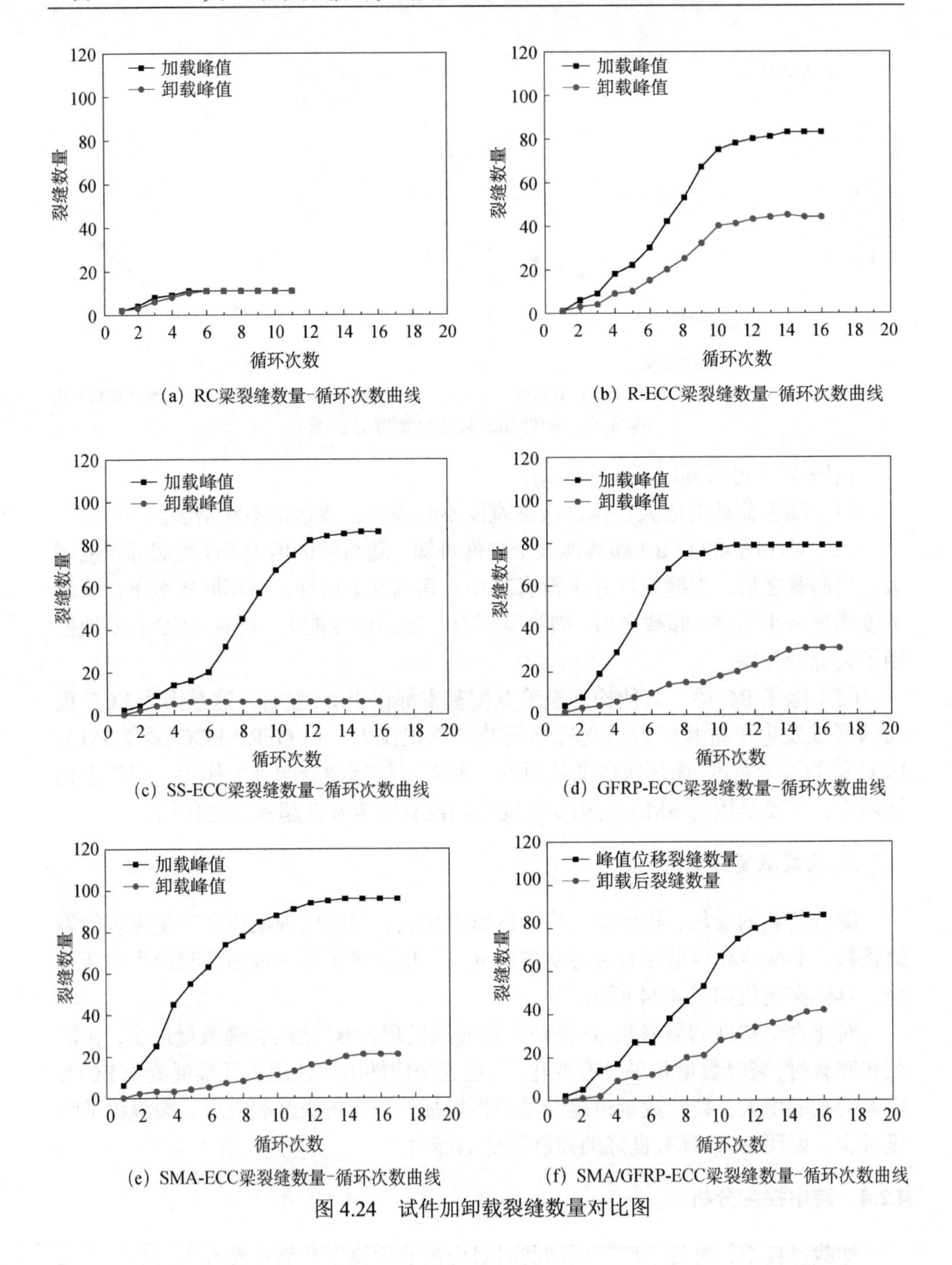

图 4.24 试件加卸载裂缝数量对比图

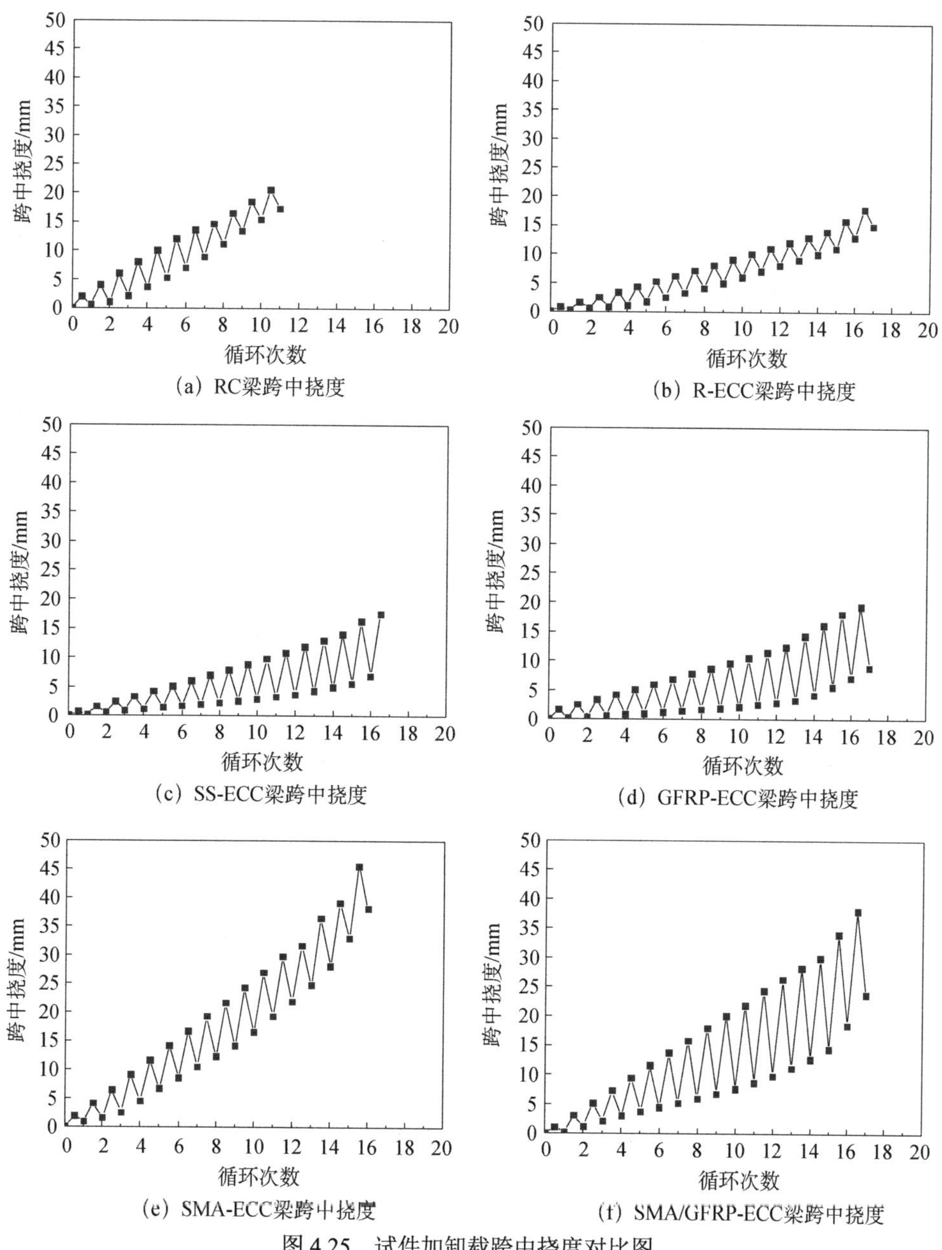

(a) RC梁跨中挠度

(b) R-ECC梁跨中挠度

(c) SS-ECC梁跨中挠度

(d) GFRP-ECC梁跨中挠度

(e) SMA-ECC梁跨中挠度

(f) SMA/GFRP-ECC梁跨中挠度

图 4.25　试件加卸载跨中挠度对比图

从图 4.25 可得出以下结论。

（1）相比其他构件，SS-ECC 梁和 GFRP-ECC 梁跨中挠度改善效果较好，主要是因为钢绞线和 GFRP 筋弹性模量较大，又结合 ECC 良好的抗弯性能，对跨中挠度控制效果显著。

（2）复合梁 SMA/GFRP-ECC 控制挠度曲线仅次于 GFRP-ECC 梁，主要是因为试验所用的 SMA 棒材相变温度较高，没有控制好试验温度，导致材料的超弹性没有完全发挥出来。

4.2.5 延性分析

延性是指结构构件或构件的某个截面从屈服开始达到最大承载能力或达到以后而承载能力还没有明显下降期间的变形能力。延性好的结构、构件或构件的某个截面的后期变形能力大，在达到屈服或最大承载能力状态后仍能吸收一定量的能量，能避免脆性破坏的发生。延性是一种物理特性，其所指的是材料在受力而产生破坏之前的塑性变形能力，与材料的延展性有关。延性差的构件在结构达到极限荷载之后，承载能力降低较快，易发生脆性破坏，结构中应避免此类构件。延性的表示方法用位移延性系数表示，如式（4.1）所示。

$$\mu_{\Delta} = \Delta_{u} / \Delta_{y} \tag{4.1}$$

式中，Δ_u 为极限强度 M_u 对应的位移；Δ_y 为屈服强度 M_y 对应的位移。

根据位移延性系数公式，把六个构件相对应的系数计算出来，具体数据见表 4.7。

表 4.7　试件位移延性系数

试件	RC	R-ECC	SS-ECC	GFRP-ECC	SMA-ECC	SMA/GFRP-ECC
位移延性系数 μ_{Δ}	1.69	2.16	2.46	2.81	3.69	3.20

由表 4.7 可知，延性系数越大，表明试件的延性越好，所以六个试件中延性最好的是 SMA-ECC 梁，其次是 SMA/GFRP-ECC 梁，RC 梁延性最差。复合梁 SMA/GFRP-ECC 由于加入了 SMA，延性性能比 GFRP-ECC 梁提高了 13.9%。

4.3 超弹性 SMA/GFRP 增强 ECC 梁抗弯承载力分析

4.3.1 试验材料本构模型

1. 钢筋本构模型

钢筋的本构模型（应力-应变关系）采用理想弹塑性曲线[5]，忽略因应变硬化而增加的应力以及屈服极限，钢筋具体的本构模型如图 4.26 所示，数学表达式参见式（4.2）。

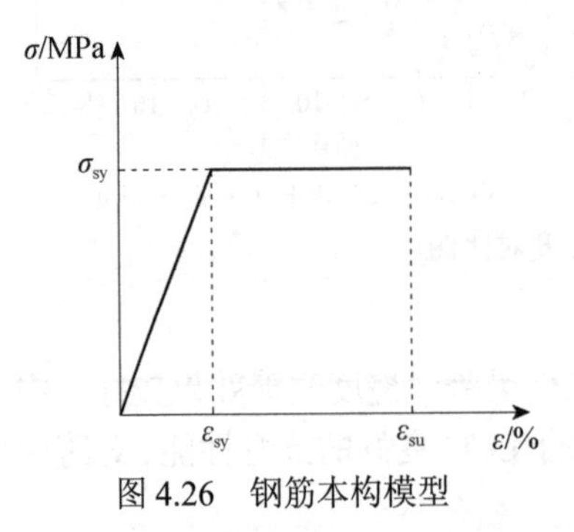

图 4.26　钢筋本构模型

$$\sigma_s=\begin{cases}\dfrac{\sigma_{sy}}{\varepsilon_{sy}}\left(\varepsilon_{s0}\leqslant\varepsilon_s<\varepsilon_{sy}\right)\\ \sigma_{sy}\left(\varepsilon_{sy}\leqslant\varepsilon_s\leqslant\varepsilon_{su}\right)\end{cases}\tag{4.2}$$

2. GFRP 和钢绞线的本构模型

GFRP 筋和钢绞线拉伸时，其应力-应变关系曲线一直处于线弹性状态，如图 4.27 所示（f_{fu} 为极限拉应力；ε_{fu} 为极限拉应变；f_{fd} 为设计拉应力；ε_{fd} 为设计拉应变）。数学表达式参见式（4.3）。因为 GFRP 筋和钢绞线在破坏时，属于脆性破坏，在设计时必须避免其应力达到极限拉应变，必须规定一个设计拉应力。对 GFRP 筋规定的设计拉应变 ε_{fu}=min（1%，0.75ε_{fu}）[6, 7]，钢绞线也同样适用。

$$\sigma_s=E_f\varepsilon_f\tag{4.3}$$

式中，E_f 为材料的弹性模量。

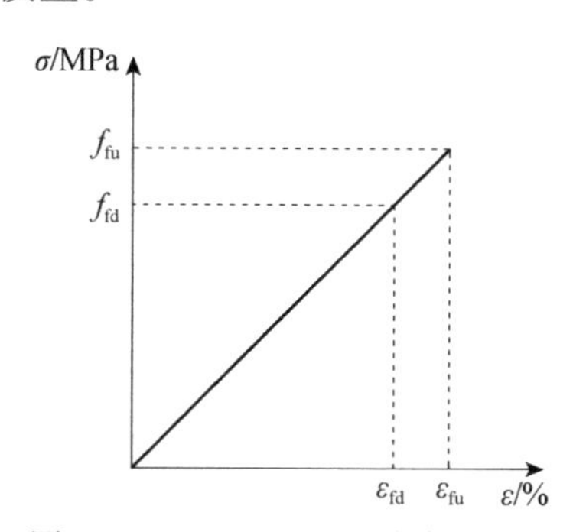

图 4.27　GFRP 和钢绞线本构模型

3. SMA 本构模型

如图 4.28 所示，对超弹性 SMA 所提出的本构模型是三线型的骨架包络图。数学表达式见式（4.4）。

$$\begin{cases}f_s=f_{s\text{-}i}+E_i\left(\varepsilon_s-\varepsilon_{s\text{-}i}\right) & \left(0<\varepsilon_s<\varepsilon_y\right)\\ f_s=f_y & \left(\varepsilon_y\leqslant\varepsilon_s<\varepsilon_{sh}\right)\\ f_s=f_{s\text{-}i}+E_{sh}\left(\varepsilon_s-\varepsilon_{s\text{-}i}\right) & \left(\varepsilon_{sh}\leqslant\varepsilon_s<\varepsilon_u\right)\end{cases}\tag{4.4}$$

式中，$f_{s\text{-}i}$、$\varepsilon_{s\text{-}i}$ 为上一级对应的应力、应变；f_y 为屈服强度；E_i 为初始弹性模量；E_{sh} 为应变硬化弹性模量；ε_y、ε_u 为屈服应变、极限应变；ε_{sh} 为应变硬化开始时的应变。

超弹性 SMA 在加工态时，f_y、E_i、E_{sh}、ε_y、ε_u 和 ε_{sh} 这几个参数都已确定。

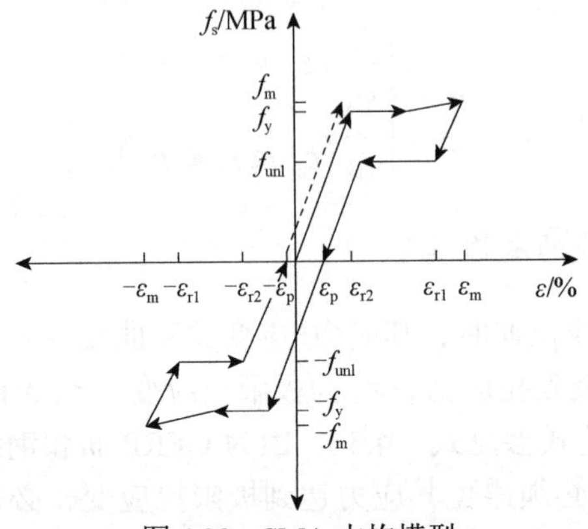

图 4.28 SMA 本构模型

4. 混凝土的本构模型

因为混凝土的抗拉强度很低，对试验梁抗拉部分基本上没有贡献，所以在混凝土本构模型中，不考虑其抗拉强度。混凝土抗压时的应力-应变曲线[1]如图 4.29 所示，数学表达式如式（4.5）所示。

$$\sigma_{\text{c-con}}(X)=\begin{cases} f_c\left[1-\left(1-\dfrac{\varepsilon_{\text{c-con}}(x)}{\varepsilon_0}\right)^2\right] & \left(0\leqslant\varepsilon_{\text{c-con}}(x)<\varepsilon_0\right) \\ f_c & \left(\varepsilon_0\leqslant\varepsilon_{\text{c-con}}(x)\leqslant\varepsilon_{cu}\right) \end{cases} \tag{4.5}$$

式中，$\varepsilon_{\text{c-con}}$ 为混凝土压应变；f_c、ε_{cu} 为混凝土的轴心抗压强度和极限压应变；ε_0 为混凝土压应力达到 f_c 时的混凝土压应变；ε_0、ε_{cu} 的具体取值见《混凝土结构设计规范》（2015 年版）（GB 50010—2010）[1]。

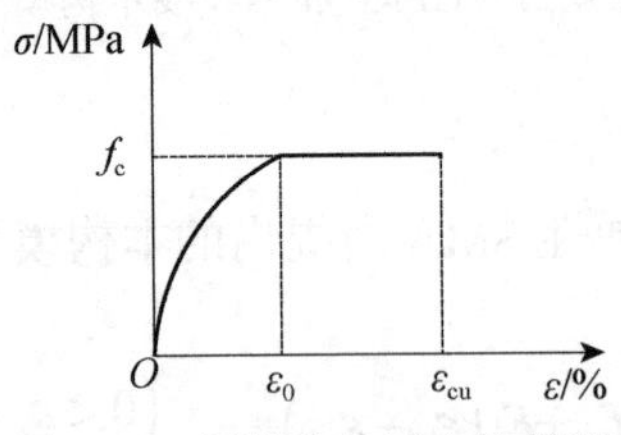

图 4.29 混凝土抗压本构模型

5. ECC 的本构模型

试验梁中加入的 ECC 既有受拉状态也有受压状态。在受拉状态中，ECC 的本构模型是斜率不同的两条直线，能够较好地表现出该材料的应变硬化特点，但为了计算方便，很多研究学者提出了一种简易的本构模型[8]，如图 4.30（a）所示，数学表达式如式（4.6）所示。其受压应力-应变曲线采用双线型模型，如图 4.30

(b) 所示，数学表达式如式 (4.7) 所示。

其中，$\sigma_{cc}=\dfrac{2}{3}\sigma_{cp}$，$\sigma_{cc}=\dfrac{1}{3}\varepsilon_{cp}$。

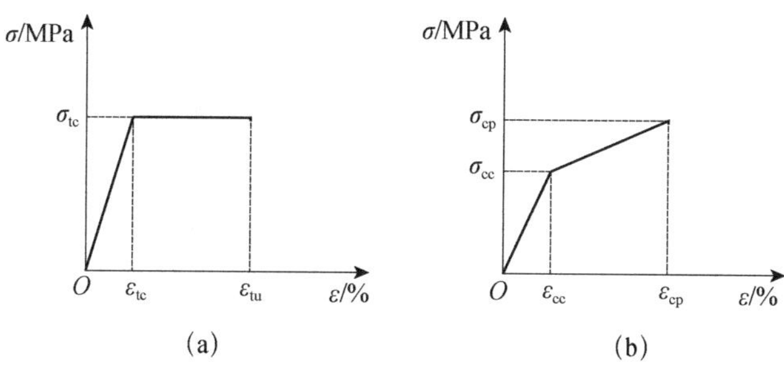

图 4.30　ECC 本构模型

ECC 受拉本构数学表达式：

$$\sigma_{\text{t-ECC}}(x)=\begin{cases}\dfrac{\sigma_{tc}}{\varepsilon_{tc}}\varepsilon_{\text{t-ECC}}(x) & \left(0\leqslant\varepsilon_{\text{t-ECC}}(x)<\varepsilon_{tc}\right)\\ \sigma_{tc} & \left(\varepsilon_{tc}\leqslant\varepsilon_{\text{t-ECC}}(x)\leqslant\varepsilon_{tu}\right)\end{cases}\tag{4.6}$$

式中，σ_{tc} 为 ECC 拉伸初裂强度；ε_{tc} 为 ECC 拉伸初应变；ε_{tu} 为 ECC 极限拉应变。

$$\sigma_{\text{c-ECC}}(x)=\begin{cases}2\dfrac{\sigma_{cp}}{\varepsilon_{cp}}\varepsilon_{\text{c-ECC}}(x) & \left(0\leqslant\varepsilon_{\text{c-ECC}}(x)<\varepsilon_{cc}\right)\\ \dfrac{1}{2}\dfrac{\sigma_{cp}}{\varepsilon_{cp}}\left(\varepsilon_{\text{c-ECC}}(x)+\varepsilon_{cp}\right) & \left(\varepsilon_{cc}\leqslant\varepsilon_{\text{c-ECC}}(x)\leqslant\varepsilon_{cp}\right)\end{cases}\tag{4.7}$$

式中，σ_{cp} 为 ECC 极限抗压强度；σ_{cc} 为 ECC 初裂抗压强度；ε_{cc} 为 ECC 初裂压应变；ε_{cp} 为 ECC 极限压应变。

4.3.2　试验的基本假定

试验梁正截面抗弯承载力计算需满足以下几个基本假定，见表 4.8。

表 4.8　试验应满足的基本假定

基本假定	理论分析
平截面	试件加载时，构件截面保持平面；试验材料的应变值与到中性轴的距离呈线性关系
变形协调	假定选取的四种材料与 ECC 和混凝土没有相对滑移，当试件产生较大变形时，仍然一同工作，保持良好的整体性能
ECC 受拉时不退出工作	当荷载过大使 ECC 产生裂缝时，认为 ECC 仍然继续工作，当达到极限承载力时，也应该把 ECC 的抗拉强度计算在内

4.3.3 试验梁抗弯承载力分析

1. 钢筋混凝土梁抗弯承载力分析

1）开裂荷载

在混凝土开裂之前，受拉区混凝土塑性发展已基本完成，拉应力分布均匀，如图 4.31 所示。经科学研究可知，混凝土截面抵抗力矩随高度的增加而减小，因此 RC 梁的抗裂弯矩公式是

$$M_{\mathrm{cr}} = \gamma w_0 f_{\mathrm{tk}}\,,\quad \gamma = \beta_{\mathrm{h}} \gamma_{\mathrm{m}}\,,\quad \beta_{\mathrm{h}} = 0.7 + \frac{120}{h}$$

式中，γ 为混凝土截面抵抗力矩塑性影响系数；γ_{m} 为混凝土截面抵抗力矩塑性基本影响值；β_{h} 为截面高度修正系数。

$$\beta_{\mathrm{h}} = \begin{cases} 1.0 & (\beta_{\mathrm{h}} > 1.0) \\ 0.775 & (\beta_{\mathrm{h}} < 0.775) \end{cases},\quad h = \begin{cases} 400 & (h<400) \\ 1600 & (h>1600) \end{cases} \tag{4.8}$$

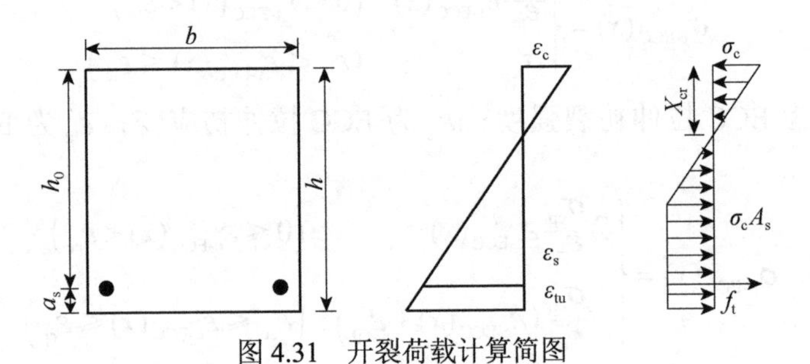

图 4.31　开裂荷载计算简图

2）极限荷载

适筋梁受弯构件正截面工作分为三个阶段。

第Ⅰ阶段：荷载较小，梁基本上处于弹性工作阶段，随着荷载增大，弯矩加大，拉区边缘纤维混凝土表现出一定的塑性。第Ⅰ阶段末的极限状态可作为其抗裂度计算的依据。

第Ⅱ阶段：弯矩超过抗裂弯矩 M_{cr}，梁出现裂缝，裂缝截面的混凝土退出工作，拉力由纵向受拉钢筋承担，随着弯矩的增加，受压区混凝土也表现出塑性性质，当梁处于第Ⅱ阶段末时，受拉钢筋开始屈服。第Ⅱ阶段可作为构件在使用阶段裂缝宽度和挠度计算的依据。

第Ⅲ阶段：钢筋屈服后，梁的刚度迅速下降，挠度急剧增大，中性轴不断上升，受压区高度不断减小。受拉钢筋应力不再增大，压区混凝土被压碎，构件丧失承载力。第Ⅲ阶段末的极限状态可作为受弯构件正截面承载力计算的依据。

按照基本假定，可以进行钢筋混凝土受弯构件正截面承载力的计算。在使用中为简化计算，可采取等效矩形应力图形来代替受压混凝土的实际应力图形，如图 4.32 所示。根据适筋梁构件的受弯性能分析，构件破坏达到极限弯矩 M_u 时，受压区混凝土压应力分布采用基本假定中的应力-应变关系曲线形状，受压区混凝土合压力为 $C=\alpha_1 f_c$，其大小和作用位置与混凝土应力-应变关系曲线形状及受压区高度 X_c 有关。

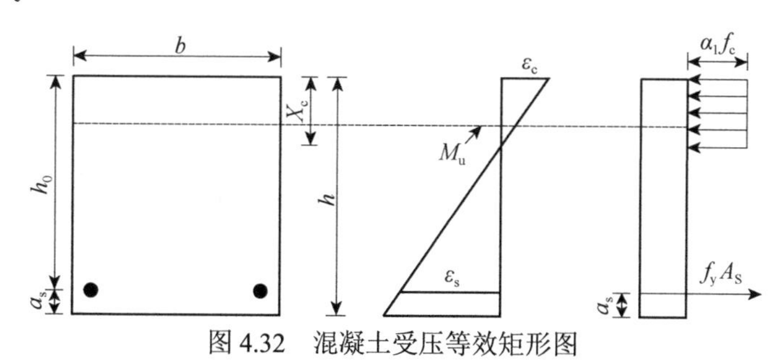

图 4.32　混凝土受压等效矩形图

采用图 4.32 所示的等效矩形应力图，根据混凝土合压力与钢筋合拉力平衡，以及力矩平衡的原则，受弯构件正截面承载力计算可建立平衡方程式（4.9）：

$$\begin{cases}\sum N=0, & C=T\\ \sum M=0, & M_u=CZ=TZ\end{cases} \tag{4.9}$$

式中，C 为压力；T 为拉力；Z 为高度。

对于适筋梁，达到极限弯矩时钢筋已屈服，故式中钢筋合拉力 $T=A_s f_y$，$Z=h_0-\dfrac{x}{2}$，由此可得受弯构件正截面承载力计算式（4.10）：

$$\begin{cases}\sum N=0, & \alpha_1 f_c bx=A_s f_y\\ \sum M=0, & M_u=\alpha_1 f_c bx\left(h_0-\dfrac{x}{2}\right)=A_s f_y\left(h_0-\dfrac{x}{2}\right)\end{cases} \tag{4.10}$$

式中，b 为截面宽度；A_s 为受拉区纵向钢筋的面积。

将等效矩形应力图受压区高度 x 与截面有效高度 h_0 的比值记为 ξ_b，即 $\xi_b=x/h_0$。相对受压区高度 ξ_b 可表示为

$$\xi_b=\frac{\beta_1}{1+\dfrac{f_y}{E_S\varepsilon_{cu}}} \tag{4.11}$$

式中，E_S 为钢筋弹性模量；ε_{cu} 为非均匀受压时的混凝土极限压应变。

当混凝土的强度等级不大于 C50 时，α_1 和 β_1 为定值，分别为 1.0 和 0.8；当混凝土的强度等级大于 C50 时，α_1 和 β_1 随强度等级的提高而逐渐减小。受弯构件

的混凝土强度等级一般不大于 C50，可取 α_1=1.0、β_1=0.8。

2. SMA/GFRP-ECC 梁抗弯承载力分析

1）破坏特点

根据构件配筋率的大小，可把构件分为三种类型的梁：适筋梁、超筋梁和少筋梁。当构件为适筋梁时，受拉区 SMA/GFRP 拉断与受压区 ECC 压碎同时发生，此为最佳状态；当构件为超筋梁时，受压区 ECC 压酥，构件破坏；当构件为少筋梁时，受拉区 SMA/GFRP 筋拉断，构件破坏。本次试验以构件是适筋梁进行正截面抗弯承载力计算。

2）开裂荷载

受压区压应力由 ECC 承担，受拉区拉应力由 SMA/GFRP 和 ECC 共同承担，截面抵抗弯矩以及应变随加载的荷载增大而增大，当受拉区 ECC 达到开裂应变时，会在梁纯弯区域出现一条竖直向上的裂缝。此时梁截面的应力-应变曲线如图 4.33 所示。

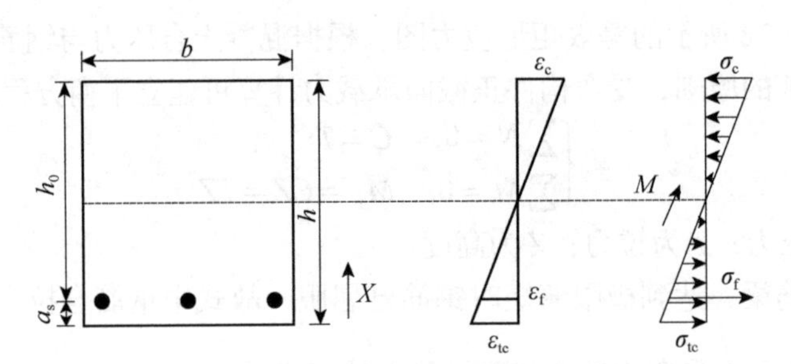

图 4.33　SMA/GFRP-ECC 梁开裂荷载时应力-应变曲线

3. 极限荷载

将试验中的构件看作适筋梁，当构件达到极限承载力时，其截面的应力-应变曲线如图 4.34 所示。

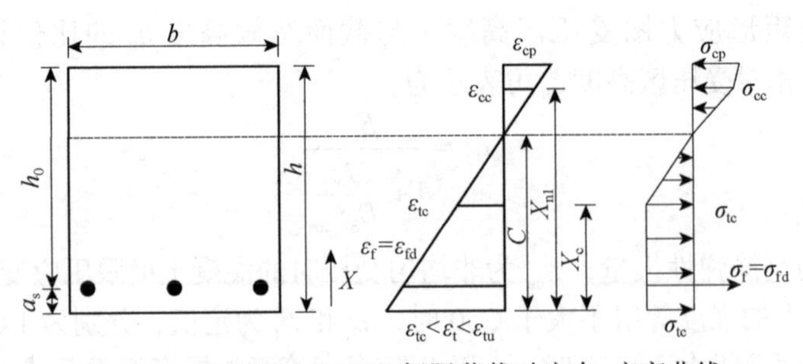

图 4.34　SMA/GFRP-ECC 极限荷载时应力-应变曲线

计算配筋 SMA/GFRP-ECC 梁受弯构件矩形截面抗弯承载力 M_u 时，可以把图 4.35（a）看成由图 4.35（b）和（c）叠加而成：图 4.35（b）是由纵向受力筋 GFRP 和对应的受压 ECC 提供承载力 M_{u1}；图 4.35（c）是由受拉的 ECC 和对应的抗压 ECC 提供承载力 M_{u2}，因此

$$M_u = M_{u1} + M_{u2} \tag{4.12}$$

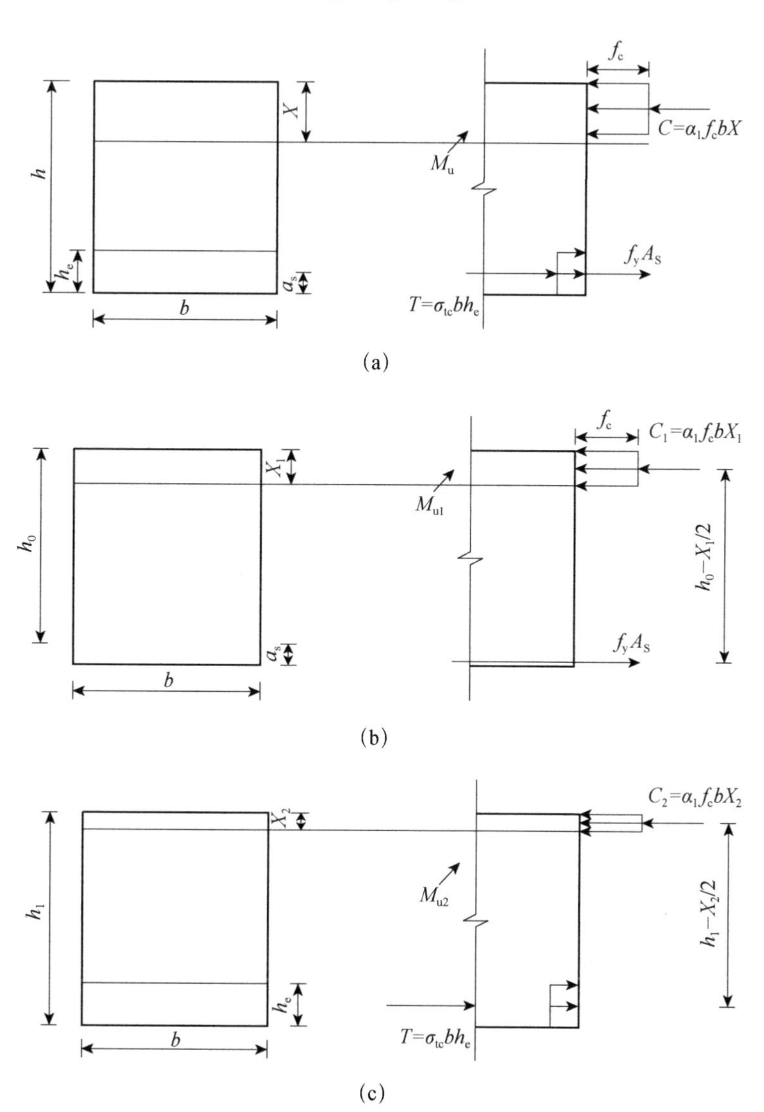

图 4.35　正截面抗弯承载力计算简图

在图 4.35（b）中，h_0、f_y、A_S和f_c都是已知数，由

$$\begin{cases}\sum N=0, & C=T\\ \sum M=0, & M_u=CZ=TZ\end{cases}$$

$$\Rightarrow M_{u1}=f_yA_S(h_0-f_yA_S/2\alpha_1 f_c b) \tag{4.13}$$

在图 4.35（c）中，由力和力矩的平衡条件可推出：

$$M_{u2}=\sigma_{tc}bh_e(h_1-\sigma_{tc}bh_e/2\alpha_1 f_c b) \tag{4.14}$$

由式（4.13）和式（4.14）可求出M_{u1}和M_{u2}，再根据式（4.12），可求出SMA/GFRP-ECC 梁的正截面抗弯承载力M_u：

$$\begin{aligned}M_u&-M_{u1}+M_{u2}\\&=f_yA_S(h_0-f_yA_S/2\alpha_1 f_c b)+\sigma_{tc}bh_e(h_1-\sigma_{tc}bh_c/2\alpha_1 f_c b)\end{aligned} \tag{4.15}$$

根据 SMA/GFRP-ECC 梁的正截面抗弯承载力计算公式（式（4.15）），对于 R-ECC 梁、SS-ECC 梁、SMA-ECC 梁和 GFRP-ECC 梁截面的抗弯承载力都可以推导出来，对此不再一一推导。

4.3.4 理论值与测量值对比

在计算每个梁的承载力时，各参数取值如下所示：梁尺寸为 100mm×100mm×1100mm，计算跨度为 1000mm，采用三分点加载，保护层厚度 15mm。各种试验材料的选取见表 4.9 和表 4.10。

表 4.9 ECC 强度

材料	抗压强度/MPa	抗拉强度/MPa
ECC	26.86	4.3

表 4.10 试验材料参数取值

材料	A_S/mm^2	f_y/MPa	f_{fu}/MPa	f_{fd}/MPa
纵向钢筋	50.24	410	—	—
架立筋	28.26	400	—	—
钢绞线	9.62	—	1592	1194
GFRP	50.24	—	811	608
SMA	50.24	300	—	—

从表 4.11 可知，计算的六个梁的极限弯矩基本与实测值相差不大，且它们的比值基本都接近 1，大部分实测值大于理论值，构件在抗弯承载力方面偏于安全。证明了本节推出的复合梁计算公式满足规范要求。

表 4.11　构件承载力理论值与测量值对比

构件名称	M_{cu}/（kN·m）	M_{tu}/（kN·m）	M_{cu}/M_{tu}
RC	3.15	3.43	0.92
R-ECC	3.48	3.59	0.97
SS-ECC	3.94	4.01	0.98
GFRP-ECC	4.51	4.61	0.98
SMA-ECC	2.08	2.22	0.93
SMA/GFRP-ECC	3.40	3.31	1.03

4.4 本 章 小 结

本章用四种筋材（钢筋、钢绞线、GFRP 和 SMA）和两种胶凝材料（ECC 和混凝土），以六种不同的组合：RC、R-ECC、SS-ECC、GFRP-ECC、SMA-ECC 和 SMA/GFRP-ECC，分别浇筑成 100mm×100mm×1100mm 的构件，并对试验所选材料做性能分析，主要得到材料的应力-应变关系曲线；对浇好的构件做四点弯曲试验，分别对六个构件的承载能力、耗能能力、裂缝数量和宽度、刚度退化等力学性能做数据分析，最终得到以下几条结论。

（1）对比采用相同胶凝材料（ECC）的五种梁可知，GFRP-ECC 梁承载力最高，延性较差；SMA-ECC 梁延性好但承载力较低，而 SMA/GFRP-ECC 梁承载力和延性在两者之间。

（2）对比六个构件的骨架曲线与荷载-钢筋应变曲线可知，两种曲线基本相近，构件发展阶段与纵向受力筋应变相同，说明试验所用四种材料与 ECC 或者混凝土有较好的协同变形能力。

（3）对比 RC 梁、R-ECC 梁与其他四种梁可知，RC 梁、R-ECC 梁在加载初期耗能能力较好，在屈服和塑性阶段耗能能力基本上呈线性减小；而其他四种构件前期耗能能力相差不大，到加载后期耗能能力逐渐增大，SMA-ECC 梁表现最为明显，因为 SMA 具有超弹性和自复位的特征。

（4）参考混凝土规范列出的抗弯承载力计算公式，并考虑 ECC 中 PVA 纤维的桥联作用，提出了复合梁的抗弯承载力公式，与试验结果做对比，其试验结果与计算结果接近。

参 考 文 献

[1] 中华人民共和国住房和城乡建设部. GB 50010—2010　混凝土结构设计规范（2015 年版）[S]. 北京：中国建筑工业出版社，2015.

[2] 中华人民共和国住房和城乡建设部. JGJ/T 101—2015　建筑抗震试验规程[S]. 北京：中国建筑工业出版社，2015.

[3] 杨德建，王宁. 建筑结构试验[M]. 武汉：武汉理工大学出版社，2006.

[4] 中华人民共和国住房和城乡建设部. GB/T 50152—2012　混凝土结构试验方法标准[S]. 北京：中国建筑工业出版社，2012.

[5] 李著璟. 初等钢筋混凝土结构[M]. 北京：清华大学出版社，2005.

[6] 葛文杰. FRP 筋和钢筋混合配筋及其复合筋增强混凝土受弯构件的试验研究[D]. 南京：东南大学，2009.

[7] 袁竞峰. 新型 FRP 筋混凝土梁受弯性能研究[D]. 南京：东南大学，2006.

[8] Li V C，Lepech M，Fischer G. General design assumption for engineered cementitious composites[C]//International RILEM Workshop on High Performance Fiber Reinforced Cementitious Composites in Structural Applications，Honolulu，2006：269-277.

第5章　基于SMA-ECC复合材料的自复位桥墩柱抗震性能研究

桥墩柱作为桥梁的重要组成部分，有着不可替代的作用；同时，桥墩柱的破坏又是经常引起钢筋混凝土桥梁破坏甚至倒塌的重要因素之一，这些问题的出现都会导致经济的损失和人员的伤亡，因此利用钢绞线的高抗拉强度，SMA的超弹性和形状记忆效应结合ECC的高强韧性及有效控制裂缝的能力，能够很好地提升结构的安全性和耐久性，从而达到本次试验的研究目的。

本章详细地介绍本次试验试前准备阶段的所有步骤，并设计制造了试验所需的五个试验构件。

5.1　试验概况

5.1.1　试件设计

1. 试件的设计原则

（1）符合《混凝土结构设计规范》（2015年版）（GB/T 50010—2010）和《建筑抗震试验规程》（JGJ/T 101—2015）的适筋试件的要求。

（2）根据实验室的现有条件，确定合适的试件尺寸。

（3）根据不同材料的不同特性，确定适合各种材料的加工方式。

2. 试件的基本尺寸

本次试验共制作了五个试验构件，其中构件上方是尺寸为长×宽×高=400mm×300mm×300mm的长方体端头，构件下方是尺寸为长×宽×高=1400mm×400mm×400mm的长方体地梁，中间部分为直径300mm、高600mm的圆形截面柱身。图5.1～图5.3所示为试件的几何尺寸和结构构造。

3. 不同材料试件的编号及尺寸

本次试验所采用的五个试验构件形状大小均相同，只是所用材料及材料间的组合形式不同，见表5.1。其中，Z-R/C为普通钢筋混凝土构件，Z-R/ECC为普通钢筋 ECC 构件，Z-G/C 为钢绞线混凝土构件，Z-G/ECC 为钢绞线 ECC 构件，Z-SMA/ECC 为 SMA/ECC 构件。

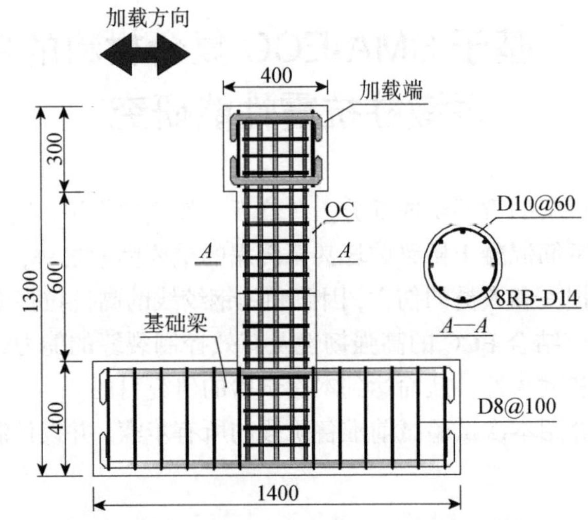

图 5.1 普通钢筋构件结构尺寸及配筋示意图（单位：mm）

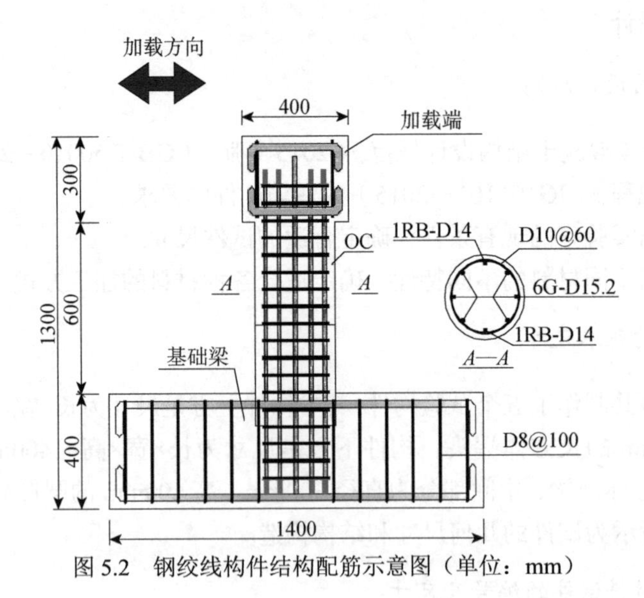

图 5.2 钢绞线构件结构配筋示意图（单位：mm）

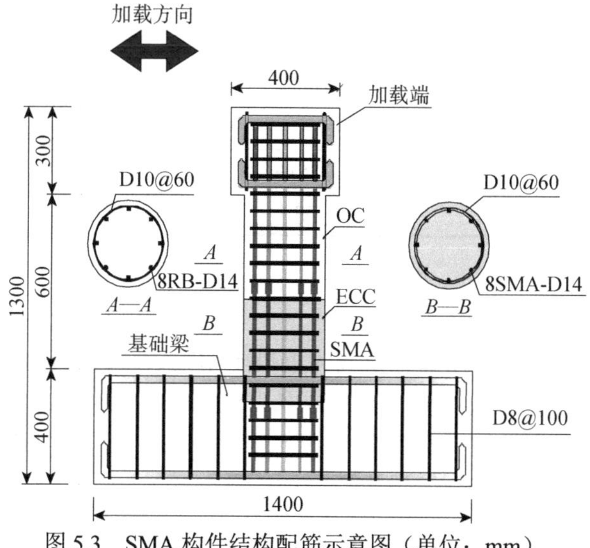

图 5.3　SMA 构件结构配筋示意图（单位：mm）

表 5.1　试件编号

试件编号	受拉筋类型	塑性铰区材料
Z-R/C	普通钢筋	混凝土
Z-R/ECC	普通钢筋	ECC
Z-G/C	钢绞线	混凝土
Z-G/ECC	钢绞线	ECC
Z-SMA/ECC	SMA	ECC

4. 塑性铰长度计算

塑性铰长度计算采用的是我国在 2020 年发布的《公路桥梁抗震设计规范》（JTG/T 2231-01—2020）中规定的塑性铰区长度的计算公式，计算得出试件的塑性铰区长度为 200mm。实际浇筑时，ECC 浇筑区域为柱身与地梁相交面沿柱身向上 200mm 和向下 150mm 区域。

5.1.2　试验材料力学性能

1. 钢筋

本次试验的试件中所采用的钢筋均为国标 HRB400E 螺纹型，钢筋尺寸：试件下部地梁与上端端头部分纵筋直径均为 20mm，箍筋直径均为 8mm；柱身区域中，纵筋直径均为 14mm，箍筋直径则为 10mm。试件中所用直径为 14mm 的纵筋和直径为 10mm 的箍筋每批次分别截取三根长度为 500mm 的样品进行材料的性能试验，实测值见表 5.2。

表 5.2 钢筋材料性能表

钢筋位置	钢筋直径/mm	截面面积/mm²	屈服强度 f_y/MPa	极限强度 f_u/MPa
纵筋	14	153.9	436	586
箍筋	10	78.5	428	572

2. 钢绞线

本次试验试件中所采用的钢绞线为混凝土用钢绞线且均符合国家标准，钢绞线直径为 15.2mm，钢绞线部分也分别截取三根 500mm 的样品，根据我国 2021 年发布的《金属材料　拉伸试验　第 1 部分：室温试验方法》（GB/T 228.1—2021）进行材料性能试验，实测值见表 5.3。

表 5.3 钢绞线材料力学性能

质量/kg	直径/mm	破断负荷/kN	抗拉强度/MPa	伸长率/%	弹性模量/GPa
3032	15.2	267	1910	4.4	195

3. SMA

SMA 原材采用的是西安赛特金属材料开发有限公司生产的 NiTi-SMA 棒材，直径为 16mm，后将 SMA 中间部分削弱成截面直径为 14mm，此棒材由 SMA-ECC 节点试验构件中取出进行回收重复利用。将其进行再次热处理后方可使用。

4. 混凝土

混凝土采用自拌型，本试验采用的混凝土强度设计值为 C30，混凝土原料包括粗骨料、细骨料、水、水泥。其中，粗骨料采用的是最大粒径为 20mm 的河卵石，并且采用连续级配。细骨料采用的是中砂，试验用水采用普通自来水，水泥采用 32.5 普通硅酸盐水泥，混凝土采用的配合比见表 5.4。

表 5.4 混凝土各成分质量比例

成分	水泥	中砂	河卵石	水
比例	1	1.07	2.76	0.39

浇筑时，取标准 150mm×150mm×150mm 的立方体试块，并和试验构件在同样条件下养护。在试验开始之前做混凝土立方体抗压强度试验。混凝土强度试验结果见表 5.5。

表 5.5　混凝土试块的立方体抗压强度 f_{cu} 试验结果

试件编号	C1	C2	C3	平均值
试验荷载/kN	928.3	997.06	772.87	889.41
试块抗压强度/MPa	41.3	44.3	34.3	40.0

可以看出，试验构件的平均立方体抗压强度 f_{cu}=41.3MPa，根据《混凝土结构设计规范》（2015 年版）（GB/T 50010—2010），混凝土轴心抗压强度与立方体抗压强度之间有以下关系：

$$f_c = 0.88\alpha_{c1}\alpha_{c2}f_{cu} \tag{5.1}$$

式中，f_c 为混凝土轴心抗压强度；α_{c1} 为棱柱体抗压强度与立方体抗压强度的比值，混凝土强度等级为 C50 以下时，取 α_{c1}=0.76；α_{c2} 为高强度混凝土脆性折减系数，C80 以上取 0.87，C40 以下取 1，混凝土强度在 C40 和 C80 之间取 1 和 0.87 的插值；f_{cu} 为混凝土立方体抗压强度平均值。

由式（5.1）计算得出混凝土轴心抗压强度 f_c=27.5MPa。

5. ECC

ECC 也由自拌而成，采用的高强 PVA 纤维增强水泥砂浆，其成分包括水泥、水、粉煤灰、精细沙、PVA 纤维和外加剂，各成分比例见表 5.6。其中，PVA 纤维掺量为体积的 2%，各成分比例见表 5.6。

表 5.6　ECC 各成分比例

成分	水泥①	精细沙①	粉煤灰①	水①	减水剂①	增稠剂/%②	消泡剂/%②	PVA 纤维/%②
比例	1	0.5	0.11	0.12	0.012	0.049	0.048	2

①表示质量比。
②表示体积掺量。

浇筑时，取标准 150mm×150mm×150mm 的立方体试块并和试验构件在同样条件下养护。在试验开始之前做 ECC 立方体抗压强度试验。ECC 抗压强度试验结果见表 5.7。

表 5.7　ECC 试块的立方体抗压强度 f_{cu} 试验结果

试件编号	ECC1	ECC2	ECC3	平均值
试验荷载/kN	688.54	727.48	633.03	683.02
试块抗压强度/MPa	30.6	32.3	28.1	30.3

可以看出，本试验构件的立方体抗压强度 f_{cu}=30.4MPa，由混凝土轴心抗压强度与立方体抗压强度之间关系公式计算得出 ECC 轴心抗压强度 f_c = 20.3MPa。

5.1.3 试件制作

1. 试件的制作顺序

为了使试验构件的制作具有较高的准确性和对时间上把控的精确性，大致计划了整个试件的制作流程：SMA 加工—钢绞线锚固—钢筋、钢绞线、SMA 应变片粘贴—钢筋绑扎—模板制作—混凝土浇筑，按照拟定的流程，本次试验构件的试件质量可以达到应有的要求。

2. SMA 加工

SMA 采用的原材为直径 16mm 的棒材，将两端进行套丝，中间部分 360mm 区域削弱成直径为 14mm，如图 5.4 所示。

3. 钢绞线锚固

钢绞线的锚固采用挤压锚固法，挤压锚具采用的是开封市科英锚具有限公司产的标准型锚具 MCM15J，锚固前每一根钢绞线先将两片直径为 50mm、厚度为 10mm 的圆形钢片套入，再用专业的千斤顶将钢绞线两端进行挤压锚固，待锚固完成后，分别将挤压锚具与圆形钢片用环氧树脂胶粘贴在一起，如图 5.5 所示。

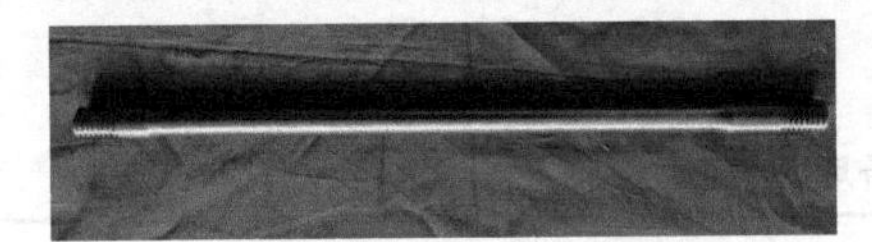

图 5.4 SMA 加工完成图

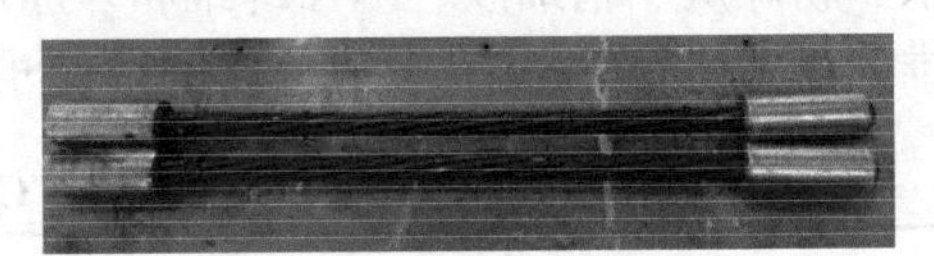

图 5.5 材料试验用钢绞线锚固完成图

4. 应变片的粘贴

先使用角磨机将需要粘贴应变片的钢筋位置进行打磨，打磨时尽量使粘贴面平整；然后用乙醇对粘贴面进行清洁处理，使粘贴面表面无灰尘等杂物的覆盖；等表面乙醇挥发后将应变片用 502 胶粘贴在钢筋表面上，粘贴时应注意应变片和钢筋要紧密地黏结在一起，避免粘贴不牢导致应变片失效；然后在应变片的前端用绝缘胶布进行包裹，防止与钢筋连线；接下来将导线通过焊锡连接到应变片上并用扎带固定在钢筋上，将 704 胶涂裹在应变片位置，将应变片及应变片与导线连线处完全包裹；最后等 704 胶凝固后再在外层加涂一层环氧树脂胶，起到防水密封的作用。这样就基本完成了应变片的粘贴工作。

5. 钢筋绑扎

试件所用钢筋的下料及加工是由专业人员严格地按照预先设计的尺寸及钢

筋型号进行的。钢筋绑扎时，将柱身钢筋与地梁下部钢筋及箍筋分别绑扎完成后，再将柱身钢筋放入地梁部分，绑扎地梁上部钢筋，最后等模板制作完成后绑扎上部端头部分钢筋。绑扎过程中严格按照设计尺寸布置钢筋间距。

6. 模板制作

模板由木制胶合板和 PVC 管两种材料组合而成，如图 5.6 所示。构件的下部地梁和上部端头部分均采用厚度为 12mm 的木制胶合板制作而成，柱身部分则采用内径为 300mm 的 PVC 管。试验构件模板的制作与钢筋绑扎一样是要完全按照预定的要求进行。模板的制作要求是均能使混凝土表面达到清水混凝土质量，保证结构混凝土表面垂直度、平整度在允许偏差 2mm 之内。

图 5.6　试件制作

7. 混凝土浇筑

构件所用混凝土分为两种，强度均为 C30：一种为普通混凝土，另一种为 ECC 材料，这两种材料均在现场自拌而成。首先通过搅拌机进行搅拌，先将水泥、细骨料和粗骨料进行干拌，使材料混合均匀，而后加入定量的水继续搅拌形成。浇筑时，严格按照注意事项进行，在浇筑工序中，做到控制混凝土的均匀性和密实性，然后将搅拌完成的混凝土倾倒入模板中，每一批次都浇筑三个 150mm×150mm×150mm 的标准试块用来检测混凝土强度。浇筑间隙控制在 2h 以内，浇筑同时用振捣棒进行振捣，使浇筑密实，待 1～2h 后再进行抹光压光收光，并用拉条固定模板防止胀模的发生，以防裂缝出现。试件成型后为防止水分蒸发过快，用塑料薄膜对试件进行覆盖，并进行 28 天的洒水养护。

5.2　试验过程

5.2.1　试验装置及加载制度

1. 试验装置

试验在河南城建学院结构实验室进行，采用 MTS 电液伺服系统对试件进行低周水平反复加载。其中水平加载装置为100t级的水平作动器。水平作动器固定在反力墙上，前段为可转动球形绞盘，与试验构件用事先定做的加载头进行固定。竖向加载装置为500t级的竖向千斤顶。千斤顶下端为可转动的球形绞盘，同时在构件与千斤顶之间加垫一块厚度为8cm的钢板，上端为可移动的滑轮。千斤顶上端与反力架接触部分之间也加垫一块厚度为5cm的钢板并固定，滑轮可在加垫钢板上水平滑动，保证千斤顶在试验期间一直保持对试验构件施加均布轴向荷载。

将试验构件放置到预定位置后，分别在地梁两端放置两个钢梁并用高强锚杆螺栓进行固定。在地梁远离水平作动器一侧水平方向上放置钢箱梁和小钢梁，在地梁靠近水平作动器一侧水平方向上也放置钢箱梁和小钢梁，并在钢梁与试验构件之间加设100t级手动螺旋千斤顶对试验构件进行固定，使试验构件与水平作动器伸出方向上的小钢梁之间没有空隙。试验构件安装完毕后，架设的位移计显示在试验中地梁和地面之间没有位移和转动，充分说明这种试验构件安装方式可以使试验所要求的地梁与地面之间保持刚性连接。

试验构件安装完成后在构件非观察面一侧架设一个位移计表架和两个钢梁，用来放置试验所需的位移计。图5.7为试验构件安装完成后的试验加载装置图。

图5.7 试验加载装置示意图

2. 加载制度

本试验加载采用结构拟静力加载法，试验设定轴压比为0.25，水平作动器架设高度为距地面1150mm，普通混凝土构件的竖向预定荷载为486kN，ECC构件的竖向预定荷载为359kN。随着水平荷载的施加，有自动调节油压功能的竖向千斤顶，可以使竖向荷载在试验的全过程保持稳定。

正式加载前，首先要进行预加载，预加载的主要目的是确认加载装置和辅助设备是否正常运行，消除水平作动器与加载头、加载头与试验构件之间的空隙。预加载完成后方可进行正式加载，正式加载采用位移控制的方式进行加载。水平加载位移通过试验构件的层间位移角进行控制，在试验构件达到屈服位移之前，每级加载均循环一次，当试验构件达到普通钢筋混凝土构件的屈服位移后，以普通钢筋混凝土的屈服位移进行控制加载，每级加载均循环两次，直至试验构件承载力降至极限承载力的 85%，试验停止。加载制度如图 5.8 所示。

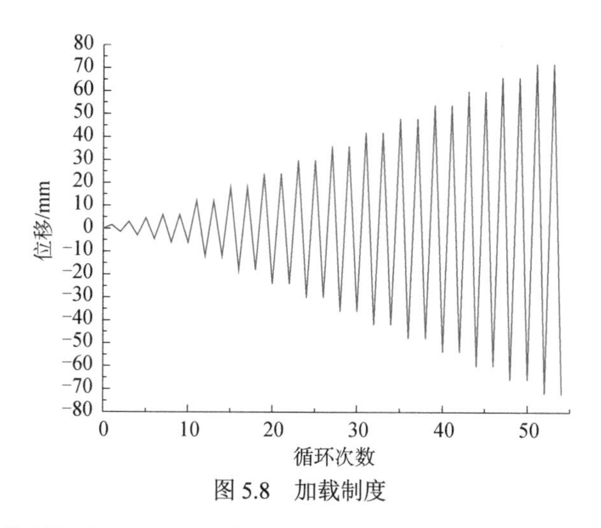

图 5.8　加载制度

采用位移控制加载进程时，每个等级层间位移角对应的层间位移数值见表 5.8。

表 5.8　层间位移角与层间位移的对应关系

层间位移角/%	0.2	0.4	0.6	0.8	1.6	2.4	3.2
层间位移/mm	1.5	3	4.5	6	12	18	24
层间位移角/%	4	4.8	5.6	6.4	7.2	8	8.8
层间位移/mm	30	36	42	48	54	60	66

5.2.2　测量内容及测点布置

本试验需要测量的有柱内各类筋材的应变、柱表面混凝土和 ECC 的应变、柱端施加的水平荷载、上柱端水平位移、地梁水平位移、柱身与地梁结合处向上 300mm 处的水平位移、上柱端竖向位移、地梁沉降、柱中竖向位移、裂缝宽度和裂缝长度。

柱内各类筋材和柱表面混凝土的应变值均采用电阻应变采集仪进行数据的采集工作。其中，混凝土应变片粘贴在柱身非观察面一侧。受力钢筋和混凝土应变片粘贴位置如图 5.9 所示。

水平作动器对柱施加水平荷载，采用 IMP 数据采集器采集数据，将数据实时传输到计算机中并同步绘制出实时变化的荷载-位移滞回曲线，便于在加载过程中随时了解试验情况，根据实际的试验情况来调整试验进程。

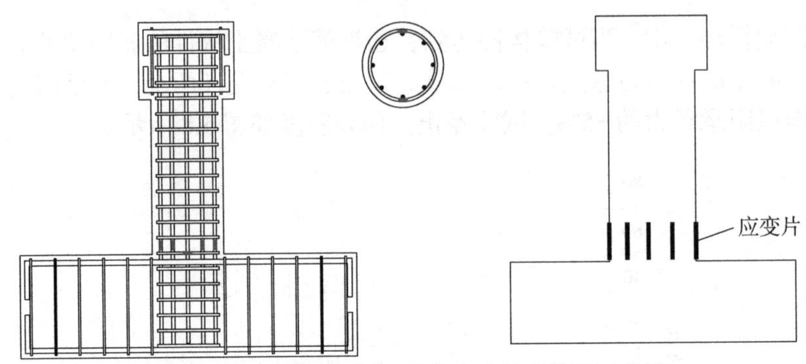

图 5.9 受力钢筋和混凝土应变片粘贴位置示意图

上柱端水平位移采用 YWD-300 型位移计进行测量，位移计安装高度为距地面 1150mm；地梁水平位移采用 YWC-100 型位移计进行测量，位移计安装高度为距地面 200mm；柱中水平位移采用 YWC-100 型位移计进行测量，位移计安装高度为距地面 700mm；柱顶竖向位移采用 YWC-50 型位移计进行测量，位移计安装高度为距地面 1150mm；地梁沉降采用两个 YWC-100 型位移计分别架设到地梁两端进行测量，位移计架设高度为距地面 200mm；柱中竖向位移采用两个 YWC-50 型位移计分别架设到柱身两端提前粘贴于柱身的角钢之上，位移计安装高度为距地面 700mm。所有位移计均架设于柱非观察面一侧。位移计放置位置如图 5.10 所示。

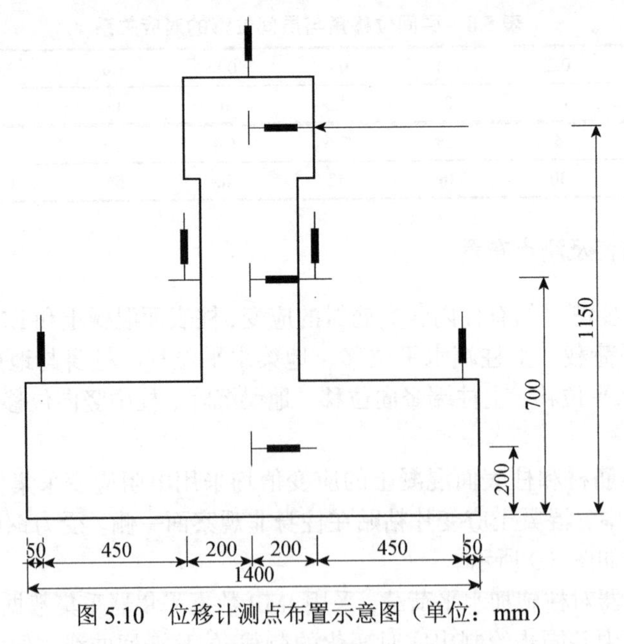

图 5.10 位移计测点布置示意图（单位：mm）

裂缝的开展及裂缝的宽度采用裂缝宽度检测仪和宽度比对卡进行测量，裂缝长度则采用钢尺进行测量。

5.2.3　试验现象

1. 试件 Z-R/C 试验现象及破坏形态

本节试验以水平作动器伸出方向为正，收回方向为负，即试件受推时为正向，受拉时为负向。试验开始时以±1.5mm 层间位移开始加载，柱身没有出现任何裂缝，构件还处于弹性发展阶段，此时构件水平方向位移较小，试件并未开裂。

层间位移角为 0.4%，即层间位移为 3mm 时，柱身柱根处出现一条肉眼可见的细微裂缝①，宽度约为 0.02mm，荷载归零，裂缝①闭合。当位移达到−3mm 时，试件外侧出现两条肉眼可见的细微裂缝②③，其中裂缝②较为明显，宽度大约为 0.02mm，荷载归零时，裂缝②③闭合。

层间位移角为 0.6%，即层间位移为 4.5mm 时，试件内侧可见裂缝为四条，其中裂缝①最为明显，宽度约为 0.1mm，新增裂缝④⑤⑥，裂缝⑤最长，约为 15cm；荷载归零时，裂缝⑥闭合，最大裂缝为①，宽度约为 0.02mm。当试件加载至−4.5mm 时，试件外侧可见裂缝为三条，其中裂缝②最为明显，宽度约为 0.02mm，新增裂缝⑦；荷载归零时，裂缝⑦闭合，裂缝②③可见。

层间位移角为 0.8%，即层间位移为 6mm 时，试件内侧可见裂缝为七条，其中裂缝①最为明显，宽度约为 0.5mm，裂缝①②出现较为明显的延长现象，柱根部位出现一条明显通缝，新增裂缝⑧⑨⑩，此时通过钢筋应变片检测出钢筋已达到屈服；荷载归零时，只有裂缝⑨闭合，最大裂缝宽度为裂缝①的 0.1mm。当试件加载至−6mm 时，试件外侧可见裂缝为六条，其中最大裂缝宽度为裂缝③的 0.2mm，裂缝③⑦出现延长现象，新增裂缝⑪⑫⑬；荷载归零时，裂缝⑪⑫⑬闭合，最大裂缝宽度为裂缝②的 0.1mm。因为此阶段钢筋已经屈服，所以此阶段以后反复加载两次，第二次加载至 6mm 时，试件内侧可见裂缝数量为七条，相比于第一次裂缝数量并未增多，最大裂缝宽度也并未增大；当试件第二次加载至−6mm 时，试件的破坏形态相较于第一次加载至−6mm 处并没有较为明显的差别。

层间位移角为 1.6%，即层间位移为 12mm 时，试件内侧形成三条较为明显的主裂缝，最大裂缝宽度为裂缝①的 1.5mm；荷载归零时，并未出现裂缝闭合的现象。当试件加载至 12mm 时，试件外侧也形成了三条较为明显的主裂缝，且在靠近柱观察面一侧出现了多条斜裂缝，最大裂缝宽度为裂缝②的 0.5mm；荷载归零时，也并未出现裂缝闭合现象。第二次反复加载过程中，试件的破坏形态相较于第一次并未有较大的变化，只是内外侧裂缝宽度有所增大。

层间位移角为 2.4%，即层间位移为 18mm 时，试件内侧柱根裂缝不断增大，其裂缝宽度约为 2mm，其他裂缝均没有明显的增大现象；荷载归零时，并没有出现裂缝闭合现象，其中最大裂缝宽度为柱根区域，约为 1.5mm。当试件加载至−18mm 时，试件外侧柱根区域混凝土出现轻微翘曲现象，且柱根处裂缝宽度最大。在柱观察面一侧出现多条交叉裂缝。荷载归零时，并未出现裂缝闭合现象，最大裂缝宽度位于柱根处。当第二次加载至 18mm 时，试件内侧混凝土也出现了明显的翘曲现象，当第二次加载至−18mm 时，试件外侧混凝土出现小块剥落现象。

层间位移角为 3.2%，即层间位移为 24mm 时，试件内侧柱根处裂缝宽度已超过裂缝宽度检测仪和宽度比对卡的量程，通过钢尺测量最大裂缝宽度大约为 4mm，柱根混凝土呈现大面积的翘曲现象；荷载归零时，并未出现裂缝闭合现象。当试件加载至−24mm 时，试件外侧柱根处裂缝宽度也已超过裂缝宽度检测仪和宽度比对卡的量程，钢尺测量最大裂缝宽度大约为 3mm，柱根处混凝土翘曲现象越发明显，但并未出现大面积的混凝土剥落现象。荷载归零时，未出现裂缝闭合现象，且试件内侧混凝土出现剥落迹象。第二次反复加载过程中，试件的破坏形态相较于第一次并未出现较大的变化，但两侧混凝土部分已经出现小面积的剥落现象。

当层间位移为±30mm、±36mm 时，随着加载位移的不断增大，试件两侧柱根的混凝土剥落现象越来越明显。其中，试件内侧剥落区域大约在柱根以上 10cm 区域内，外侧剥落区域大约在柱根以上 7cm 区域内。

层间位移角为 5.6%，即层间位移为±42mm 时，该循环试件承载力下降至其极限承载力的 80%以下，试件两侧混凝土出现大面积剥落现象，此时试件已无新裂缝产生，此试件已然破坏，当荷载归零时，加载结束，如图 5.11 所示。

图 5.11　试件 Z-R/C 卸载后

2. 试件 Z-R/ECC 试验现象及破坏形态

试验以层间位移角 0.2%，即层间位移为±1.5mm 时开始，柱身没有出现任何裂缝，构件还处于弹性发展阶段，此时构件水平方向位移较小，试件并未开裂。

层间位移角为 0.4%，即层间位移为 3mm 时，试件内侧出现一条肉眼可见的裂缝①，裂缝①并未出现在柱根处，而是出现在距柱根向上约 5cm 处，裂缝宽度约为 0.02mm；荷载归零时，裂缝①闭合，此时无肉眼可见裂缝。当试件加载至−3mm 时，试件外侧出现四条可见裂缝②③④⑤，这四条裂缝也并非出现在柱根处，而是出现在距柱根 5～10cm 区域内。其中，最大裂缝宽度为裂缝②的约 0.02mm；荷载归零时，试件外侧四条裂缝均闭合。

层间位移角为 0.6%，即层间位移为 4.5mm 时，试件内侧出现六条可见裂缝①⑥⑦⑧⑨⑩，裂缝⑥⑦⑧⑨⑩为新出裂缝，裂缝位于距柱根向上 10～20cm 区域内，最大裂缝宽度为裂缝①的约 0.02mm；荷载归零时，六条裂缝均出现闭合现象。当试件加载至−4.5mm 时，试件外侧出现九条可见裂缝②③④⑤⑪⑫⑬⑭⑮，最大裂缝宽度为裂缝②的约 0.02mm；荷载归零时，试件外侧九条裂缝均闭合。

层间位移角为 0.8%，即层间位移为 6mm 时，试件内侧有七条可见裂缝①⑥⑦⑧⑨⑩⑯，其中新增裂缝为裂缝⑯，裂缝⑦和裂缝⑨都有不同程度的延长，最大裂缝宽度为裂缝①的约 0.1mm，此时通过应变片读数显示并未有钢筋出现屈服；荷载归零时，可见裂缝减少至两条，只有①⑥可见，其余裂缝均已闭合，最大裂缝宽度为裂缝①的约 0.02mm。当试件加载至−6mm 时，试件外侧出现了 11 条可见裂缝②③④⑤⑪⑫⑬⑭⑮⑰⑱，其中裂缝⑰⑱为新增裂缝，最大裂缝宽度为裂缝②的约 0.05mm，此时构件裂缝数量虽多但并未出现较为明显的主裂缝，且裂缝都集中于柱根向上 5～20cm 处，并未集中于柱根区域；荷载归零时，可见裂缝数量缩减至五条，最大裂缝宽度也从原来的裂缝②变为裂缝 ⑪的 0.02mm。此循环反复加载两次，在第二循环 6mm 时，可见裂缝数量增至八条，新增裂缝⑲，其中最大裂缝宽度是裂缝①的约 0.1mm；荷载归零时，可见裂缝数量缩减至五条，为裂缝①⑥⑧⑨⑩，裂缝⑦⑯⑲均已闭合，最大裂缝宽度为裂缝①的 0.02mm。达到第二循环−6mm 时，可见裂缝数量为 11 条，分别为裂缝②③④⑤⑪⑬⑭⑮⑰⑱⑳。其中，裂缝 ⑳ 为新增裂缝，裂缝⑪⑬、裂缝⑤⑰分别交汇，此时最大裂缝宽度为裂缝②的约 0.05mm；荷载归零时，可见裂缝数量缩减为五条，分别为裂缝③④⑤⑪⑬，最大裂缝宽度为裂缝⑪的约 0.04mm。

层间位移角为 1.6%，即层间位移为 12mm 时，构件内侧可见裂缝数量为 11 条，相较于层间位移 6mm 多了四条可见裂缝，裂缝均有不同程度的延长，其中最大裂缝宽度也从裂缝①变为裂缝⑲的 0.5mm；荷载归零时，试件内侧可见的裂缝数量为八条，最大裂缝宽度为裂缝⑲的约 0.1mm。当试件加载至−12mm 时，试件外侧可见的裂缝数量为 11 条，最大裂缝宽度为裂缝⑭的约 0.44mm；荷载归零时，可见裂缝数量缩减至八条，最大裂缝宽度为裂缝⑭的 0.2mm。此循环反复加载两次，在第二次达到±12mm 时，试件内外两侧的可见裂缝数量相较于第一次循环并无变化，但在荷载归零时，试件两侧裂缝已无闭合现象。

层间位移角为2.4%，即层间位移为18mm时，试件内侧大裂缝数量相较于12mm时并无增加，但是裂缝周围均出现了不同程度的微裂缝群且柱根处并未出现较大裂缝，此时最大裂缝宽度为裂缝⑲的约0.7mm；荷载归零时，微裂缝群基本都已闭合，此时最大裂缝宽度为裂缝⑲的约0.2mm。当试件加载至−18mm时，试件外侧可见裂缝数量相较于−12mm时并无明显差别，但在距柱根25cm处形成了一条较为明显的主裂缝，且柱身形成了一条较为明显的竖向裂缝，所有大裂缝周围均出现了可见的微裂缝群，此时最大裂缝宽度为裂缝②的约2mm；荷载归零时，试件外侧大裂缝均未闭合但微裂缝群均已闭合，最大裂缝宽度为裂缝②的约1mm。当第二次达到18mm时，相较于第一次循环18mm时并无明显差别，只是裂缝长度有所增加。当第二次达到−18mm时，试件外侧新形成的主裂缝处的ECC出现了明显的翘曲现象，此时最大裂缝宽度为裂缝②的约2.5mm；荷载归零时，最大裂缝宽度为裂缝②的约1mm。

层间位移角为3.2%，即层间位移为24mm时，试件内侧裂缝⑯⑲相连形成主裂缝，裂缝①已延伸至柱根处，最大裂缝宽度为裂缝①的约2mm；荷载归零时，最大裂缝宽度为裂缝①的约1mm。当试件加载至−24mm时，试件外侧主裂缝继续延长，在延长区域出现了密集的微裂缝，且主裂缝区域ECC翘曲现象明显，裂缝宽度已超过裂缝宽度检测仪和宽度比对卡的最大量程，最大可测裂缝宽度为裂缝②的2.5mm；荷载归零时，主裂缝区域的微裂缝群并未闭合，最大可测裂缝宽度为裂缝②的1.7mm。第二次反复加载过程相较于第一次循环并无太大差别。

当层间位移达到±30mm、±36mm、±42mm时，随着加载位移的增大，试件两侧ECC部分都出现了明显的翘曲现象，且越发严重，但没有出现ECC剥落现象。裂缝已延展到试件观察面一侧，在36mm第一次循环中，试件内侧柱底5～10cm区域形成了两条较为明显的主裂缝，而距柱根25cm处主裂缝的裂缝宽度有所减小。当荷载归零时，柱底区域两条主裂缝也并未出现明显的缩小痕迹。在42mm第一次循环中，试件内侧柱根区域出现一小块ECC剥落现象。荷载归零时，可以看出柱身有明显的偏移现象。

层间位移角为5.4%，即层间位移为±48mm时，试件承载力已下降至其极限承载力的80%以下，试件已遭到破坏，但试件两侧ECC并未出现明显的剥落现象。当荷载归零时，加载结束，如图5.12所示。

3. 试件Z-G/C试验现象及破坏形态

试验以层间位移角为0.2%，即层间位移为1.5mm开始，此时试件内侧可见裂缝为四条①②③④，其中距柱根向上5cm处出现一条，其余均出现在距柱根15～20cm区域内，裂缝④最长约为3cm，最大裂缝宽度为裂缝③的约0.02mm；

图 5.12 试件 Z-R/ECC 卸载后

荷载归零时，试件内侧可见裂缝为三条裂缝①②③，裂缝④闭合，最大裂缝宽度为裂缝①的约 0.01mm。当试件加载至−1.5mm 时，试件外侧出现四条可见裂缝⑤⑥⑦⑧，其中裂缝⑤出现在距柱根 2cm 处，裂缝⑥⑦⑧则出现在距柱根向上 20～30cm 处，裂缝⑥有向柱观察面一侧延展的趋势，最大裂缝宽度为裂缝⑥的约 0.02mm；荷载归零时，试件外侧裂缝均未闭合，可见裂缝数量依然为四条，最大裂缝宽度为裂缝⑤的约 0.02mm。

层间位移角为 0.4%，即层间位移为 3mm 时，试件内侧有五条可见裂缝，新增裂缝⑨，出现在距柱根 25cm 位置处，此时最大裂缝宽度为裂缝①的约 0.07mm；荷载归零时，试件内侧并未出现裂缝闭合现象，最大裂缝宽度为裂缝①的约 0.04mm。当试件加载至−3mm 时，试件外侧有六条可见裂缝，新增裂缝⑩⑪，裂缝⑩⑪出现在距柱根向上大约 15cm 位置处，裂缝⑥已完全延展至柱观察面一侧，最大裂缝宽度为裂缝⑪的 0.08mm；荷载归零时，裂缝⑦出现闭合，其余裂缝则都存在，最大裂缝宽度为裂缝⑪的约 0.04mm。

层间位移角为 0.6%，即层间位移为 4.5mm 时，试件内侧可见裂缝为七条，新增裂缝⑫⑬，其中裂缝④与⑫出现交叉现象，裂缝⑨向柱观察面一侧延展，最大裂缝宽度为裂缝⑫的约 0.1mm；荷载归零时，裂缝均未闭合，最大裂缝宽度为裂缝①的 0.04mm。当试件加载至−4.5mm 时，试件外侧可见裂缝为七条，新增裂缝⑭，裂缝⑩与⑪已经相连，最大裂缝宽度为裂缝⑪的约 0.12mm；荷载归零时，裂缝已无闭合，最大裂缝宽度为裂缝⑪的约 0.05mm。

层间位移角为 0.8%，即层间位移为 6mm 时，试件内侧可见裂缝数量为九条，新增裂缝⑮⑯，此时裂缝⑫⑮已延展至柱观察面一侧，裂缝①与②相连，最大裂缝宽度为裂缝⑫的约 0.2mm；荷载归零时，可见裂缝数量并无变化，此时最大裂缝宽度为裂缝⑫的约 0.06mm。当试件加载至−6mm 时，试件外侧可见裂缝数量相较于−4.5mm 时并未增加，裂缝⑪延伸至柱观察面一侧与裂缝⑯相连，最大裂缝宽度为裂缝⑪的约 0.17mm。荷载归零时，裂缝数量并未减少，最大裂缝宽度为裂缝⑪的约 0.06mm。此循环反复加载两次，第二次加载±6mm 相较于第一次循环并无太大变化，只是试件内侧裂缝⑨与试件外侧裂缝⑥在柱观察面处相连。

层间位移角为 1.6%，即层间位移为 12mm 时，试件内侧可见裂缝数量增至 10 条，在距柱根 30cm 处新增一条裂缝，裂缝④与⑫相连基本形成主裂缝，最大裂缝宽度为裂缝④⑫ 的约 0.6mm；荷载归零时，最大裂缝宽度为裂缝④⑫的约 0.2mm。当试件加载至−12mm 时，试件外侧可见裂缝数量为 11 条，在距柱根 30cm 处新增一条裂缝，且与试件内侧新增裂缝相连，最大裂缝宽度为裂缝 ⑪的约 0.3mm；荷载归零时，最大裂缝宽度为裂缝 ⑪的约 0.14mm。第二次循环加载 ±12mm 过程相较于第一次循环来说，在裂缝数量和最大裂缝宽度方面均无太大差别。

层间位移角为 2.4%，即层间位移为 18mm 时，试件内侧可见裂缝数量仍为 10 条，裂缝④与 ⑫已形成主裂缝，最大裂缝宽度为裂缝④⑫的约 1.3mm；荷载归零时，可见裂缝数量为 10 条，已无裂缝闭合，最大裂缝宽度为裂缝④⑫的约 0.6mm。当试件加载至−18mm 时，试件外侧可见裂缝数量仍为 11 条，其中裂缝⑦与 ⑪已形成两条主裂缝，最大裂缝宽度为裂缝⑦的约 0.9mm；荷载归零时，最大裂缝宽度为裂缝⑦的约 0.3mm。当第二次加载至 18mm 时，试件内侧柱根出现一条长裂缝，且此区域混凝土出现翘曲现象，同时裂缝④区域有大约 1cm^2 混凝土剥落，此时最大裂缝宽度为裂缝④⑫的约 1.4mm；荷载归零时，最大裂缝宽度为裂缝④⑫的约 0.7mm。第二次加载至−18mm 相较于第一次循环并无太大差别。

层间位移角为 3.2%，即层间位移为 24mm 时，试件内侧最大裂缝宽度已超过裂缝宽度检测仪和宽度比对卡的最大量程，混凝土开裂十分明显；荷载归零时，最大裂缝宽度为裂缝④⑫的约 1.3mm。当试件加载至−24mm 时，试件外侧柱根向上 5cm 区域内混凝土已开始小面积剥落，最大裂缝宽度也已超过裂缝宽度检测仪和宽度比对卡的最大量程；荷载归零时，并无裂缝闭合。第二次循环加载至 ±18mm 的过程相较于第一次循环并无太大差别，试件两次混凝土剥落现象已十分明显，特别是在−18mm 时，试件外侧柱根混凝土保护层基本都已剥落。最大裂缝宽度已无法测量。

当层间位移达到±30mm、±36mm、±42mm、±48mm 时，随着位移的增大试件破坏越发严重，当位移为±30mm 循环时，试件外侧柱根以上 5cm 区域混凝土保护层已出现大面积的剥落现象，而试件内侧柱根以上 20cm 区域混凝土翘曲现象十分严重，但混凝土剥落现象并不明显。当位移为±36mm 循环时，试件内侧柱根以上 10cm 区域混凝土保护层出现大面积的剥落现象，而试件外侧柱根以上 15cm 区域混凝土保护层已完全剥落。当位移为±42mm 循环时，试件内侧柱根以上 20cm 区域混凝土保护层也已完全剥落。此时，已清晰可见试件两侧柱身区域的箍筋及钢绞线。当层间位移为±48mm 时，试件两侧混凝土剥落区域不断增大，并向柱观察面与非观察面两侧延伸。

层间位移角为 7.2%，即层间位移为 54mm 时，试件承载力已下降至其极限承载力的 80%以下，试件已遭到破坏，试件两侧混凝土部分剥落现象十分明显。当荷载归零时，加载结束，如图 5.13 所示。

图 5.13　试件 Z-G/C 卸载后

4. 试件 Z-G/ECC 试验现象及破坏形态

试验开始时以±1.5mm 层间位移加载，柱身没有出现任何裂缝，构件还处于弹性发展阶段，此时构件水平方向位移较小，试件并未开裂。

层间位移角为 0.4%，即层间位移为 3mm 时，试件内侧出现四条可见裂缝①②③④，其中，裂缝①②④出现在距柱根向上大约 10cm 处，裂缝③出现在距柱根向上大约 20cm 处，四条可见裂缝中裂缝①长度最长，约为 10cm，最大裂缝宽度为裂缝①的约 0.02mm；荷载归零时，试件内侧四条裂缝均已闭合。当试件加载至−3mm 时，试件外侧出现三条可见裂缝⑤⑥⑦，其中，裂缝⑤出现在距柱根向上大约 25cm 处，裂缝⑥出现在距柱根向上大约 20cm 处，且为斜裂缝，裂缝⑦出现在距柱根向上大约 5cm 处，裂缝⑦长度最长，约为 7cm，最大裂缝宽度为裂缝⑦的约 0.02mm；荷载归零时，试件外侧三条裂缝均已闭合。

层间位移角为 0.6%，即层间位移为 4.5mm 时，试件内侧可见六条裂缝①②③④⑧⑨，裂缝⑧⑨为新增裂缝，裂缝⑨出现在距柱根向上大约 3cm 处。其中，裂缝①④已经相连，最大裂缝宽度为裂缝①的约 0.12mm；荷载归零时，试件内侧可见五条裂缝①②③④⑧，裂缝⑨闭合，最大裂缝宽度为裂缝①的约 0.03mm。当试件加载至−4.5mm 时，试件外侧出现九条可见裂缝⑤⑥⑦⑩⑪⑫⑬⑭⑮，裂缝集中出现在距柱根向上 5～20cm 区域内，最大裂缝宽度为裂缝⑦的约 0.05mm；荷载归零时，试件外侧为四条可见裂缝⑤⑥⑦⑩，最大裂缝宽度为裂缝⑦的约 0.04mm。

层间位移角为 0.8%，即层间位移为 6mm 时，试件内侧可见裂缝数量为 10

条，新增六条可见裂缝，裂缝均向柱观察面一侧延伸开展，且在柱观察面处出现斜向裂缝，此时最大裂缝宽度为裂缝①的约 0.2mm；荷载归零时，试件内侧可见裂缝数量缩减至八条，最大裂缝宽度为裂缝①的约 0.1mm。当试件加载至−6mm时，试件外侧可见裂缝数量为 11 条，新增两条可见裂缝，裂缝也均向柱观察面一侧延伸开展，此时裂缝⑦已不是单一裂缝，而是一组相交相错的裂缝群，最大裂缝宽度为裂缝⑦的约 0.14mm；荷载归零时，可见裂缝数量缩减至六条，最大裂缝宽度为裂缝⑦的约 0.1mm。此循环反复加载两次，第二次加载±6mm 相较于第一次并无太大变化，裂缝数量并无变化，只是在加载至−6mm 时，最大裂缝宽度从原来裂缝⑦的 0.14mm 增大至裂缝⑦的 3mm。

层间位移角为 1.6%，即层间位移为 12mm 时，试件内侧可见裂缝数量增加至 12 条，新增两条可见裂缝，其中，裂缝①已基本形成主裂缝，最大裂缝宽度为裂缝①的约 2mm；荷载归零时，试件内侧可见裂缝缩减至六条，最大裂缝宽度为裂缝①的约 0.4mm。当试件加载至−12mm 时，试件外侧可见裂缝为 11 条，可见裂缝数量并未增加，但裂缝⑦周围形成了密集的微裂缝群，最大裂缝宽度为裂缝⑦的约 1.36mm；荷载归零时，试件外侧可见裂缝数量缩减至八条，最大裂缝宽度为裂缝⑦的约 0.5mm。此循环反复加载两次，当第二次加载至 12mm 时，试件内侧的可见裂缝数量和最大裂缝宽度相较于上个循环并无太大变化，只是在荷载归零时，试件内侧的可见裂缝已无闭合现象；而第二次加载至−12mm 循环相较于第一次在可见裂缝数量和最大裂缝宽度方面也无太大变化，也只是在荷载归零时，可见裂缝已无闭合现象的出现。

层间位移角为 2.4%，即层间位移为 18mm 时，试件内侧可见裂缝数量从此开始已不再增加，裂缝①②④已相连形成主裂缝，且在主裂缝周围遍布了众多微裂缝，最大裂缝宽度为裂缝①的约 2.2mm；荷载归零时，最大裂缝宽度为裂缝①的约 0.8mm。当试件加载至−18mm 时，试件外侧可见主裂缝也已不再增加，只是在各条裂缝周围出现了众多密集微裂缝群，最大裂缝宽度为裂缝⑦的约 1.4m；荷载归零时，最大裂缝宽度为裂缝⑦的约 1mm。此循环反复加载两次，第二次循环加载相较于第一次并无太大差别，只是在第二次加载至−18mm 时，试件外侧距柱根向上大约 15cm 处 ECC 表皮出现翘曲，此时的最大裂缝宽度也增大至裂缝⑦的 2mm。

层间位移角为 3.2%，即层间位移为 24mm 时，试件内侧最大裂缝宽度为裂缝①的约 2.7mm；荷载归零时，最大裂缝宽度为裂缝①的约 1.2mm。当试件加载至−24mm 时，试件外侧最大裂缝宽度为裂缝⑦的约 3mm；荷载归零时，最大裂缝宽度为裂缝⑦的约 1.5mm。当第二次加载至±24mm 时，试件两侧的最大裂缝宽度已超过裂缝宽度检测仪和宽度比对卡的最大量程，但试件两侧 ECC 部分并没有出现剥落和大面积翘曲现象。

当层间位移达到±30mm、±36mm、±42mm、±48mm、±54mm、±60mm 时，随着位移的增大试件破坏越发严重，最大裂缝宽度不断增大。当位移第一次达到−30mm 时，试件外侧出现一条竖向裂缝，从柱根向上延伸至主裂缝处，且随着位移的不断增大，此区域 ECC 翘曲越发严重，但并没有发生 ECC 剥落现象。在±30mm 第二次循环中，试件两侧柱身靠近上端头区域混凝土部分出现明显可见的裂缝。当试件加载至±36mm 时，试件两侧柱身靠近上端头区域混凝土裂缝不断增多。当试件加载至±48mm 时，试件两侧柱身靠近上端头区域混凝土发生翘曲现象，且在试件外侧柱根区域产生了一条较大的裂缝。当试件加载至±54mm 时，试件两侧柱身靠近上端头区域混凝土出现轻微剥落现象，试件内侧柱根区域产生了一条较大的裂缝，试件两侧主裂缝相交形成通缝。当试件加载至±60mm 时，试件两侧 ECC 区域裂缝开裂十分严重，但并无 ECC 剥落现象的出现。第二次加载至−60mm 时，试件承载力已下降至其极限承载力的 84%，而 60mm 时的试件承载力只下降至其极限承载力的 88%。

层间位移角为 8.8%，即层间位移为 66mm 时，试件承载力已下降至其极限承载力的 80%以下，试件已遭到破坏，但试件两侧 ECC 并未出现明显的剥落现象。当荷载归零时，加载结束，如图 5.14 所示。

图 5.14　试件 Z-G/ECC 卸载后

5. 试件 Z-SMA/ECC 试验现象及破坏形态

试验以层间位移角为 0.2%，即层间位移为 1.5mm 开始，试件内侧出现三条可见裂缝①②③，裂缝①②③并未出现在柱根区域，而是出现在距柱根向上 15～25cm 区域内，此时最大裂缝宽度为裂缝①的约 0.02mm；荷载归零时，三条可见裂缝均无闭合，最大裂缝宽度为裂缝①的约 0.01mm。当试件加载至−1.5mm 时，试件外侧出现一条可见裂缝④，裂缝④出现在距柱根向上大约 10cm 处，最大裂缝宽度为裂缝④的约 0.02mm；荷载归零时，裂缝④并未闭合，裂缝宽度约为

0.01mm。

层间位移角为0.4%，即层间位移为3mm时，试件内侧出现八条可见裂缝①②③⑤⑥⑦⑧⑨，新增裂缝⑤⑥⑦⑧⑨，新增裂缝比较集中地出现在距柱根向上大约10cm位置处，此时最大裂缝宽度为裂缝⑤的约0.02mm；荷载归零时，试件内侧可见裂缝数量缩减至六条，裂缝⑧⑨闭合，最大裂缝宽度为裂缝⑤的约0.02mm。当试件加载至−3mm时，试件外侧出现两条可见裂缝④⑩，新增裂缝⑩出现在距柱根向上大约8cm处，最大裂缝宽度也变为裂缝⑩的约0.02mm；荷载归零时，裂缝⑩已闭合而裂缝④并未闭合，裂缝宽度约为0.02mm。

层间位移角为0.6%，即层间位移为4.5mm时，试件内侧出现六条可见裂缝①②③⑤⑥⑦，裂缝⑧⑨并未出现，也无新增裂缝，最大裂缝宽度为裂缝⑤的约0.2mm；荷载归零时，并无裂缝闭合现象出现，最大裂缝宽度为裂缝⑤的约0.03mm。当试件加载至−4.5mm时，试件外侧可见裂缝数量为三条，新增裂缝 ⑪ 出现在距柱根向上大约15cm处，最大裂缝宽度为裂缝⑩的约0.1mm。荷载归零时，试件外侧可见裂缝数量缩减至一条裂缝⑩，裂缝宽度约为0.02mm。

层间位移角为0.8%，即层间位移为6mm时，试件内侧出现10条可见裂缝①②③⑤⑥⑦⑫⑬⑭⑮，新增裂缝 ⑫⑬⑭⑮，其中，裂缝⑭出现在柱根区域，裂缝⑤⑥⑦已经相连形成通缝，最大裂缝宽度为裂缝⑤的约0.5mm；荷载归零时，试件内侧可见裂缝数量缩减至七条，裂缝⑫⑭⑮闭合，最大裂缝宽度为裂缝⑤的约0.1mm。当试件加载至−6mm时，试件外侧有七条可见裂缝④⑩⑪⑯⑰⑱⑲，新增裂缝⑯⑰⑱⑲都出现在距柱根向上大约10cm处，其中，裂缝⑯出现在柱观察面一侧且为斜裂缝，最大裂缝宽度为裂缝⑩的约0.15mm；荷载归零时，试件外侧可见裂缝数量缩减至四条，裂缝 ⑯⑱⑲ 闭合，最大裂缝宽度为裂缝⑩的约0.08mm。此循环反复加载两次，从此阶段开始裂缝数量也基本不再增加。第二次加载±6mm相较于第一次循环在裂缝数量和最大裂缝宽度方面并无太大变化。

层间位移角为1.6%，即层间位移为12mm时，试件内侧裂缝⑤⑥⑦形成的通缝，周围遍布了众多的细小微裂缝，裂缝⑤⑥⑦形成的通缝也基本成为主裂缝，最大裂缝宽度为裂缝⑤的约1.6mm；荷载归零时，可见裂缝已不再闭合，最大裂缝宽度为裂缝⑤的约0.7mm。当试件加载至−12mm时，试件外侧各条裂缝周围也遍布了众多的细小微裂缝，虽然裂缝数量较多但并未产生较为明显的主裂缝，最大裂缝宽度为裂缝⑩的约1mm；荷载归零时，试件外侧可见裂缝也已不再闭合，最大裂缝宽度为裂缝⑩的约0.5mm。第二次加载±12mm相较于第一次循环在裂缝数量和最大裂缝宽度方面并无太大变化。

层间位移角为2.4%，即层间位移为18mm时，试件内侧裂缝⑤⑥⑦连成通缝，形成主裂缝，柱根区域并无明显裂缝，最大裂缝宽度为裂缝⑤的约 2mm；荷载归零时，最大裂缝宽度为裂缝⑤的约 1.4mm。当试件加载至−18mm 时，裂缝⑩也基本形成主裂缝，试件外侧柱根向上 30cm 区域内微裂缝数量众多，最大裂缝宽度为裂缝⑩的约 1.5mm；荷载归零时，最大裂缝宽度为裂缝⑩的约 1.7mm。第二次加载±18mm 相较于第一次循环在裂缝数量方面并无太大变化，最大裂缝宽度有所增加，16mm 时从 2mm 增大到 2.3mm，−16mm 时从 1.5mm 增大到 2mm。

层间位移角为 3.6%，即层间位移为 24mm 时，试件内侧的最大裂缝宽度已超过裂缝宽度检测仪和宽度比对卡的最大量程；荷载归零时，最大裂缝宽度为裂缝⑤的约 2.8mm。当试件加载至−24mm 时，试件外侧裂缝分布较为分散，裂缝⑩已形成主裂缝，最大裂缝宽度也已超过裂缝宽度检测仪和宽度比对卡的最大量程；荷载归零时，最大裂缝宽度为裂缝⑩的 3mm。第二次加载±24mm 相较于第一次循环在裂缝数量和最大裂缝宽度方面并无太大变化。

当层间位移达到±30mm、±36mm、±42mm 时，随着位移的增加试件破坏越发严重，最大裂缝宽度不断增加。试件两侧 ECC 区域裂缝开裂十分严重，但并无 ECC 剥落现象的出现。当试件第一次加载至−42mm 时，试件内部发生棒材断裂的声音，采集系统也显示试件承载力有一个突降，分析得出试件外侧三根 SMA 棒材中的一根发生断裂。

层间位移角为 6.4%，即层间位移为 48mm 时，试件内部也发出棒材断裂的声音，采集系统显示试件承载力有一个突降，推测出试件内侧三根 SMA 棒材中的一根发生断裂，试件承载力已下降至其极限承载力的 80%以下。当试件加载至−48mm 时，试件内部又发出棒材断裂的声音，推测试件外侧出现第二根 SMA 棒断裂，试件承载力也已下降至其极限承载力的 80%以下，但试件两侧的 ECC 部分并没有发生剥落现象。当荷载归零时，加载结束，如图 5.15 所示。

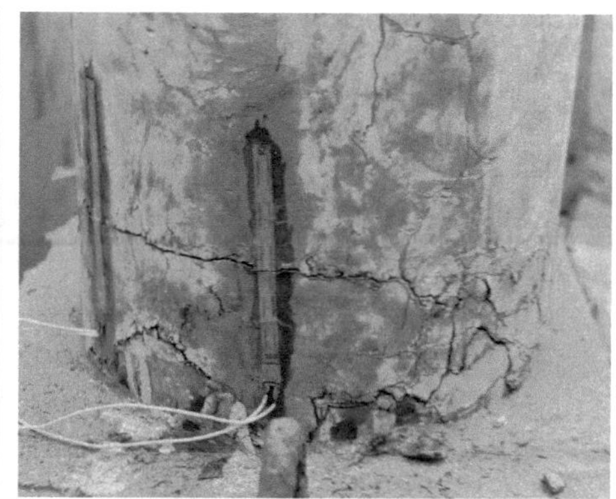

图 5.15　试件 Z-SMA/ECC 卸载后

5.2.4 试验现象分析

本节试验的构件尺寸相同且采用一样的加载制度，只是试验构件所用材料有所不同。试验现象主要描述不同材料下试件裂缝发展及分布情况。

从试验现象可以看出，五组试件的破坏模式基本都为弯剪破坏，钢筋混凝土和钢筋 ECC 试件的裂缝一般是从柱根形成和发展并逐步延伸到整个试件的，且混凝土试件容易较快形成主裂缝，裂缝宽度扩展迅速，混凝土部分的剥落现象在大变形时较为严重。

图 5.16　ECC 多缝开裂及微裂缝图

钢筋 ECC、钢绞线 ECC 和 SMA-ECC 试件的裂缝一般是从柱根向上 5~15cm 区域形成发展并逐步延伸到整个试件的，且 ECC 试件开裂为多缝开裂，不会较快形成主裂缝，裂缝宽度扩展速度较为缓慢，ECC 部分并无大面积的剥落现象出现，如图 5.16 所示。

在裂缝数量上，ECC 试件要明显多于混凝土试件，但 ECC 试件的裂缝大多为微裂缝。

5.3 结 果 分 析

5.3.1 滞回曲线

滞回曲线是指结构在低周往复荷载作用下的位移与荷载之间的关系曲线，它能够有效地反映试件的承载力、刚度、耗能和延性等力学性能，是分析试件力学性能的重要依据。五组试件的滞回曲线如图 5.17 所示。

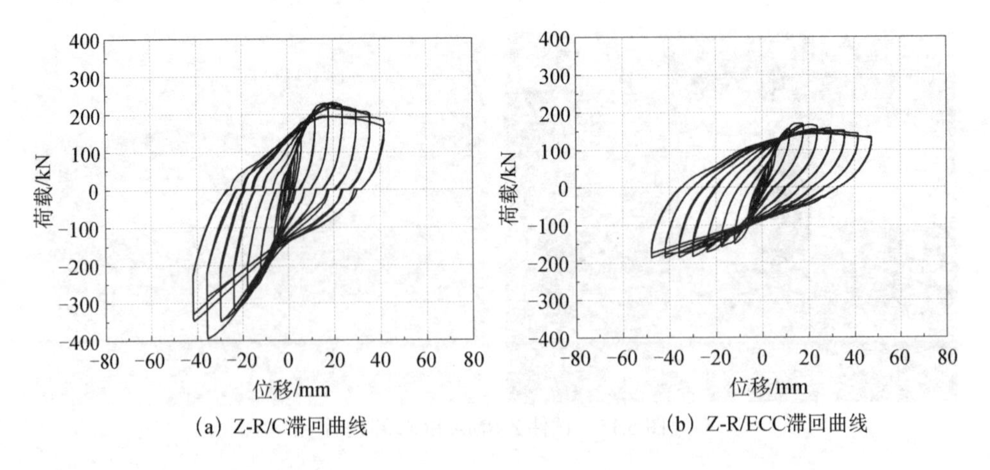

(a) Z-R/C滞回曲线　　(b) Z-R/ECC滞回曲线

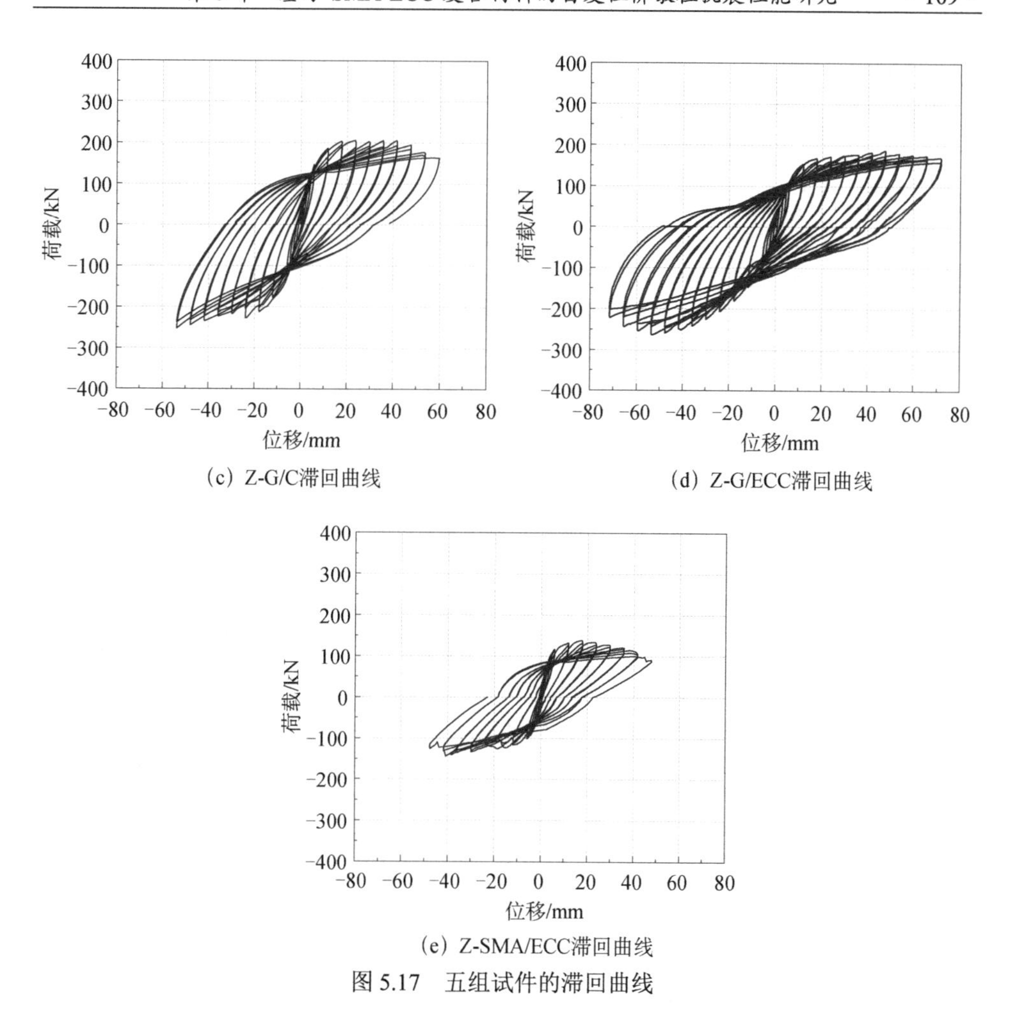

（c）Z-G/C滞回曲线　（d）Z-G/ECC滞回曲线

（e）Z-SMA/ECC滞回曲线

图 5.17　五组试件的滞回曲线

从以上五个试件的滞回曲线可以得出以下结论：

（1）试验刚开始几个循环阶段，加载的层间位移较小，试件还处于弹性阶段，尚未达到屈服，可以从图像上看出斜率并未发生太大变化，荷载归零时，试件残余位移较小。

（2）随着加载位移的增加，试件开始开裂，并且裂缝在逐渐发展，试件进入弹塑性阶段，试件的承载力在不断增大，滞回环包裹的面积在不断增大，而荷载-位移关系曲线斜率则在降低，试件的刚度在不断退化，荷载归零时，试件的残余位移在不断增大。

（3）随着试验进行至末期，结构的残余位移不断增大，荷载-位移关系曲线斜率减小速率增快，试件的刚度退化速度越来越快。

（4）在试件的循环次数方面，循环次数由多到少依次为 Z-G/ECC、Z-G/C、

Z-SMA/ECC、Z-R/ECC、Z-R/C。由此可以看出，ECC 和钢绞线两种材料都有增加试件延性的效果。

（5）在构件的极限承载力方面，因为试件 Z-R/C 在加载时偏压导致负向承载力的极限承载力不断增加且未出现下降段，所以试件 Z-R/C 极限承载力只参考正向承载力。极限承载力由大到小依次为 Z-G/ECC、Z-G/C、Z-R/C、Z-R/ECC、Z-SMA/ECC。由此可以看出，在等面积代换后，钢绞线能有效增大结构的极限承载力。SMA 试件承载力最小是因为试验所用 SMA 的抗拉强度要小于钢绞线和普通钢筋的抗拉强度。

（6）在残余位移方面，试件 Z-SMA/ECC 单个加载循环的残余位移最小，Z-G/C 和 Z-G/ECC 残余位移较普通钢筋试件有所减小，说明使用钢绞线可以使试件具有一定的恢复能力，但效果并不十分显著。而 SMA 具有较为明显的自复位能力，但最终效果并没有达到预期。

5.3.2 骨架曲线

骨架曲线为在滞回曲线中同方向上各加载循环最大荷载点的包络曲线，可以清晰地反映出试验试件受力与变形在不同阶段的变化与区别，可以形象地展现出试验试件的强度、刚度、延性、耗能及抗倒塌能力等。根据 5.3.1 节所示的试件滞回曲线分析绘制出试件 Z-R/C、Z-R/ECC、Z-G/C、Z-G/ECC、Z-SMA/ ECC 的骨架曲线如图 5.18 所示。

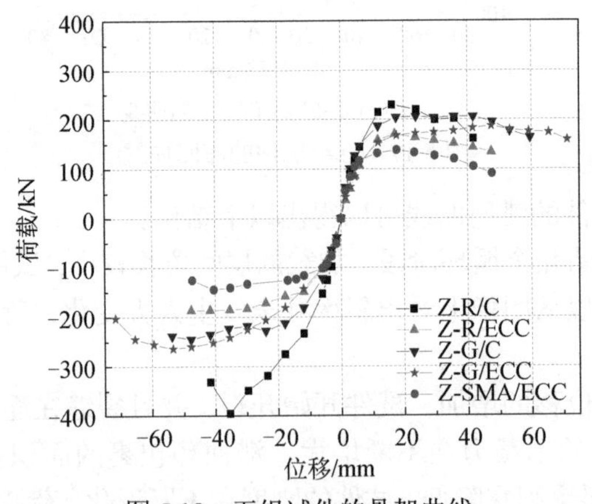

图 5.18　五组试件的骨架曲线

由骨架曲线图可得以下结论：

（1）五组试验试件在试验过程中均经历了弹性阶段、弹塑性阶段和破坏阶段。

（2）Z-R/C 在试件达到极限荷载后，承载力下降速度要明显大于其余四组试件，说明 SMA、钢绞线和 ECC 材料能够有效地增加试件延性。

（3）除去偏压试件 Z-R/C，Z-G/ECC 和 Z-G/C 的极限承载力要明显高于其余几组试件，这是由于在材料的抗拉强度方面钢绞线要大于普通钢筋和 SMA。

5.3.3　刚度退化情况

刚度为试件在受到外力时抵抗弹性变形的能力，只有可靠的刚度才能满足建筑物的正常使用，抵抗地震等外力导致的弹性变形。本试验采用我国在 2015 年发布的《建筑抗震试验规程》（JGJ/T 101—2015）中的割线刚度计算公式，公式如下：

$$\kappa_s = \frac{F_{max} - F_{min}}{\delta_{max} - \delta_{min}}$$

式中，$F_{max(min)}$ 为最大（最小）荷载；$\delta_{max(min)}$ 为最大（最小）荷载对应的位移。

从图 5.19 可以得出以下结论：

（1）五组试件刚度退化曲线的走势基本相同，在位移为 0～6mm 时试件刚度下降十分明显，在位移为 6～30mm 时，试件的刚度退化速度有所减慢，当位移大于 30mm 时，试件的刚度退化速度趋于平稳状态。

（2）通过比较 Z-R/C 与 Z-R/ECC 和 Z-G/C 与 Z-G/ECC 可以看出，混凝土结构的初始刚度要大于 ECC 结构的初始刚度。通过比较 Z-R/ECC、Z-G/ECC、Z-SMA/ECC 三组试件可以看出，SMA 结构的初始刚度最大，钢绞线结构次之，普通钢筋结构最小。

（3）在试件破坏后，使用钢绞线的构件还是具有较大的残余刚度，可以有效地抵抗震后余震所带来的影响。

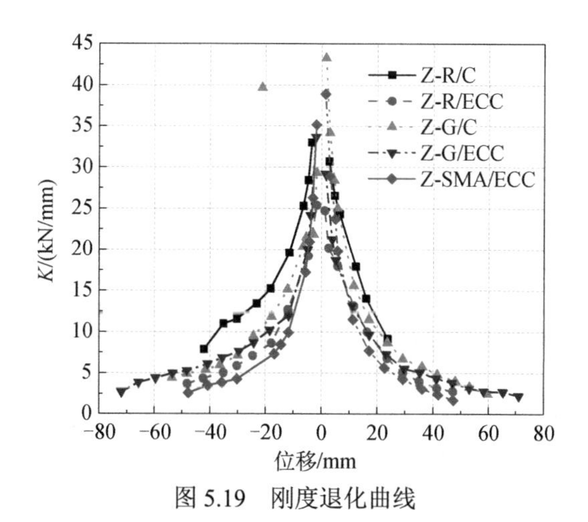

图 5.19　刚度退化曲线

5.3.4　桥墩柱端转角和塑性铰区截面的平均曲率

1. 桥墩柱端转角

柱端转角可以清楚地看出试件在加载过程中的倾斜程度，本节试验通过在试件非观察面柱根向上 300mm 处放置的位移计测量出各加载循环中最大加载位移时的塑性铰区上端的位移量，通过公式计算得出五组试件在各加载过程中柱端的转角。

由图 5.20 可以得出以下结论：

（1）在最初的几个加载循环中，比较试件 Z-SMA/ECC、Z-G/ECC 与 Z-R/ECC 和 Z-R/C 与 Z-G/C，可以看出普通钢筋构件在初始转角上要大于使用钢绞线和 SMA 的构件。

（2）在试件破坏时的最大转角方面，比较 Z-R/ECC、Z-SMA/ECC 与 Z-G/ECC 可以看出，钢绞线桥墩柱的最大转角明显大于使用其他两种材料的桥墩柱。比较 Z-R/C 与 Z-R/ECC 和 Z-G/C 与 Z-G/ECC 可以得出，使用 ECC 材料的试件在实际破坏时的转角要明显大于使用普通混凝土的试件。

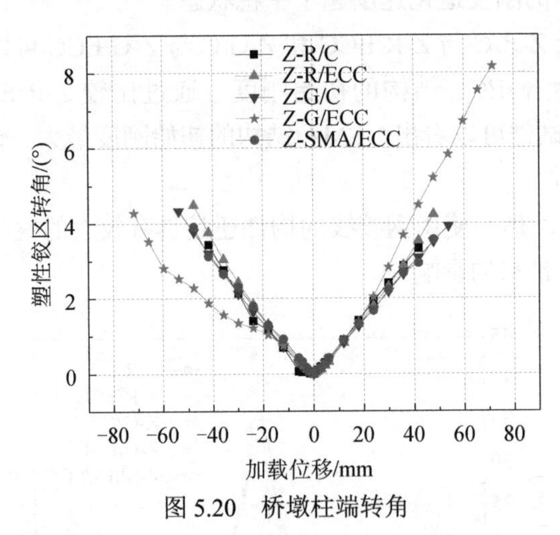

图 5.20　桥墩柱端转角

2. 塑性铰区截面的平均曲率

屈服后柱身与地梁相交处逐渐形成塑性铰区，塑性铰区之外柱身损伤较小，可认为是弹性变形。因为桥墩柱的变形受到柱端塑性铰区的转动影响较大，所以通常采用截面的平均曲率来表示柱端塑性铰区的转动。本节试验在试件柱身左右两侧距地梁上端 300mm 处放置两个位移计，左右两个位移计分别相距柱身左右表面 5mm。

图 5.21 为通过公式计算得出的五组试件在各加载循环中的塑性铰区平均曲率。

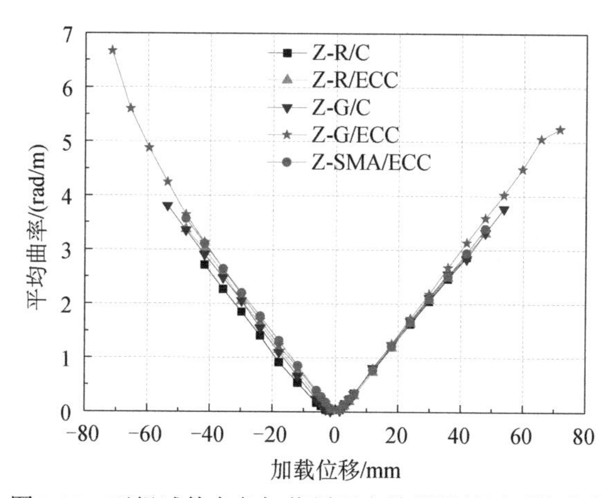

图 5.21　五组试件在各加载循环中的塑性铰区平均曲率

由图 5.21 可以得出以下结论：

（1）ECC 试件不管是在每级加载循环时还是破坏时，试件塑性铰区的平均曲率都要大于混凝土试件，表明 ECC 可以有效改善构件的延性，增强柱端塑性铰区的转动变形能力，提高构件的抗震性能。

（2）比较 Z-SMA/ECC、Z-G/ECC 和 Z-R/ECC 三组试件可以看出，在每级加载循环的平均曲率和破坏时试件塑性铰区的平均曲率上，钢绞线试件最大，SMA 试件次之。普通钢筋试件的平均曲率则是最小的。由此可知，钢绞线和 SMA 可以有效改善构件的延性，增强柱端塑性铰区的转动变形能力，增强构件的抗震性能。

5.3.5　耗能能力

1. 每级加载循环中试件的耗能能力

耗能能力是反映结构抗震性能的一个重要指标，是结构在地震作用下通过自身产生不可恢复的变形而耗散能量的能力。试件的耗能能力通常是通过每级加载的滞回环所包裹的面积来反映的，包裹面积越大则表示耗能能力越强，图 5.22 为每级加载循环下各个试件的耗能能力。循环两次的按耗能最大的单圈循环。

由图 5.22 可以得出以下结论：

（1）在前几个加载循环中，试件中受力筋还未屈服，处于弹性阶段，五组试件耗能能力很弱且差别不大。

（2）受力筋屈服后，可以看出钢筋试件在每级加载中耗能要远大于钢绞线和 SMA 试件，且混凝土试件的耗能要略大于 ECC 试件的耗能，说明使用钢绞线、SMA 和 ECC 在提升结构每级加载循环上的耗能能力并不明显。

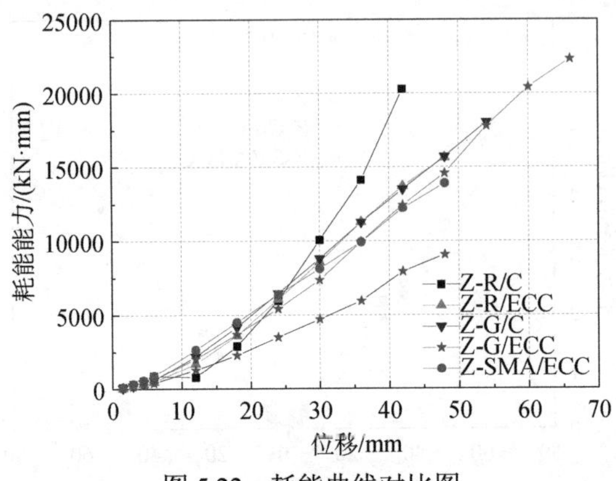

图 5.22 耗能曲线对比图

2. 能量耗散系数和等效黏滞阻尼系数

能量耗散系数是判定试件耗能能力的重要指标，其计算公式为

$$E=\frac{S_{(\mathrm{ABC+CDA})}}{S_{(\mathrm{OBE+ODF})}} \tag{5.2}$$

等效黏滞阻尼系数是评判试件耗能能力的一项参考标准，最早是在 1930 年提出的，其计算方法见式（5.3）：

$$h_{\mathrm{e}}=\frac{1}{2\pi}\frac{S_{(\mathrm{ABC+CDA})}}{S_{(\mathrm{OBE+ODF})}} \tag{5.3}$$

分别计算出五组试验构件的能量耗散系数和等效黏滞阻尼系数，见表 5.9。

表 5.9 耗能能力

试件编号	$S_{(\mathrm{ABC+CDA})}$	$S_{(\mathrm{OBE+ODF})}$	能量耗散系数	等效黏滞阻尼系数/%
Z-R/C	122730.3	76086.17	1.613043	25.67
Z-R/ECC	105149.7	61141.93	1.719764	27.37
Z-G/C	158981.4	111694.4	1.423361	22.65
Z-G/ECC	229875.9	157832.4	1.456456	23.18
Z-SMA/ECC	60294.97	46908.71	1.285368	20.46

由表 5.9 可以得出以下结论：

（1）普通钢筋试件的能量耗散系数要远大于钢绞线试件和 SMA 试件，说明钢筋在结构的耗能能力方面有更好的效果，这也是钢筋试件的自复位能力差导致的。

（2）比较 Z-G/C 与 Z-G/ECC 和 Z-R/C 与 Z-R/ECC 可以发现，使用 ECC 材料的试件能量耗散系数要大于使用普通混凝土的试件，说明 ECC 可以略微提升结构的耗能能力，但效果不是十分显著。

（3）五组试件的等效黏滞阻尼系数均超过了 20%，试件都有很强的耗能能力，五组试件等效黏滞阻尼系数的差值与能量耗散系数相近，表明等效黏滞阻尼系数也能够准确地反映结构的耗能性能。

5.3.6　残余位移

结构在受到地震作用时会发生变形和位移，而有一部分变形和位移是在震后无法自身复原的，这部分无法恢复的变形和位移称为残余位移。残余位移是评估震害、震后结构正常使用功能和震后加固修复的重要指标。图 5.23 为五组试件的残余位移。

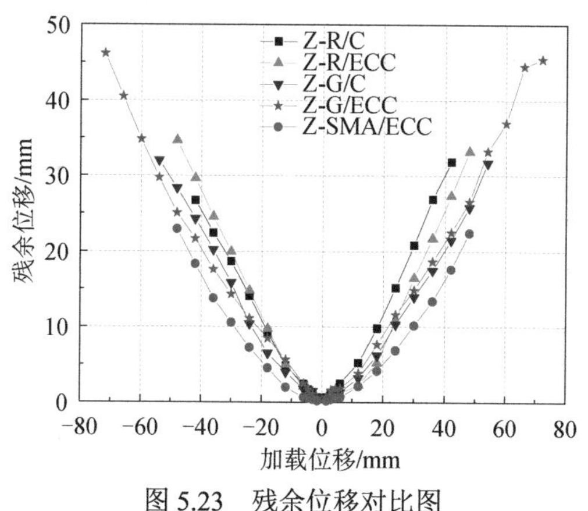

图 5.23　残余位移对比图

由图 5.23 可以得出以下结论：

（1）在试件加载初期，五组试件的残余变形都十分小，各组试件的恢复效果相当。

（2）在试件屈服后，五组试件的斜率发生变化。由图 5.23 可以清楚地发现，普通钢筋试件的斜率显然大于 SMA 和钢绞线试件的斜率，表明在结构屈服后，SMA 和钢绞线能够较大程度地减小结构残余位移的加快速度。

（3）SMA 试件在破坏时可恢复变形仍能达到 50%以上，钢绞线试件在破坏时的可恢复变形则能达到 35%以上，而普通钢筋试件只能达到 25%左右，说明 SMA 能有效提高结构的自复位性能，且配置 SMA 的结构和配置钢绞线的结构在震后的加固修复方面要优于普通钢筋结构。但是 SMA 的自复位能力在本次试验中并没有完全体现出来，主要原因可能是当试件屈服时，SMA 的应变已达到 3%以上，材料的自复位性能已大大下降；SMA 的自复位性能与试验轴压比也有很大的相关性，轴压比越大，自复位效果越不明显；SMA 也受温度的影响，良好的自复位性能一般出现在 25℃左右，本试验是在冬季进行的，实验室温度不高，虽然在试验加载前对试件进行了 2h 的加热，但并不知道内部 SMA 材料的温度是否达到自复位的温度要求。

5.3.7　位移延性系数

延性为结构的某个截面从屈服开始到试件破坏时整个过程的变形能力，是抗震设计中的重要考量参数，通常用位移延性系数表示，其计算公式如下：

$$\mu_{\Delta}=\frac{\Delta_u}{\Delta_y}$$

式中，Δ_u 为试件的极限位移；Δ_y 为试件的屈服位移。

由于本试验所用材料没有明显屈服点，故屈服位移 Δ_y 采用能量等值法计算。表 5.10 为五组试件的位移延性系数。

表 5.10　位移延性系数

试件编号	屈服位移/mm	极限位移/mm	位移延性系数
Z-R/C	10.35	42	4.06
Z-R/ECC	10.73	48	4.47
Z-G/C	9.49	54	5.69
Z-G/ECC	11.22	72	6.42
Z-SMA/ECC	6.72	48	7.14

由表 5.10 可以得出以下结论：

（1）五组试件的位移延性系数均超过了 4，大于结构抗震设防所要求的位移延性系数，说明五组试件都具有良好的延性性能。

（2）五组试件中，位移延性系数从大到小依次为 Z-SMA/ECC、Z-G/ECC、Z-G/C、Z-R/ECC、Z-R/C。可以看出，使用 SMA 材料的试件延性性能要好于钢绞线试件和普通钢筋试件，而钢绞线相对于普通钢筋来说也能提高结构的延性性能。使用 ECC 材料的试件延性性能也要好于普通混凝土试件，说明 ECC 也能有效提高结构的延性性能。

5.4　基于 SMA-ECC 复合材料的自复位混凝土桥墩柱有限元模型建立

ABAQUS 作为功能强大的工程模拟的有限元软件，是由法国 Dassault Aircraft 公司开发和研制的，作为国际上公认的通用非线性有限元软件，模拟性能广泛，功能非常强大，适用于生物、土木、机械等行业的结构和场分析[1]。借助 ABAQUS 有限元方法在非线性分析上的强大功能，在已有桥墩柱试验的基础上建立相应的有限元模型。

5.4.1　材料模型

1. 混凝土本构模型

在 ABAQUS 有限元内的常见混凝土模型大致分为三种：塑性损伤（concrete damaged plasticity，CDP）模型、脆性破坏（concrete brittle cracking，BCC）模型及弥散开裂（concrete smeared cracking，SCC）模型。其中，弥散开裂模型仅用于 ABAQUS/Standard 模块中，可以很好地描述材料的拉伸裂纹以及压碎的行为；塑性损伤模型则比较适用于不同荷载分析的情形，如单调、静力、循环和动力荷载加载情形，还可以较好地表现出模型的刚度退化力学特征，可以同时用于 ABAQUS/Explicit 和 ABAQUS/Standard 模块中；脆性破坏模型主要应用于 ABAQUS/Explicit 模块中，模型中混凝土的压缩行为认为是线弹性的，主要原因是在脆性断裂准则下使混凝土在拉伸应力过大时失效。

本节试验的加载方式为循环加载的拟静力试验。根据上述提出的混凝土模型的特性，针对此次使用 ABAQUS 有限元所建立的桥墩柱模型，选用塑性损伤模型作为混凝土材料的本构模型。在混凝土塑性损伤模型中，认为混凝土材料为各向同性的连续介质，其破坏分为两种模式，分别为拉伸破坏和压碎破坏。为了更好地描述混凝土材料在荷载卸载后刚度的退化情况，可以加入受压损伤因子和受拉损伤因子。

由图 5.24 可以看出，混凝土受力大致分为弹性阶段与塑性阶段。混凝土的拉伸等效塑性应变与压缩等效塑性应变可以用来表示其达到屈服时或者达到破坏时的状态[2]。由混凝土受拉应力-应变关系曲线可知，混凝土在拉伸状态，当拉应力未达到 σ_{t0} 时，一直处于弹性阶段，但是其拉应力超过 σ_{t0} 后，应力出现软化现象，应力下降迅速。软化现象过后卸载，图中虚线即表示卸载阶段，可以看出虚线的曲线斜率慢慢下降。该阶段认为混凝土发生受拉损伤，需要引入受拉损伤因子 d_t 来表示混凝土受拉时的刚度退化。与受拉不同，混凝土在受压状态下，在屈服后先达到硬化之后再软化。从图 5.24 中可以看出，混凝土处于压缩状态，在低于屈服应力 σ_{c0} 时，曲线斜率为 E_0，混凝土处于弹性阶段；当达到屈服应力 σ_{c0} 后，继续增加直到峰值应力 σ_{cu} 后才开始下降。与受拉状态相同，在达到软化后卸载，混凝土受压发生损伤，引入受压损伤因子 d_c 来表示混凝土受压时的刚度退化。根据受拉与受压应力-应变关系曲线，混凝土各个参数的计算如下：

$$\sigma_c = (1-d_c)E_0(\varepsilon_c - \varepsilon_c^{pl}) \tag{5.4}$$

$$\varepsilon_{0c}^{el} = \sigma_c / E_0 \tag{5.5}$$

$$\varepsilon_c^{in} = \varepsilon_c - \varepsilon_{0c}^{el} \tag{5.6}$$

$$\varepsilon_c^{pl} = b_c \varepsilon_c^{in} \tag{5.7}$$

$$d_c = 1 - \frac{\sigma_c E_0^{-1}}{\varepsilon_c^{pl}(1/b_c - 1) + \sigma_c E_0^{-1}} \tag{5.8}$$

式中，ε_c、ε_{0c}^{el}、ε_c^{in} 和 ε_c^{pl} 分别为混凝土受压时的应变、弹性应变、非弹性应变和塑性应变；σ_c 为混凝土受压应力，取 $\sigma_c \leqslant 0.4 f_c$ 时，混凝土处于受压弹性阶段；E_0 为混凝土受压弹性模量；b_c 为混凝土受压时 $\varepsilon_c^{in} / \varepsilon_c^{pl}$ 的比例系数，取 b_c=0.7；d_c 为混凝土受压损伤因子。

$$\sigma_t = (1 - d_t) E_0 (\varepsilon_t - \varepsilon_t^{pl}) \tag{5.9}$$

$$\varepsilon_{0t}^{el} = \sigma_t / E_0 \tag{5.10}$$

$$\varepsilon_t^{ck} = \varepsilon_t - \varepsilon_{0t}^{el} \tag{5.11}$$

$$\varepsilon_t^{pl} = b_t \varepsilon_t^{ck} \tag{5.12}$$

$$d_t = 1 - \frac{\sigma_t E_0^{-1}}{\varepsilon_t^{pl}(1/b_t - 1) + \sigma_t E_0^{-1}} \tag{5.13}$$

式中，ε_t、ε_{0t}^{el}、ε_t^{ck} 和 ε_t^{pl} 分别为混凝土受拉时的应变、弹性应变、开裂应变和塑性应变；σ_t 为混凝土受拉应力，取 $\sigma_t \leqslant f_t$ 时，混凝土处于受拉弹性阶段；b_t 为混凝土受拉时的开裂应变与塑性应变的比例系数，取 $b_t = 0.1$；d_t 为混凝土受拉损伤因子。

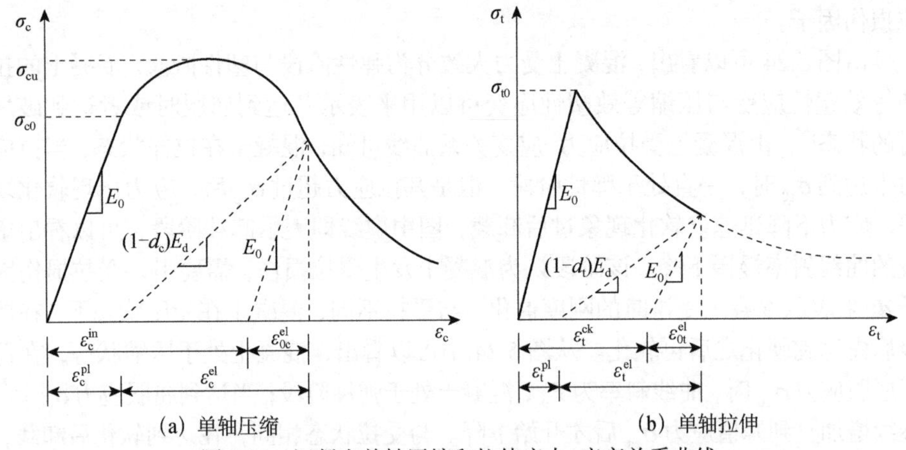

图 5.24 混凝土单轴压缩和拉伸应力-应变关系曲线

本节有限元建模时所用的混凝土塑性损伤模型的应力-应变关系，在定义混凝土参数时，采用的是过镇海等[3]提出的混凝土本构参数模型，但是在 ABAQUS 有限元软件中需要输入混凝土本构的真实应力和塑性应变，因此应该用真实应力和塑性应变来替换模型中名义应力和名义应变。

$$\sigma_{true} = \sigma_{nom}(1 + \varepsilon_{nom}) \tag{5.14}$$

$$\varepsilon_{true} = \ln(1 + \varepsilon_{nom}) \tag{5.15}$$

$$\varepsilon_{\mathrm{pl}}=\varepsilon_{\mathrm{true}}-\varepsilon_{\mathrm{el}}=\varepsilon_{\mathrm{true}}-\frac{\sigma_{\mathrm{true}}}{E_0} \tag{5.16}$$

式中，σ_{nom}、$\varepsilon_{\mathrm{nom}}$ 为名义应力、名义应变；σ_{ture}、$\varepsilon_{\mathrm{ture}}$ 为真实应力、真实应变；σ_{pl}、$\varepsilon_{\mathrm{el}}$ 为塑性应变、弹性应变。

另外，还应该在有限元中输入用来定义混凝土的塑性参数，分别为膨胀角、塑性势偏心率、$f_{\mathrm{bo}}/f_{\mathrm{co}}$、$K_{\mathrm{c}}$ 和黏性系数 μ_{c}，通过这些参数来定义混凝土破坏。其中，膨胀角（取值为 30～35℃）与塑性势偏心率（取值为 0.1）定义了子午面上双曲线 DP 流动势能面的形状，K_{c}（取值 0.6667）与 $f_{\mathrm{bo}}/f_{\mathrm{co}}$（取值为 1.16）定义了屈服面与偏平面应力平面上的面积形状。黏性系数 μ 影响收敛与计算精度。本节有限元模拟中需要输入的混凝土塑性损伤模型参数取值见表 5.11。

表 5.11　混凝土塑性损伤模型塑性参数取值

膨胀角 ϕ/(°)	塑性势偏心率	$f_{\mathrm{bo}}/f_{\mathrm{co}}$	K_{c}	μ_{c}
30	0.1	1.16	0.6667	0.0005

本节的试验是在低周往复荷载下进行的，混凝土在受往复荷载作用时，需要引入刚度恢复系数，分别为受压刚度恢复系数 ω_{c} 与受拉刚度恢复系数 ω_{t}。图 5.25 为混凝土往复荷载作用下的刚度恢复图。由图可知，*OAB* 阶段为混凝土受拉加载阶段，卸载后的阶段为 *BC* 阶段直至为 0，然后反向压缩加载阶段为 *CDM* 阶段，卸载后的阶段为 *MN* 阶段直至为 0，此后如此往复。刚度恢复系数取值为 0～1。

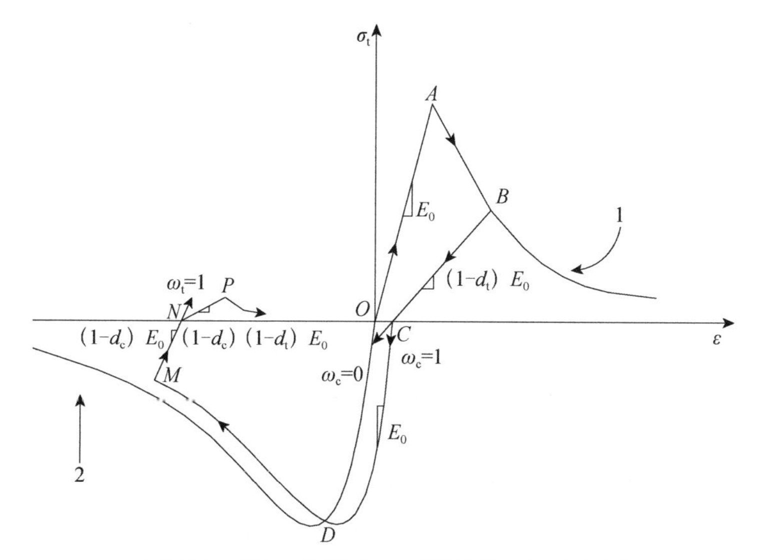

1-单轴拉伸应力–应变曲线；2-单轴压缩应力–应变曲线

图 5.25　混凝土往复荷载作用下的刚度恢复图

2. 钢筋本构模型

理想弹塑性模型、三折线模型和双斜线模型这三种钢筋本构模型是在ABAQUS有限元模拟中常使用的。其中，理想弹塑性模型适用于流幅较长和刚度较低的钢筋材料，三折线本构模型适用于有明显流幅的软钢材料，而双斜线本构模型适用于无明显流幅的硬钢材料。各个钢筋本构模型的应力-应变关系曲线如图5.26所示。

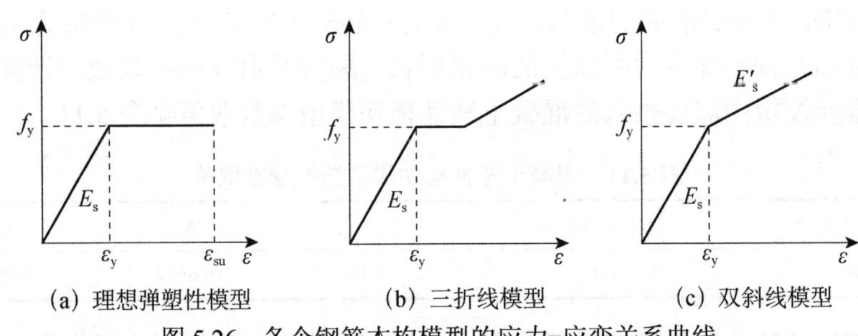

图5.26　各个钢筋本构模型的应力-应变关系曲线

按照《混凝土结构设计规范》(2015年版)(GB 50010—2010)[4]，钢筋通常采用理想弹塑性模型。理想弹塑性模型：未屈服前，为理想的弹性状态，此时曲线的斜率对应的是钢筋的弹性模量，但当达到屈服阶段后，由其本构关系图可知应力保持不变，不再随着应变的增大而增大，钢筋此时的极限应变应取为0.01。本节此次模拟所用的是理想弹塑性模型，其本构模型关系表达式如下所示：

$$\sigma_s=\begin{cases}E_s\varepsilon_s & (\varepsilon_s\leqslant\varepsilon_y)\\ f_y & (\varepsilon_y<\varepsilon_s\leqslant\varepsilon_{su})\end{cases} \tag{5.17}$$

式中，f_y为钢筋的屈服强度；ε_y为钢筋的屈服应变；ε_{su}为钢筋的极限拉应变，取为0.01；E_s为钢筋的弹性模量。

3. 钢绞线本构模型

钢绞线基本属于硬刚材料，其本构关系曲线近似于一条直线，并没有明显的塑性阶段。对钢绞线施加荷载，钢绞线的极限抗拉强度范围小于加载的荷载时，钢绞线就会立即断裂，此时钢绞线的抗拉强度迅速下降至0MPa。因此在对钢绞线进行有限元模拟时，将其视为弹性材料，只定义钢绞线的弹性模量和极限抗拉强度，其参数根据第2章中材料试验的数据进行取值，ABAQUS有限元模拟时，在钢绞线塑性阶段，应设为当其高于其极限应变0.0000001时，其塑性应力变为0.1MPa进而模拟钢绞线的断裂[2]。钢绞线应力-应变本构关系曲线如图5.27所示。

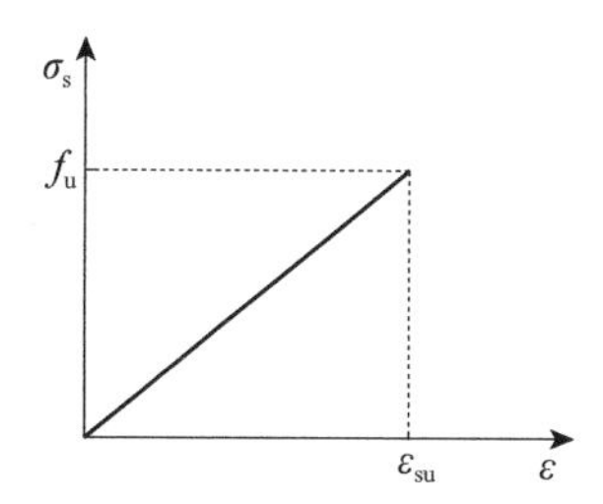

图 5.27　钢绞线应力-应变本构关系曲线

4. PVA-ECC 本构模型

PVA-ECC 混凝土材料和普通混凝土同属于多相非均质稳定材料，PVA-ECC 混凝土的性能要远优于普通混凝土，主要因为加入纤维后不仅改善了混凝土受拉层的控裂和受拉性能，而且使得混凝土力学性能得到全方位提升。在第 2 章对 ECC 材料进行试验时了解到，开裂前 ECC 与普通混凝土的力学特征基本相同，但开裂后，即在弹性变形之后，ECC 材料在受拉裂缝产生后应力仍然能够缓慢增加，称为“假应变硬化”现象[5]，但是普通混凝土材料在弹性阶段后直接进入软化阶段，ECC 材料也通过 ABAQUS 软件中的混凝土模型设置。Han 在 Li 提出的本构模型基础上，研究将拉应变峰值点到极限拉应变之间的软化阶段曲线用公式拟合，得到 ECC 的受拉本构模型[6]。ECC 受拉本构模型的表达式为

$$\sigma_T=\begin{cases}E\varepsilon & (0\leqslant\varepsilon<\varepsilon_{t0})\\ \sigma_{t0}+(\sigma_{tp}-\sigma_{t0})\left(\dfrac{\varepsilon-\varepsilon_{t0}}{\varepsilon_{tp}-\varepsilon_{t0}}\right) & (\varepsilon_{t0}\leqslant\varepsilon<\varepsilon_{tp})\\ \sigma_{tp}\left(1-\dfrac{\varepsilon-\varepsilon_{tp}}{\varepsilon_{tu}-\varepsilon_{tp}}\right) & (\varepsilon_{tp}\leqslant\varepsilon<\varepsilon_{tu})\\ 0 & (\varepsilon_{tu}\leqslant\varepsilon)\end{cases}\tag{5.18}$$

式中，E 为弹性模量；ε_{t0} 和 σ_{t0} 分别为在 ECC 受拉过程中出现第一条裂缝时的应变和应力；ε_{tp} 和 σ_{tp} 分别为受拉硬化峰值点对应的应变和应力；ε_{tu} 为极限拉伸应变。ECC 受压本构模型的表达式为

$$\sigma_c=\begin{cases}E\varepsilon & (\varepsilon_{cp}\leqslant\varepsilon<0)\\ \sigma_{cp}\left(1-\dfrac{\varepsilon-\varepsilon_{cp}}{\varepsilon_{cu}-\varepsilon_{cp}}\right) & (\varepsilon_{cu}\leqslant\varepsilon<\varepsilon_{cp})\\ 0 & (\varepsilon\leqslant\varepsilon_{cu})\end{cases}\tag{5.19}$$

式中，ε_{cp} 和 σ_{cp} 分别为 ECC 材料受压峰值点所对应的应变和应力；ε_{cu} 为 ECC

受压极限应变。

本次模拟选用西安建筑科技大学李艳博士课题组[7-9]所做的大量关于 PVA-ECC 纤维混凝土的材料性能试验，建立 PVA-ECC 纤维混凝土的受压、受拉本构模型。图 5.28 为 ECC 受压和受拉应力-应变关系曲线。

受压本构模型：

$$y=\begin{cases}\dfrac{Ax-x^2}{1+(A-2)x} & (0\leqslant x\leqslant 1)\\[2ex] \dfrac{A_1x}{1+\left(A_1-2\right)x+x^2} & (x>1)\end{cases} \tag{5.20}$$

式中，$x=\varepsilon/\varepsilon_0$，$\varepsilon_0$ 为 ECC 峰值应变；$y=\sigma/f_c$，f_c 为 ECC 轴心抗压强度；$A=E_0/E_c$，E_0 为初始切线模量），E_c 为峰值应力点处的割线模量（即弹性模量）；$A_1=E_0/E_c$，当 $A=1$ 时，曲线上升段为直线，A_1 值越大，曲线下降段越平缓。

受拉本构模型：

$$\sigma(\varepsilon)=\begin{cases}E_c\varepsilon & (\varepsilon\leqslant\sigma_{ss}/E_c)\\ \sigma_i+E_{ie}\varepsilon & (\varepsilon>\sigma_{ss}/E_c)\end{cases} \tag{5.21}$$

$$E_{ie}=1.618\sigma_{tu}^{2.104},\quad \sigma_i=\sigma_{ss}\left(1-\frac{E_{ie}}{E_c}\right) \tag{5.22}$$

式中，σ_{ss} 为开裂应力；σ_{tu} 为极限抗拉强度；$\sigma_{ss}=0.896\sigma_{tu}$ 为极限抗拉强度与立方体抗压强度的关系；$\sigma_{tu}=3.683f_{cu}^{0.174}$；$E_{ie}$ 为应变硬化模量；E_c 为弹性模量。

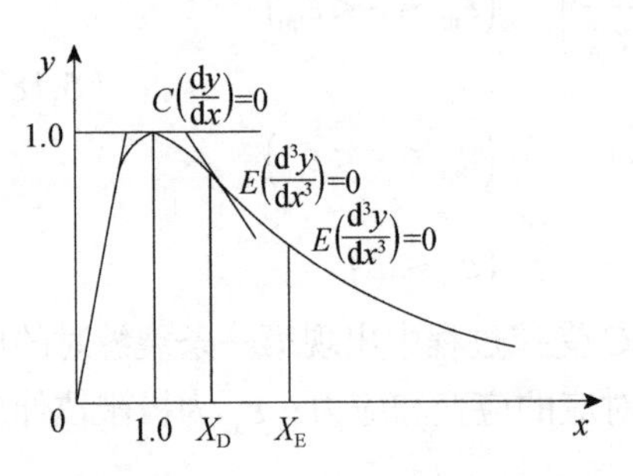

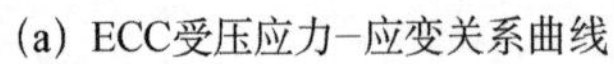
(a) ECC受压应力–应变关系曲线

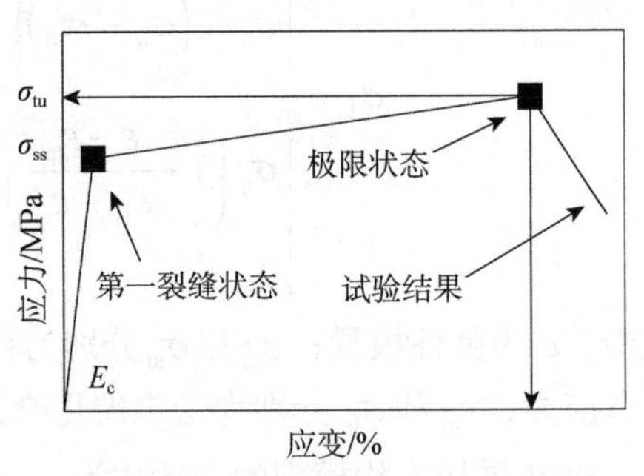

(b) ECC受拉应力–应变关系曲线

图 5.28　ECC 受拉和受压应力-应变关系曲线

5.4.2　PVA-ECC 材料力学性能数值模拟

本节输入 ABAQUS 中的 PVA-ECC 参数选自西安建筑科技大学李艳提出的本构关系，然后根据第 2 章材料试验得到的试验数据，编入 MATLAB 软件，通过计算求得各试件最终输入 ABAQUS 软件的 PVA-ECC 参数值，并对 PVA-ECC

板拉伸试验进行模拟来验证 PVA-ECC 本构模型。通过 ABAQUS 软件有限元模拟得到的结果与试验结果进行对比，其对比图及云图如图 5.29 所示。

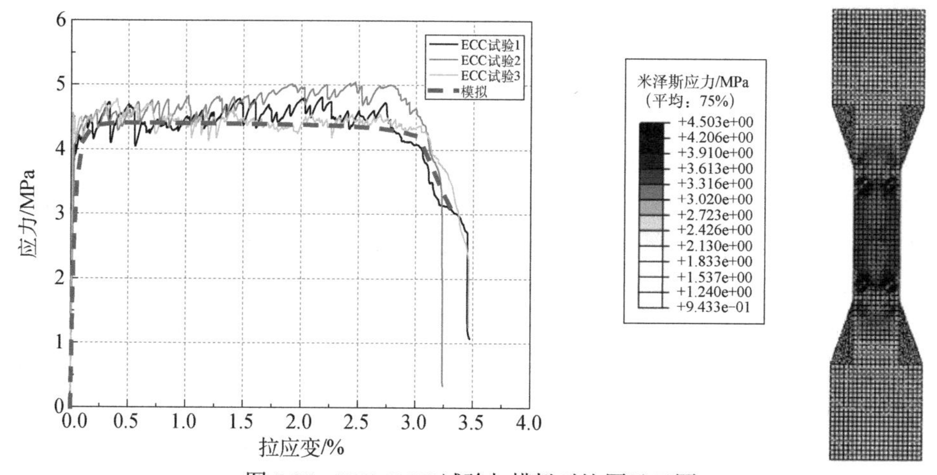

图 5.29　PVA-ECC 试验与模拟对比图及云图

由图 5.29 可知，通过 ABAQUS 有限元软件对 PVA-ECC 板拉伸试验进行模拟，可以看出模拟的结构与试验结果吻合较好，证明 ECC 本构模型在有限元中应用的正确性。

5.4.3　桥墩柱模型建立

为了更好地贴近模拟试验，本节建立等比例模型对上述桥墩柱试件进行有限元建模。ABAQUS 有限元软件的大致分析流程为：部件（Part）→ 特性（Property）→ 装配（Assembly）→ 分析步（Step）→ 相互作用（Interaction）→ 荷载（Load）→ 网格（Mesh）→ 分析作业（Job）→ 可视化（Visualization）→ 绘图（Sketch），通过上述有限元分析流程，根据 SMA-ECC 增强混凝土桥墩柱的结构特点，建立桥墩柱有限元模型。

1. 单元类型

ABAQUS 软件中有广泛适用于结构的庞大的单元库，不同类型单元的选择和应用，会对模拟的效率以及模拟结果的精度有很大的影响。其中，实体单元、梁单元、壳单元、桁架单元、刚体单元、特殊目的单元均为 ABAQUS 软件中单元族的类型。

桥墩柱模型中的混凝土和 PVA-ECC 混凝土材料均使用八节点线性六面体三维实体单元（Solid）C3D8R，这种单元求解的结果较为准确且当网格变形时对其计算结果的精度影响较小。桥墩柱模型中的纵向钢筋、SMA、圆形箍筋和钢绞线均采用两节点线性三维桁架单元（Truss）T3D2，该单元与钢筋混凝土结构中的钢筋受力情况相似，能够较好地模拟桥墩柱中纵筋、SMA、箍筋和钢绞线的力学行为。

2. 各部件的约束与边界条件设置

在对桥墩柱建模时，还涉及各个构件接触面的相互作用问题。在桥墩柱模型中，钢筋、SMA、钢绞线与混凝土采用内嵌（Embed religion）的连接方式，即钢筋内嵌入整个模型中；混凝土与 ECC 混凝土在试验中采用现浇的方式浇筑桥墩柱，因此有限元模型中混凝土与 ECC 混凝土之间通过 Tie 连接，本次模拟简化 SMA 与钢筋的连接，纵向钢筋分为两个区域，分别为塑性铰区域和非塑性铰区域，将塑性铰区域的纵筋赋予 SMA 的材料属性。为了在模型中更方便地施加约束以及设置其边界条件，在桥墩柱模型中一共设置三个耦合点（reference point，RP）分别与墩头顶面、侧面和基础地面进行耦合，基座地面完全固定（U1=U2=U3=UR1=UR2=UR3=0），限制桥墩柱的平面转动，绕 X 轴或 Y 轴不可以转动，在 X 轴和 Y 轴方向可以平动，绕 Z 轴可以转动，不可以沿 Z 轴方向平动。

3. 分析步设置

本次模型计算设置两个分析步：第一步，设置基础的边界条件，并限制桥墩的墩身向外位移，以防加载过程中失稳，然后在耦合点 RP1 上施加竖向荷载（普通混凝土构件荷载大小设置为 359kN，ECC 混凝土构件荷载大小设置为 486kN）；第二步，在 RP2 上施加水平往复荷载，加载制度如图 5.30 所示。

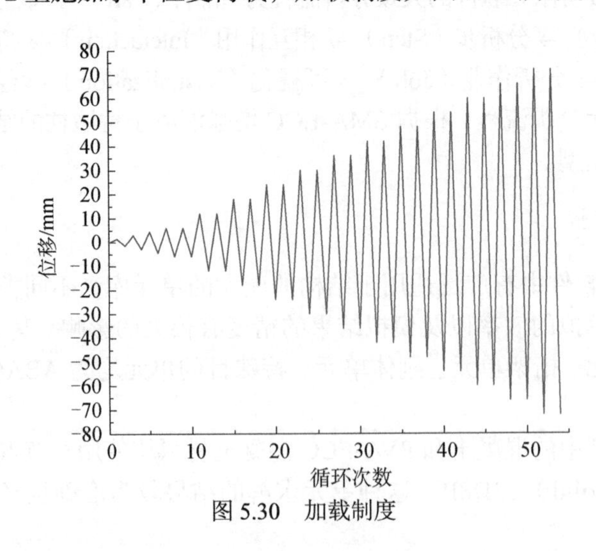

图 5.30 加载制度

4. 网格划分

在 ABAQUS 中对网格的设置也会对模拟的结果产生影响，网格密度会影响模型计算精度和计算速度，所以要选择合适的网格密度。基于结构划分方式，并经过多次试算，在本章模拟中，划分网格时采用六面体，尺寸大小均为 60mm×60mm×60mm，且能够满足要求。

5.5　基于 SMA-ECC 复合材料的自复位混凝土桥墩柱数值模拟

本节是在 5.4 节中建立了完整的桥墩柱有限元模型后，基于试验试件所用材料与配筋不同，分别建立各个桥墩柱试验试件所对应的有限元模型。其中，试验时偏压导致钢筋混凝土试件试验误差较大，不再进行建模验证，选取该试验的四个试件作为建模验证对象。为了方便试验结果与模拟结果对比，将这四个试件重新编号，分别为：普通钢筋 ECC 混凝土桥墩柱 DZ-R/E、钢绞线普通混凝土桥墩柱 DZ-G/C、钢绞线 ECC 混凝土桥墩柱 DZ-G/E、SMA-ECC 混凝土桥墩柱 DZ-S/E。首先，基于在桥墩柱施加恒定的轴力，依据各个试件试验中的实际位移，通过位移控制加载，并在桥墩柱上端施加恒定的轴力。然后，对比分析模拟数据和试验数据，验证模型的适用性和准确性。

5.5.1　模拟混凝土损伤云图与试验图对比

ABAQUS 软件中混凝土塑性损伤模型的计算结果中，并没有混凝土的裂缝扩展图形，混凝土拉伸损伤变量和应力云图用来近似反映模型的破坏情况，桥墩柱模拟得到的损伤云图与试验破坏图对比如图 5.31～图 5.34 所示。

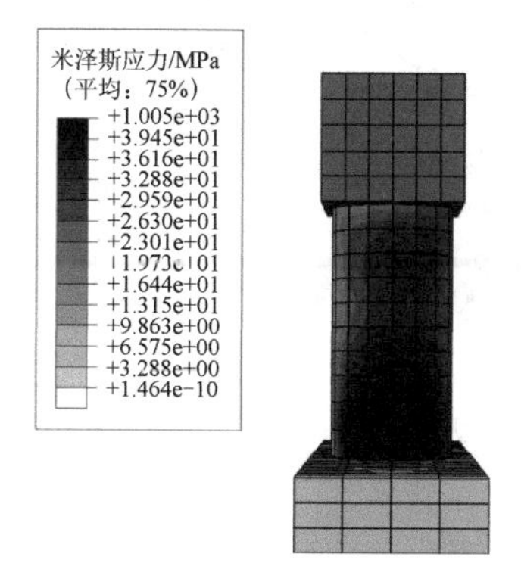

（a）DZ-R/E试件受拉损伤云图

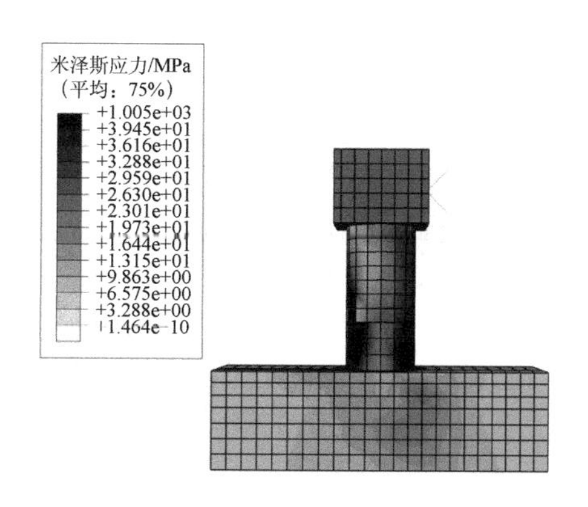

（b）DZ-R/E试件应力云图

(c) DZ-R/E试件试验破坏图

图 5.31　DZ-R/E 试件模拟云图与试验破坏图对比

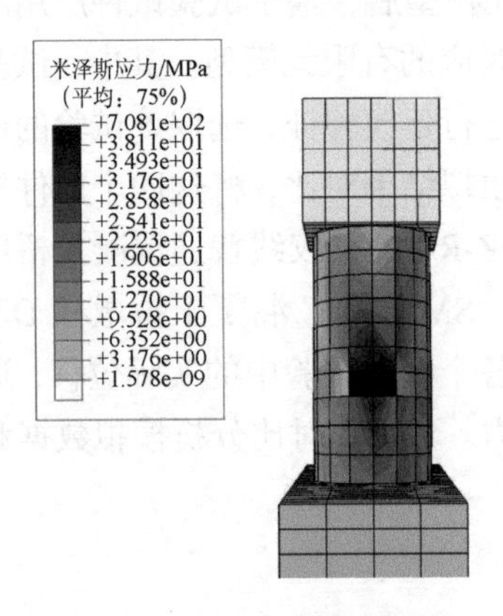

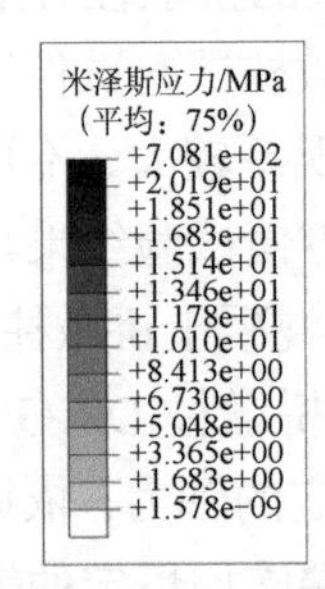

(a) DZ-G/C试件受拉损伤云图

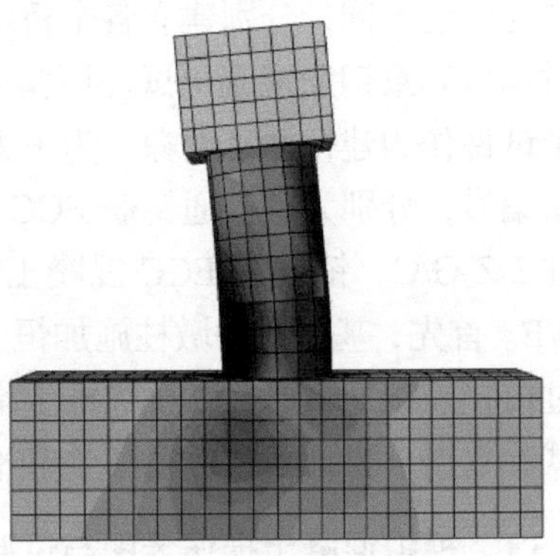

(b) DZ-G/C试件应力云图

(c) DZ-G/C试件试验破坏图

图 5.32　DZ-G/C 试件模拟云图与试验破坏图对比

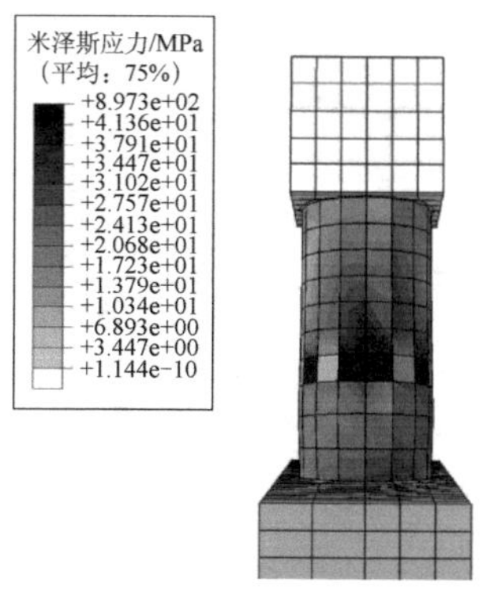

（a）DZ-G/E试件受拉损伤云图

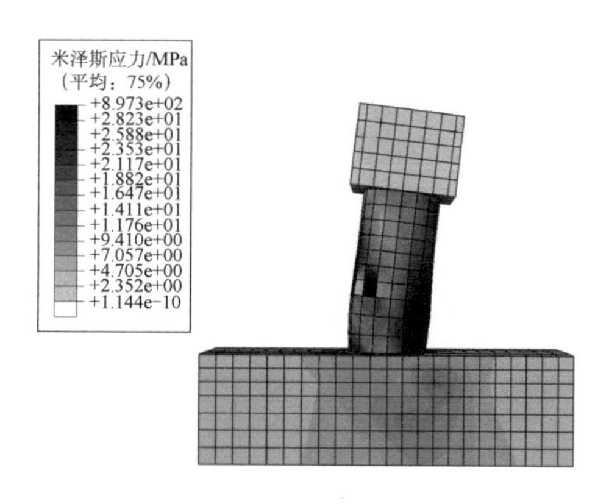

（b）DZ-G/E试件应力云图

（c）DZ-G/E试件试验破坏图

图 5.33　DZ-G/E 试件模拟云图与试验破坏图对比

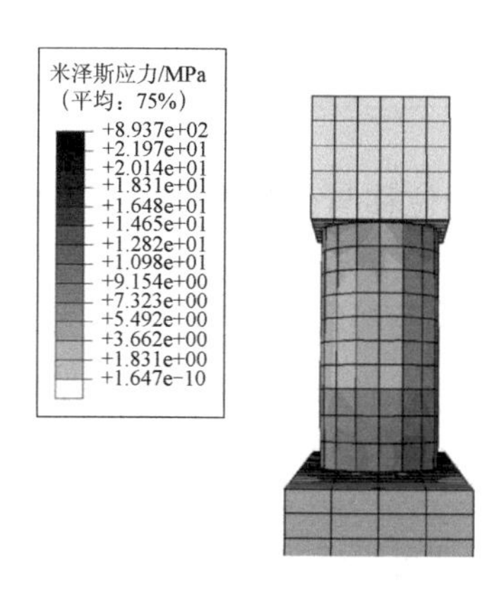

（a）DZ-S/E试件受拉损伤云图

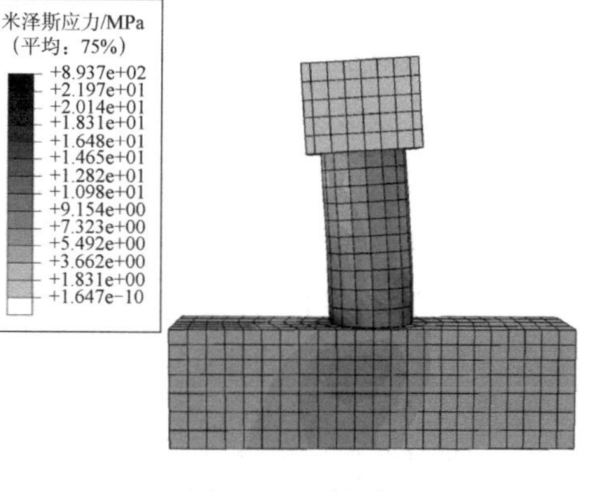

（b）DZ-S/E试件应力云图

(c) DZ-S/E试件试验破坏图

图 5.34 DZ-S/E 试件模拟云图与试验破坏图对比

由图 5.31～图 5.34 可以得出以下结论：

（1）由四个试件有限元模型的受拉损伤云图可以看出，桥墩柱底部与基础接触的部位损伤严重。主要是因为墩身底部与基础接触的部位抵抗由水平往复荷载产生的剪切力，此处产生了明显的塑性损伤，而且可以明显看出混凝土的累积拉伸损伤主要集中在墩身的两侧，并逐渐向中间延伸，塑性铰处累积最多。

（2）由四个试件的有限元模型的应力云图可以看出，在水平位移荷载作用下达到屈服状态时，应力集中在墩身底部与基础接触的塑性铰区域。可以看出，墩身底部塑性铰的两侧累积的应力最多，这与桥墩试验中桥墩柱的破坏主要在墩身底部塑性铰两侧的结果相符。

（3）桥墩柱的模拟云图与墩柱试验图对比，数值模拟结果与试验结果吻合，所以本节建立的数值模型可以较好地反映桥墩柱的破坏形态。

5.5.2 滞回曲线

在低周往复荷载的作用下，试件通过计算得到的位移与荷载之间的关系曲线，称为滞回曲线。构件的综合抗震性能，可以通过试件试验结果所得到的滞回曲线直观反映，而且通过滞回曲线可以有效地反映试件的耗能、刚度、承载力和延性等力学性能，可以作为试件力学性能的分析指标，桥墩柱试件的试验数据和模拟数据的滞回曲线如图 5.35 所示。

由图 5.35 可以得出以下结论：

（1）通过分析桥墩柱试验和模拟滞回曲线的对比图可以看出，模拟结果与试验结果整体都能较高程度地相互吻合。可以看出，有限元模拟的数据与试验数据在前期基本吻合，开裂前其初始刚度能较好地吻合。由此可以看出，本次模拟选用的相关材料的本构模型比较合理，因此该模型适用于分析本次试验桥墩柱的力学性能。

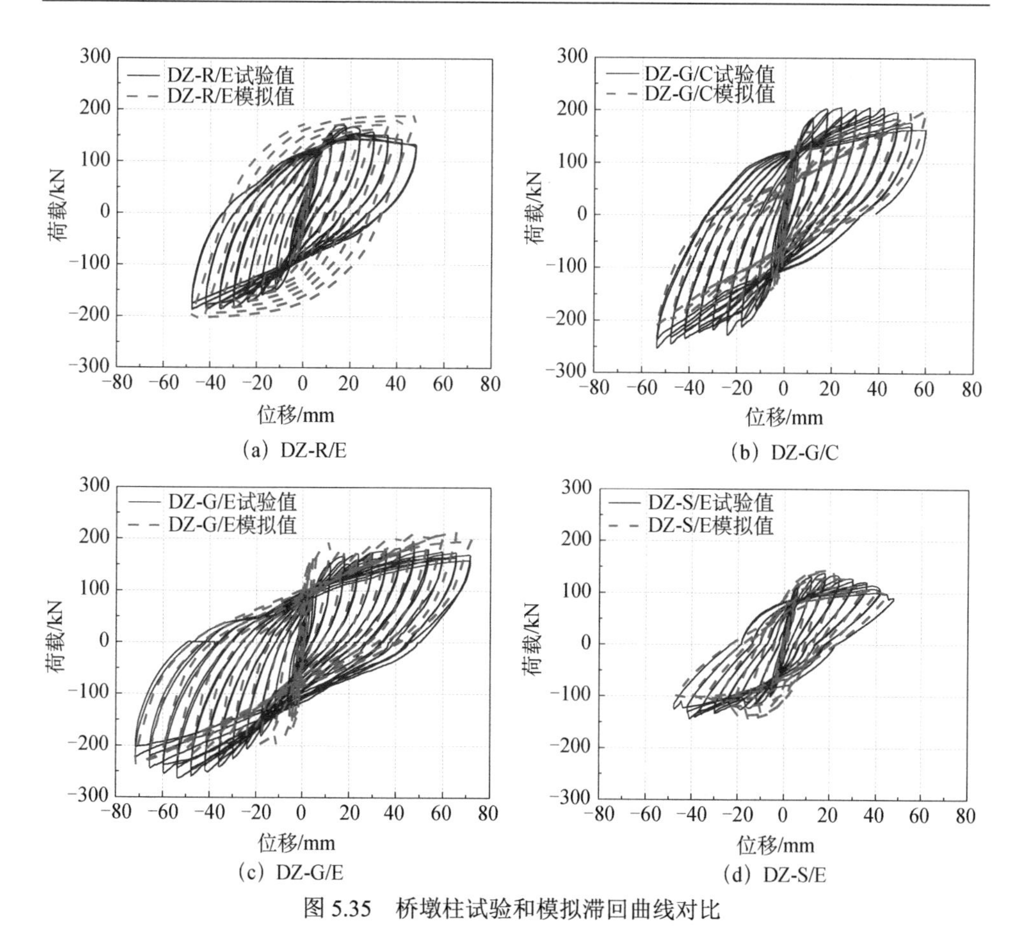

图 5.35　桥墩柱试验和模拟滞回曲线对比

（2）由于在试验中 DZ-S/E 试件 SMA-Steel 连接件出现过早破坏的情况，试验滞回曲线的负半轴与正半轴不对称，但是在桥墩柱设计中应该避免这种情况。由 DZ-S/E 试件的模拟和试验滞回曲线对比可以看出，在数值模拟中修正了 SMA-Steel 连接件出现过早破坏的问题。

5.5.3　骨架曲线

滞回曲线中各个加载循环的最大荷载点包络曲线为骨架曲线，从而能够有效地表现出桥墩柱试件在不同加载循环阶段承载力和变形的变化及区别，形象地展现出桥墩柱试件的承载能力、刚性、耗能和抗倒塌能力等。桥墩柱试件的试验数据和模拟数据的骨架曲线如图 5.36 所示。

由图 5.36 可以得出以下结论：

（1）通过分析桥墩柱试验数据和模拟数据骨架曲线的对比图可以看出，模拟结果与试验结果整体都能较高程度地相互吻合，说明数值模拟能够有效地模拟桥

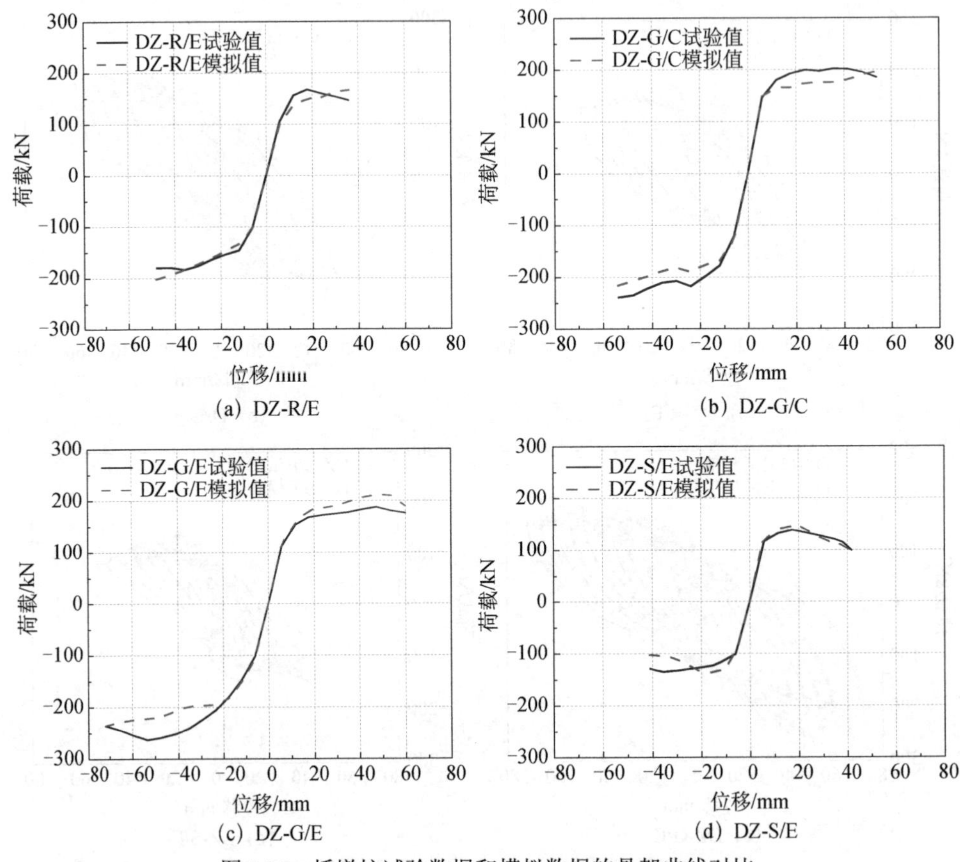

(a) DZ-R/E
(b) DZ-G/C
(c) DZ-G/E
(d) DZ-S/E

图 5.36 桥墩柱试验数据和模拟数据的骨架曲线对比

墩柱承载力的发展情况。DZ-R/E 试件峰值荷载的试验值与模拟值的误差在 10.7%左右，极限荷载的误差在 12.5%左右；DZ-G/C 试件峰值荷载的试验值与模拟值的误差在 11.8%左右，极限荷载的误差在 5.5%左右；DZ-G/E 试件峰值荷载的试验值与模拟值的误差在 12.9%左右，极限荷载的误差在 7.4%左右；DZ-G/E 试件峰值荷载的试验值与模拟值的误差在 4.3%左右，极限荷载的误差在 1.3%左右。总体来看误差都在允许范围之内（20%以内）。

（2）从 DZ-S/E 试件的骨架曲线可以看出，SMA-Steel 连接件在数值模拟中修正后，桥墩柱仍然能够保持良好的承载能力。

5.5.4 耗能能力

结构的耗能能力是指地震影响下构件本身产生了难以复原的变化所消耗能量的能力，可以作为有效反映结构抗震性优劣的一个重要指标。通过桥墩柱拟静力试验，用低周往复荷载作用下每级加载循环消耗能量的值来评价桥墩柱的耗能情况。通过桥墩柱试件的试验和模拟所得到的数据，由试件每级加载滞回环所包围的面积可得到每个循环的耗能曲线，如图 5.37 所示。

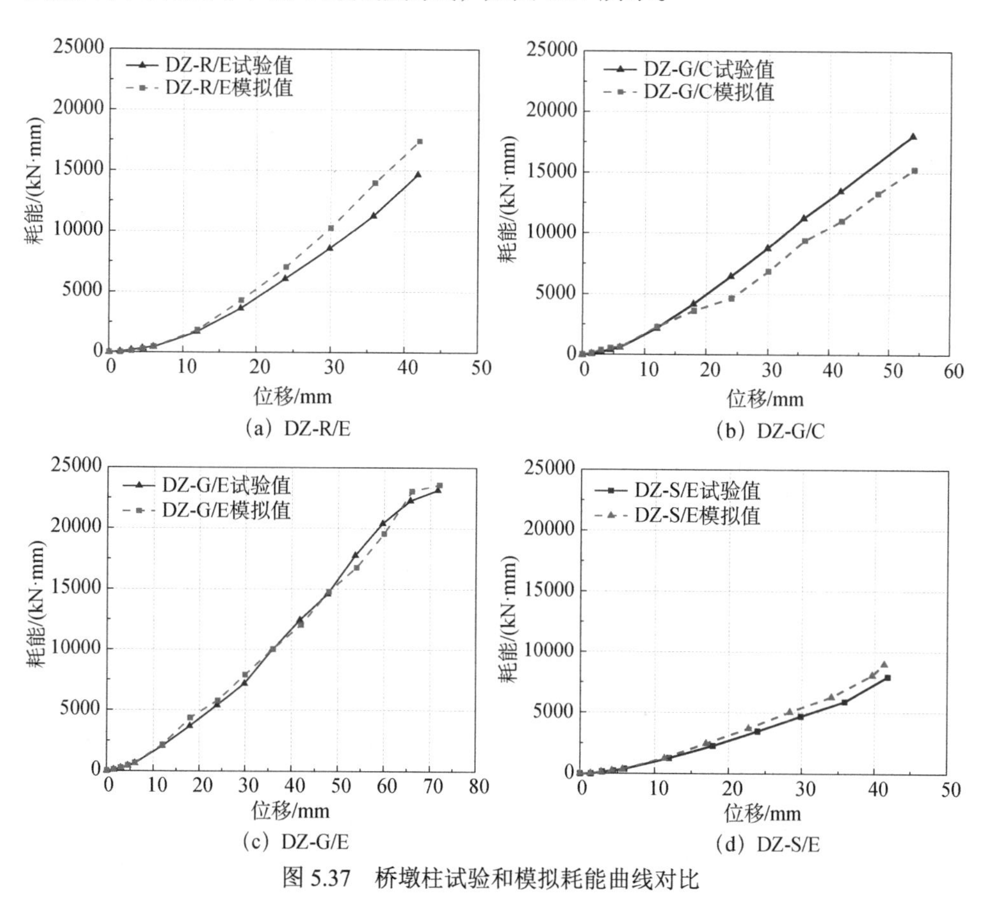

图 5.37　桥墩柱试验和模拟耗能曲线对比

由图 5.37 可以得出以下结论：

（1）通过分析桥墩柱试验和模拟耗能曲线的对比图可以看出，DZ-G/E 试件耗能大于 DZ-R/E 试件耗能，说明钢绞线能提高桥墩柱的耗能能力；DZ-G/E 试件耗能大于 DZ-G/C 试件耗能，这也说明 ECC 能提高桥墩柱的耗能能力。

（2）由 DZ-S/E 试件与 DZ-R/E 试件的耗能曲线对比可知，SMA-ECC 混凝土桥墩柱试件的耗能能力较低。一方面，钢筋塑性变形的耗能能力要优于 SMA 的超弹性相变耗能能力；另一方面，SMA-Steel 连接件出现过早破坏的情况，导致 SMA-ECC 混凝土桥墩柱试件的耗能能力降低。

（3）本节建立的数值模拟模型可以较好地反映桥墩柱的耗能能力。

5.5.5 刚度退化曲线

构件在遭受外力时，其抗变形的能力称为构件的刚度。为了能使建筑物得到安全且有保障的使用，对抗地震等外力导致的弹性变形，结构需要有可靠的刚度。结构的刚度退化规律，能很好地反映构件抗震性能。

构件刚度退化是指：在循环荷载作用下，施加结构的最大荷载维持恒定，位移随着循环次数增多而逐步增大；或者施加结构的位移幅值保持恒定，刚度随着循环次数增多而逐渐减小。计算公式为

$$k_i = \frac{\sum_{j=1}^{n_k} P_{i,j}}{\sum_{j=1}^{n_k} \varDelta_{i,j}} \tag{5.23}$$

式中，k_i 为第 i 次循环加载时的环线刚度；$P_{i,j}$、$\varDelta_{i,j}$ 分别为第 i 级荷载幅值下第 j 次加载时的峰值荷载和峰值位移。

通过计算绘制出的模拟和试验刚度退化曲线如图 5.38 所示。

由图 5.38 可以得出以下结论：

（1）通过分析桥墩柱试验和模拟刚度退化曲线的对比图可以看出，对比其他三个试件，DZ-G/C 试件初始刚度最大。这主要是因为 ECC 的弹性模量相比于同等级强度的混凝土小。

（2）从 DZ-S/E 试件、DZ-G/E 试件和 DZ-R/E 试件试验的刚度退化曲线图可以看出，DZ-S/E 试件的初始刚度最大，DZ-G/E 试件次之，DZ-R/E 钢筋最小。数值模拟与试验结果相吻合。

（3）对比 DZ-R/E 试件和 DZ-G/E 试件的刚度退化曲线可以看出，相比于 DZ-R/E 试件，DZ-G/E 试件初始刚度高，而且刚度退化速度较慢，说明钢绞线可以提高桥墩柱的刚度，并降低其退化速度。

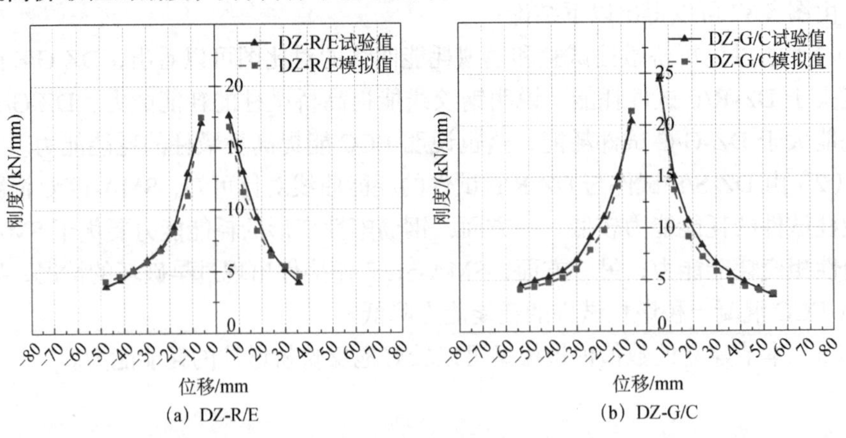

（a）DZ-R/E　　（b）DZ-G/C

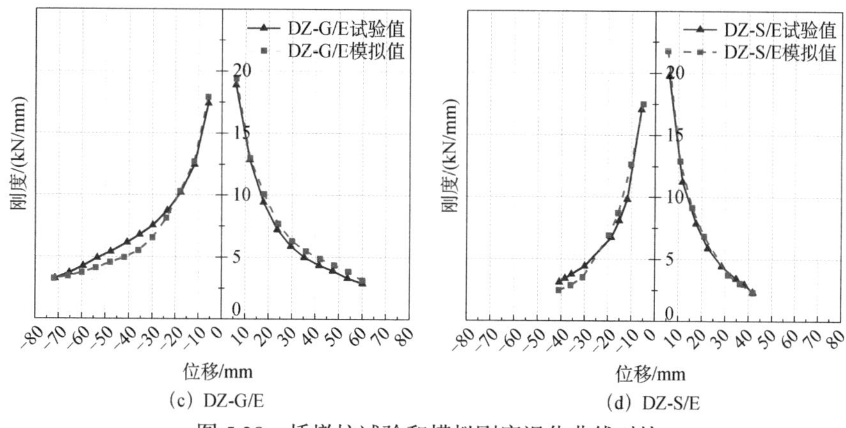

（c）DZ-G/E　　（d）DZ-S/E

图 5.38　桥墩柱试验和模拟刚度退化曲线对比

（4）对比 DZ-G/C 试件和 DZ-G/E 试件的刚度退化曲线可以看出，相比于 DZ-G/C 试件，DZ-G/E 试件刚度退化速度较慢，这主要是由于 ECC 混凝土中 PVA 纤维提供的桥联应力可以提高桥墩柱的刚度，并降低其退化速度。

（5）本节建立的桥墩柱数值模拟模型可以较好地模拟桥墩柱的刚度退化过程。

5.5.6　残余位移

结构在外荷载卸载之后能恢复到构件原来形态的能力，称为结构的自复位能力。可以通过桥墩柱试件在低周往复荷载作用下每个加载循环结束后产生的残余位移大小来评价桥墩柱试件的自复位能力。残余位移是指结构在遭受地震作用时会产生变形和位移，但有些部分的变形和位移是在震后无法自身恢复的，则称这些无法复原的变形和位移为残余位移。残余位移是评价震害、震后结构正常利用功能以及震后加固修复的主要技术指标。桥墩柱的试验数据与模拟数据的残余位移对比如图 5.39 所示。

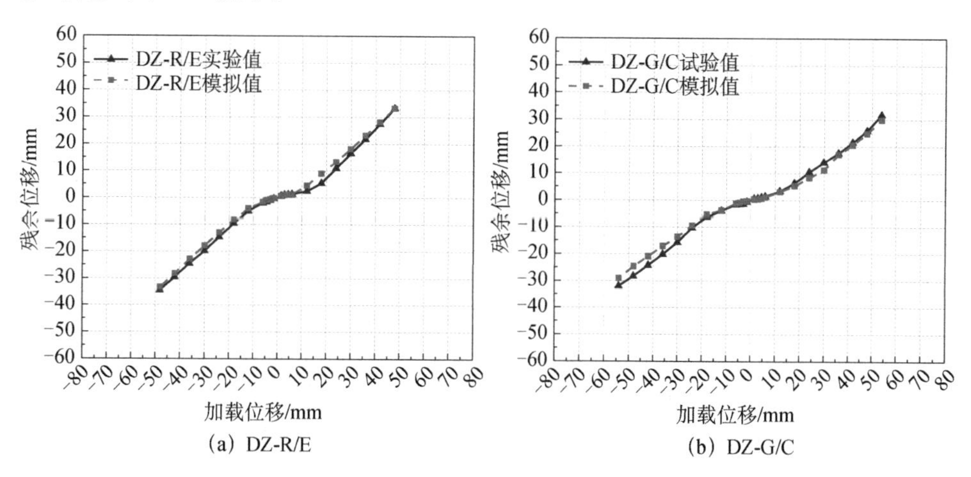

(a) DZ-R/E　　(b) DZ-G/C

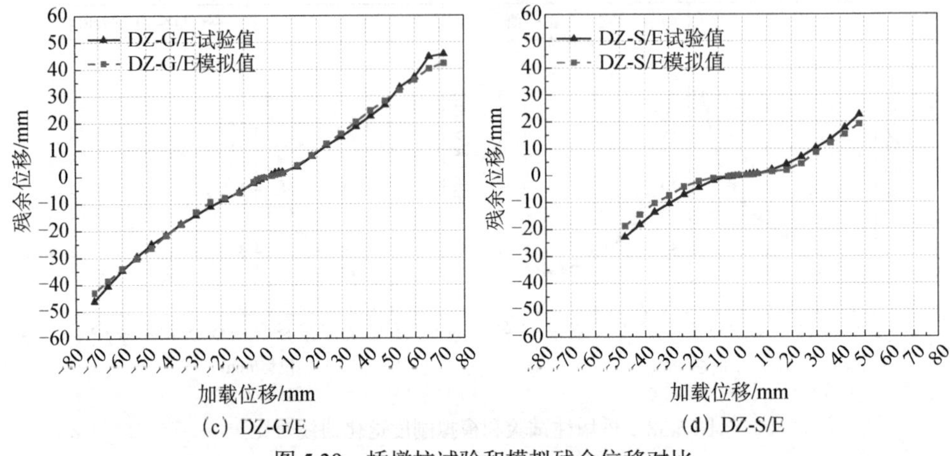

(c) DZ-G/E　　(d) DZ-S/E

图 5.39　桥墩柱试验和模拟残余位移对比

由图 5.39 可以得到以下结论:

(1) 通过分析桥墩柱试验和模拟残余位移曲线的对比图可以看出，SMA 混凝土桥墩柱试件比其他三个试件的自复位效果要好很多。配置 SMA 混凝土桥墩柱试件能够较大程度地减小结构的残余位移，有效地提高桥墩柱结构的自复位能力。

(2) 通过 DZ-S/E 桥墩柱试验和模拟残余位移曲线的对比图可知，SMA 替换纵筋的桥墩柱试件，在数值模拟修复 SMA-Steel 连接件问题后，残余位移减小，自复位得到有效的改善。

(3) 本节建立的桥墩柱数值模拟模型可以较好地模拟桥墩柱的自复位能力。

5.6　基于 SMA-ECC 复合材料的自复位混凝土桥墩柱参数分析

5.5 节中通过 ABAQUS 有限元平台建立了与试验试件相同的桥墩柱模型，分别从试件的滞回曲线、骨架曲线、耗能曲线、刚度退化曲线、自复位曲线和混凝土损伤云图等数值模拟结果与试验结果的对比，可以看出建立的有限元模型与试验匹配性很高，有很高的可靠性。而且通过对桥墩柱试验和数值模拟的研究，可以发现 SMA-ECC 增强混凝土桥墩柱有较好的自复位能力和综合抗震性能。为了进一步分析和优化 SMA-ECC 增强混凝土桥墩柱，如果继续投入试验，会花费大量的时间和经费，但是通过有限元模拟可以有效地避免上述问题，而且可以更加高效地分析问题。

因此，本节会在 5.5 节的有限元建模方法的基础上，建立大量的有限元模型，从而对 SMA-ECC 增强混凝土桥墩柱的各个参数进行分析研究。从 SMA 配筋率，SMA 替换的长度，PVA-ECC 混凝土高度、轴压比以及桥墩柱的长细比等设计参数，来总体分析不同参数对 SMA-ECC 增强混凝土桥墩柱的自复位能力和抗震性能的影响。

5.6.1　SMA 配筋率对 SMA-ECC 增强混凝土桥墩柱性能的影响

配筋率对构件的受力会产生较为重要的影响，不同的配筋率对桥墩柱的刚度、变形以及延性都会产生较大影响，会使桥墩柱构件产生不同的破坏形式，因此在满足桥墩柱抗震性能要求的前提下，结合本节研究的特点，通过数值模拟来分析不同 SMA 的配筋率对 SMA-ECC 桥墩柱构件抗震性能的影响。

本节一共设计了六组 SMA 的配筋率，分别为 $\rho_1 = 1.13\%$ 、$\rho_2 = 1.72\%$ 、$\rho_3 = 2.21\%$ 、$\rho_4 = 3.41\%$ 、$\rho_5 = 3.98\%$ 和 $\rho_6 = 4.96\%$ ，对应配置的 SMA 的根数分别为 4 根、6 根、8 根、12 根、14 根和 18 根，其余参数相同。通过数值模拟得到的不同配筋率下 SMA-ECC 增强混凝土桥墩柱的拟静力分析结果，如图 5.40 所示。

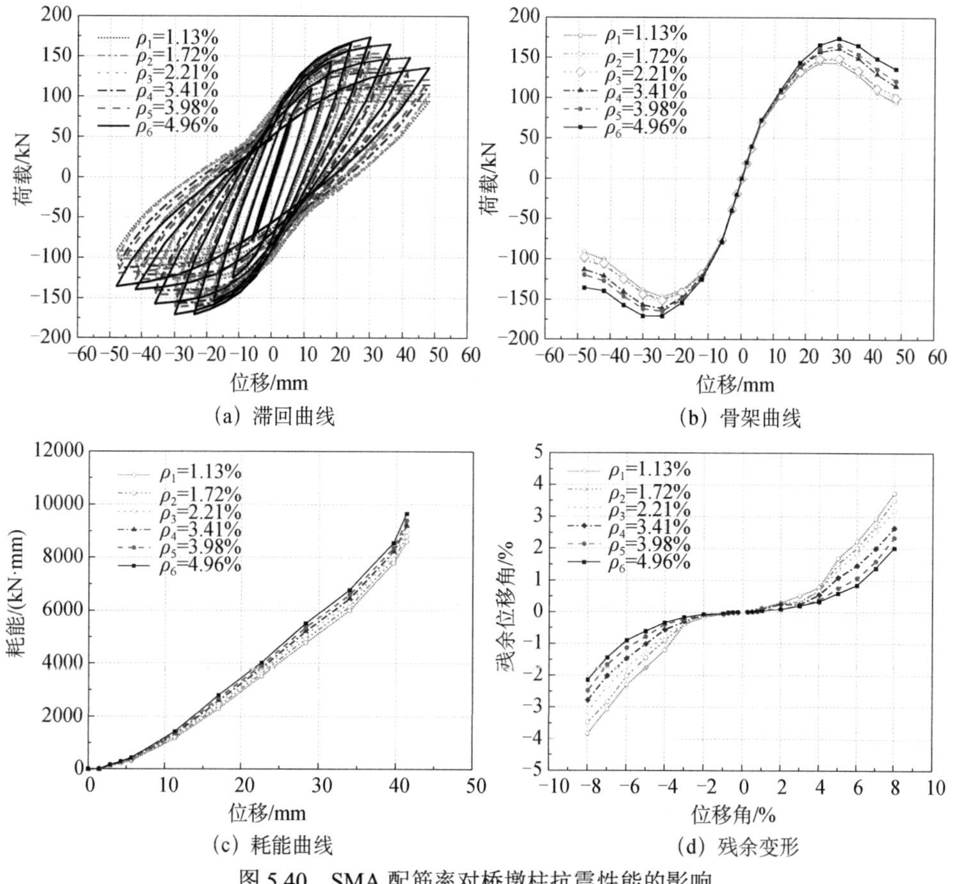

图 5.40　SMA 配筋率对桥墩柱抗震性能的影响

由图 5.40 可以得出以下结论：

（1）由滞回曲线图可以得到，随着 SMA 配筋率的提高，滞回曲线捏缩现象更为明显，表明残余位移减少而自复位能力增加。

（2）依据滞回曲线和骨架曲线可看出，随着 SMA 配筋率的提高，其承载力也提高，刚度退化过程越来越缓慢，但是构件的延性降低。SMA 配筋率分别为 $\rho_1=1.13\%$、$\rho_2=1.72\%$、$\rho_3=2.21\%$、$\rho_4=3.41\%$、$\rho_5=3.98\%$ 和 $\rho_6=4.96\%$ 时所对应的承载力分别为 143.785kN、147.968kN、148.695kN、161.542kN、165.869kN 和 174.005kN，则最大提升约 21%。但是从 6 根 SMA 到 12 根 SMA，所对应的配筋率为 $\rho_2=1.72\%$ 和 $\rho_4=3.41\%$，承载力提升了 9.17%。从 12 根到 18 根所对应配筋率为 $\rho_4=3.41\%$ 和 $\rho_6=4.96\%$，则承载力提升了 7.7%左右。可以看出，随着 SMA 配筋率的提高，构件承载力的提升率降低，因此需要配置适当的 SMA 数量，才能使其达到最好的效益。

（3）从耗能曲线可以得到，随着 SMA 配筋率的提高，构件的耗能增加，最大提升了 11.6%。

（4）从残余位移曲线可以得到，随着 SMA 的配筋率的提高，构件的残余位移逐渐降低，构件自复位能力得到了很大的提升。在最终位移下，SMA 配筋率分别为 $\rho_1=1.13\%$、$\rho_2=1.72\%$、$\rho_3=2.21\%$、$\rho_4=3.41\%$、$\rho_5=3.98\%$ 和 $\rho_6=4.96\%$，所对应的最大残余位移角分别为 3.78%、3.516%、3.183%、2.65%、2.35%和 2.01%，可以看出最大降低了 47%左右。但是从 6 根 SMA 到 12 根 SMA，所对应的配筋率为 $\rho_2=1.72\%$ 和 $\rho_4=3.41\%$，残余位移角降低了 24.6%左右，从 12 根到 18 根所对应配筋率为 $\rho_4=3.41\%$ 和 $\rho_6=4.96\%$，则残余位移角降低了 24.2%左右。可以看出，随着 SMA 配筋率的提升，构件自复位能力的提升率降低，因此需要配置适当的 SMA 数量，才能使其自复位能力达到最好的效益。

5.6.2 SMA 替换长度对 SMA-ECC 增强混凝土桥墩柱性能的影响

SMA 材料的超弹性性能可以为构件提供很好的自复位性能，但是 SMA 材料相对于一般钢筋材料的费用要高许多，故为了尽可能减少结构的成本，提高效益，应该尽量缩短 SMA 的长度。而且桥墩柱的变形与耗能集中在底部塑性铰区，故为了研究塑性铰区 SMA 的长度对 SMA-ECC 增强混凝土桥墩梁抗震性能的影响，设计了四组桥墩柱构件，SMA 长度分别为 150mm、200mm、330mm 和 600mm（试验中桥墩柱塑性铰区高度为 200mm），将其分别编号为 L-150、L-200、L-330 和 L-600。SMA 替换长度的区域如图 5.41 所示，构件拟静力模拟结果如图 5.42 所示。

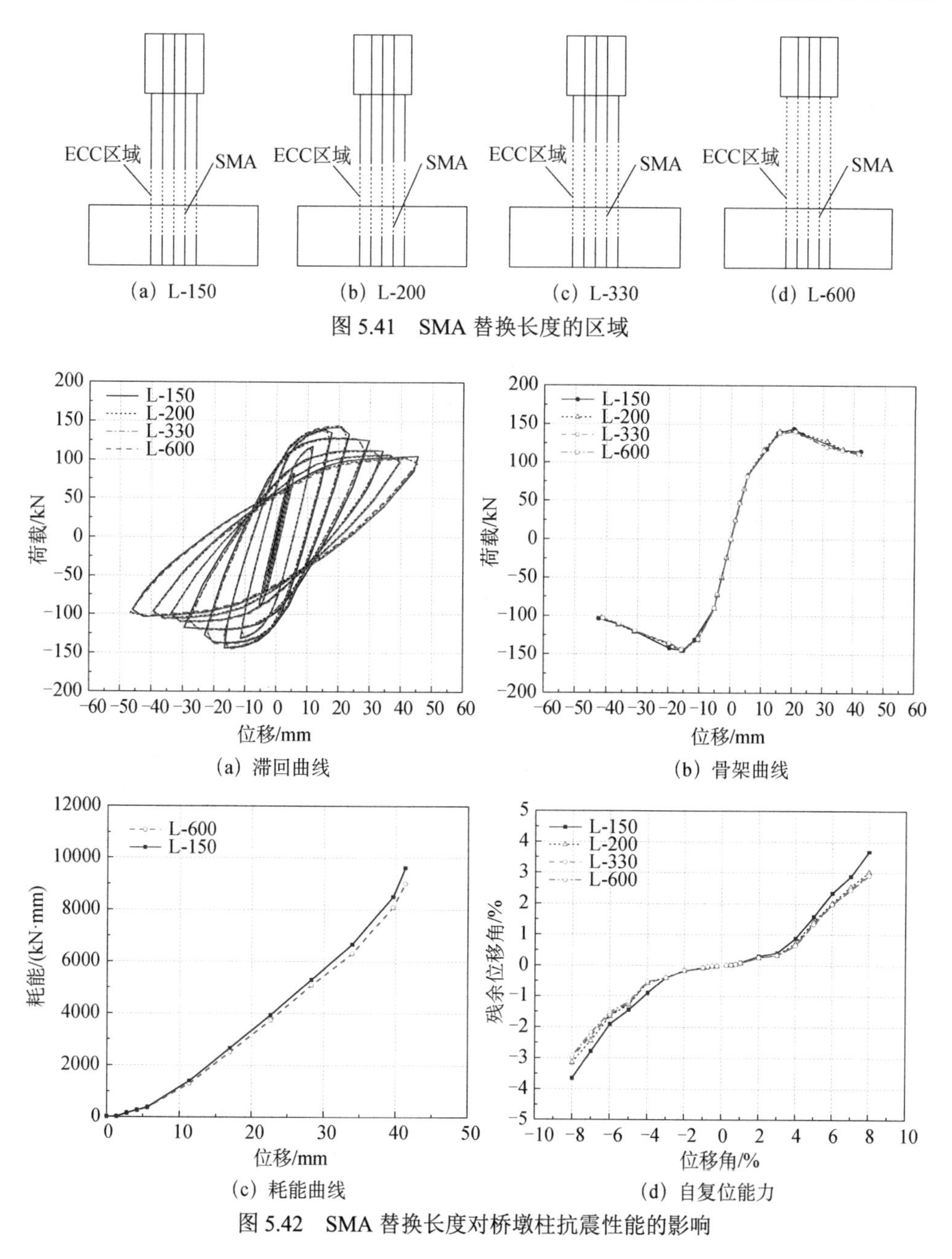

图 5.41　SMA 替换长度的区域

图 5.42　SMA 替换长度对桥墩柱抗震性能的影响

由图 5.42 可以得出以下结论：

（1）在桥墩柱中采用不同 SMA 长度替换，由滞回曲线可以看出，L-200、L-330 和 L-600 这三组模拟数据基本一致，而 L-150 相比于其他三组滞回曲线略微饱满。

（2）从骨架曲线可以看出，对于 SMA 替换的不同长度，其骨架曲线趋势基本一致。随着 SMA 替换长度的增加，桥墩柱的峰值荷载均有小幅度降低，L-150 的峰值荷载为 144.339kN，L-200 的峰值荷载为 141.214kN，L-330 的峰值荷载为 140.819kN，L-600 的峰值荷载为 140.29kN。可以看出，这四组数据相差最大为 2.8%，最小为 0.38%左右。因此，SMA 替换长度不同对桥墩柱的承载力影响较小。

（3）从耗能曲线可以看出，随着 SMA 替换长度的增加，其 SMA-ECC 增强混凝土桥墩柱的耗能略微降低。由于 L-200、L-330 和 L-600 这三组模拟数据基本一致，这里选略小的 L-600 组与 L-150 组进行比较。由耗能曲线可以得出，L-150 和 L-600 的累计耗能分别为 9624.7kN · mm 和 9006.2kN · mm，提高了约 6.9%，这主要是因为普通钢筋的弹性模量要大于 SMA 钢筋的弹性模量，导致随着 SMA 替换增加，耗能略微降低。

（4）从残余位移曲线可以看出，随着塑性铰区的 SMA 替换长度增加，桥墩柱残余位移减小，自复位能力提升。L-200 的残余位移角相比于 L-150 的残余位移角减小了 18%左右，而 L-330 的残余位移角相比于 L-200 的残余位移角减小了 5.3%左右，L-600 的残余位移角相比于 L-330 的残余位移角减小了 1.6%左右。因此，可以看出在桥墩柱塑性铰区长度以下，减少 SMA 替换长度会很明显地增大桥墩柱的残余变形，降低其自复位能力。也可以看出，在塑性铰区长度以上，增大 SMA 替换长度对 SMA-ECC 增强混凝土桥墩柱自复位能力的提升不是很明显。综上所述，在桥墩柱的塑性铰区布置等长 SMA 钢筋，桥墩柱就可以得到很好的自复位能力，而且可以降低成本、提高经济效益，因此 L-200 的布置最佳。

5.6.3 轴压比对 SMA-ECC 增强混凝土桥墩柱性能的影响

在地震时，由于地震的倾覆作用，结构受到的竖向力是随着时间不断改变的，因此受到的竖向力不是恒定的，需要对桥墩柱的轴压比进行更进一步的研究。轴压比可以体现出桥墩结构的受力状态，应该选用合适的轴压比来优化桥墩柱构件的抗震性能。

保持其他参数不变，本节设计三组轴压比分别为 0.23、0.30 和 0.40。对比四种情况进行模拟分析，拟静力模拟的结果如图 5.43 所示。

由图 5.43 可得到以下结论：

（1）由不同轴压比的滞回曲线与骨架曲线可以发现，由于轴压比的增加，峰值荷载提升，而极限荷载降低。轴压比 0.23、0.30 和 0.40 的承载力依次是 152.872kN、154.698kN 和 155.689kN，承载力最大提升在 1.8%左右，提升得并不明显。这主要是因为本次试验的桥墩柱长细比较小，导致高轴压比可能会使桥墩柱试件无法承受更高的承载力。

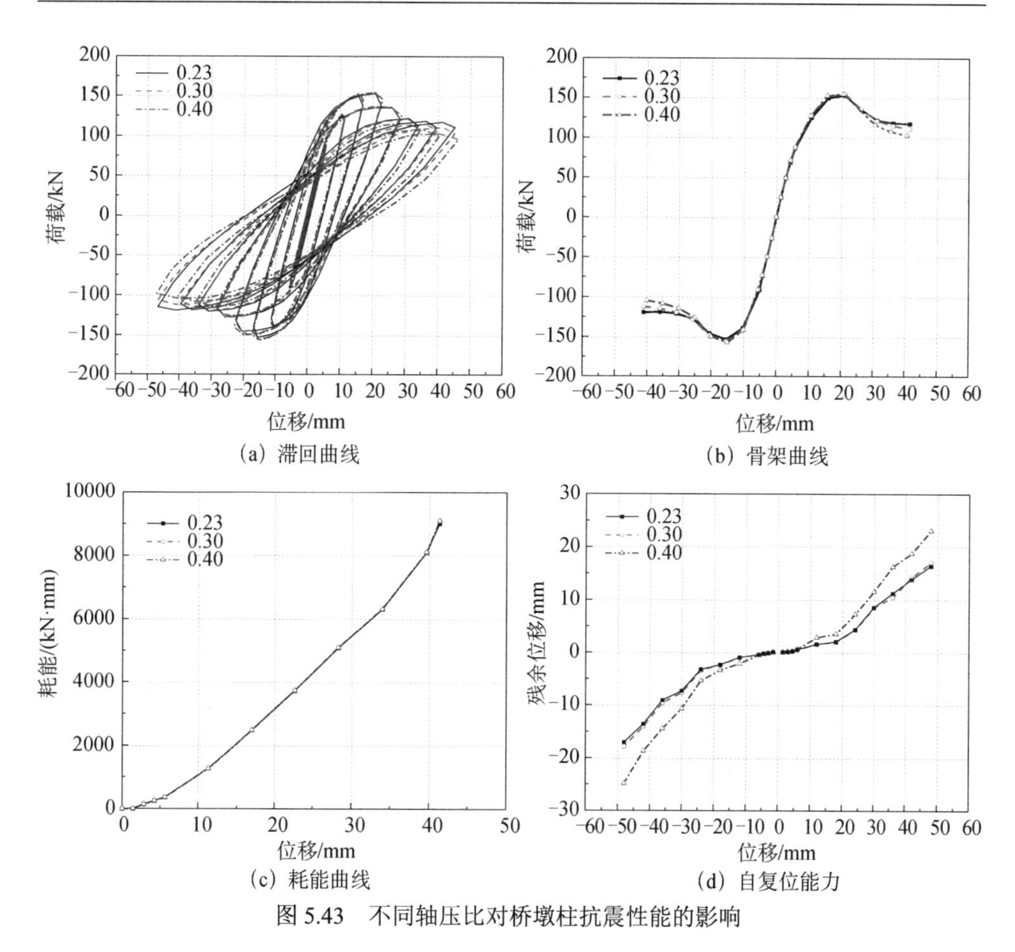

图 5.43 不同轴压比对桥墩柱抗震性能的影响

（2）从耗能曲线可以看出，三种轴压比试件，随着轴压比的增大其耗能仅有微小的增加，轴压比 0.23、0.30 和 0.40 的累计耗能分别为 9006.2kN · mm、9100.7kN · mm 和 9109.7kN · mm，最大提升 1.15%左右。可以看出，随着轴压比增大，构件的耗能有增长的趋势，但幅度较小，主要原因是，轴压比的增大对桥墩柱试件加大了约束，所以桥墩柱破坏状态下的耗能就越大。

（3）从残余位移曲线可以看出，当位移较小时，试件处于弹性阶段，三者的残余位移基本一致，几乎为零。随着位移的增加，桥墩柱的破坏程度增加，残余位移也增加。随着轴压比的增大，构件的残余位移分别增加 4.03%左右和 25.9%。可以看出，0.23 轴压比和 0.30 轴压比对构件自复位能力影响较小，而 0.40 轴压比对构件的自复位能力影响较大。因此，增大轴压比对桥墩柱的自复位能力影响较大。综上所述，根据其承载力、耗能和自复位能力，对比来说，轴压比在 0.30 左右最好，既提高了试件承载力和耗能，又对试件的自复位影响不大。

5.6.4 长细比对 SMA-ECC 增强混凝土桥墩柱性能的影响

长细比是影响桥墩柱抗震性能的一个重要因素，不同的长细比对 SMA-ECC 增强混凝土桥墩柱的承载力、延性和变形能力等均有影响。本节选取四组不同的长细比分别研究对试件抗震性能的影响。长细比的公式为 $\lambda=\mu_{\mathrm{f}}L/i$，$i=\sqrt{I/A}$，$\mu_{\mathrm{f}}$为长度因数：桥墩柱两端均为铰接时 μ_{f}=1；桥墩柱一端为固定则另外一端为铰接时 μ_{f}= 0.7；桥墩柱两端均为固定时 μ_{f}=0.5；桥墩柱一端固定另外一端自由时 μ_{f}=2。在本节中认为桥墩柱为一端固结，一端铰接。

保持其他参数不变，本节设计四组长细比分别为 λ_1=5.6、λ_2=9.8、λ_3=11.2 和 λ_4=15.4。分别对应的墩身长度为 600mm、1050mm、1200mm 和 1650mm，对这四种情况进行模拟分析。拟静力模拟的结果如图 5.44 所示。

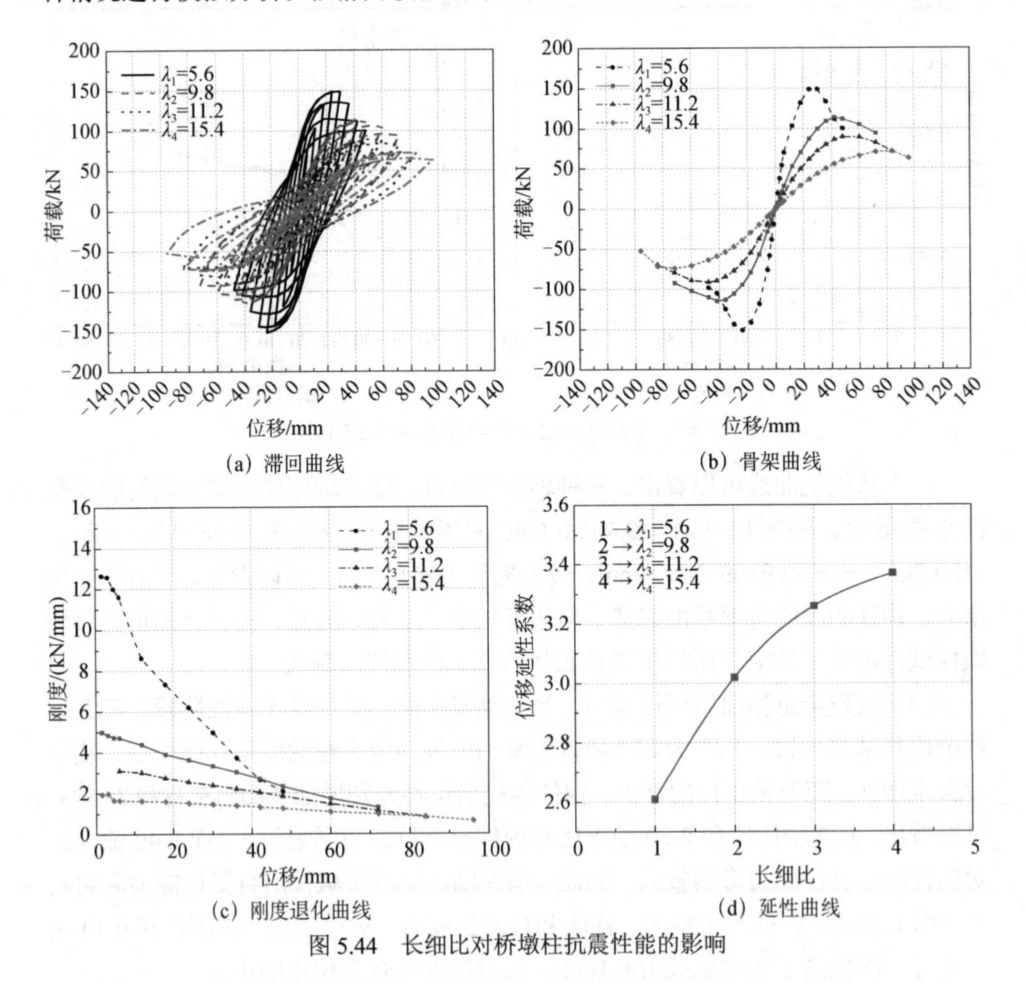

(a) 滞回曲线　(b) 骨架曲线

(c) 刚度退化曲线　(d) 延性曲线

图 5.44　长细比对桥墩柱抗震性能的影响

由图 5.44 可以得出以下结论：

（1）由滞回曲线和骨架曲线可以看出，桥墩柱承载力和耗能均降低，这四组长细比的峰值荷载分别为 148.799kN、113.84kN、89.54kN 和 71.45kN。最大下降 51.98%。可以看出，随着长细比的增加，峰值承载力在下降，滞回环包裹的面积也在减小，长细比 λ_1=5.6 的峰值荷载几乎是长细比 λ_4=15.4 的峰值荷载的两倍，这说明在其他因素不变的情况下，长细比 λ_1=5.6 的桥墩柱可以吸收更多的能量，因为桥墩柱的高度不一样，长细比大的桥墩柱承受了比长细比小的桥墩柱更多弯矩的作用，因此水平承载力要比长细比小的桥墩柱低很多。

（2）由刚度退化曲线可以看出，长细比小的桥墩柱初始刚度大，但刚度退化迅速，呈明显陡峭的下降趋势，其变形能力差。长细比 λ_1=5.6 的桥墩柱虽然峰值荷载最大，但是极限位移最小。而长细比大的桥墩柱刚度退化比较缓慢，承载力下降速度较慢，这主要是因为长细比较小的桥墩柱比长细比大的桥墩柱承受了更大的荷载，加大了破坏程度，延性比较差。

（3）由延性曲线可知，长细比的增大，会使构件的延性随之增加，由骨架曲线和滞回曲线可知，长细比大的桥墩柱的上升段和下降段的曲线曲率均小于长细比小的桥墩柱，充分说明随着长细比增大，桥墩柱的延性越来越好，但是增加的速率在降低。

（4）综合分析来看，长细比 λ_1=5.6 的桥墩柱承载力最大，但是达到峰值荷载后，承载力下降迅速，延性较低，不利于结构抗震；虽然长细比 λ_3=11.2 和 λ_4=15.4 的桥墩柱延性比较好，但是承载力比较低；整体来看，长细比 λ_2=9.8 的桥墩柱，滞回曲线捏缩，表现为较好的抗震性能，在保证承载力的同时又确保桥墩柱延性性能的发挥。

5.6.5　ECC 高度对 SMA-ECC 增强混凝土桥墩柱性能的影响

ECC 材料能够提高桥墩柱的延性，主要是因为 ECC 材料具有特殊的多缝开裂和应变硬化的能力。ECC 高度越大表明构件中的纤维体积量越大，越容易发挥 ECC 高韧性的能力，使构件的抗震性能提升。其他因素不变，对 ECC 的高度分别取 100mm、200mm、330mm 和 400mm，分析不同 ECC 高度对 SMA-ECC 增强混凝土桥墩柱延性的影响。这里主要以骨架曲线和延性曲线来分析桥墩柱的延性变化情况，如图 5.45 所示。

由图 5.45 可以得出以下结论：

（1）从骨架曲线可以看出，随着 ECC 高度增加，峰值荷载也逐渐增大，峰值荷载和极限位移均增大，但是提高的幅度呈现减小趋势。表明随着 ECC 高度增加，桥墩柱承载力逐渐增大，变形能力逐渐提高。

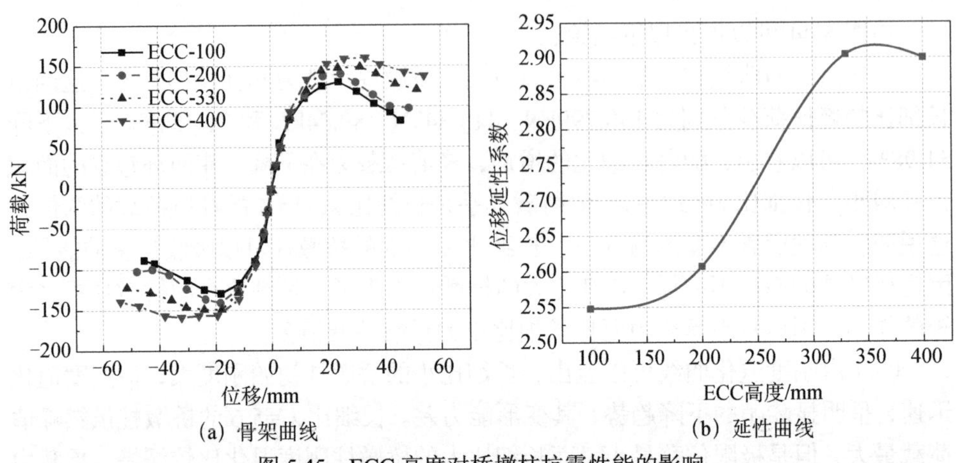

(a) 骨架曲线　(b) 延性曲线

图 5.45　ECC 高度对桥墩柱抗震性能的影响

(2) 从骨架曲线中可求得屈服位移和极限位移，可以求出位移延性曲线。由延性曲线可知，随着 ECC 高度的增加，位移延性系数逐渐增大，其变形能力增大，桥墩柱的抗震性能逐渐提升。表明较大的 ECC 高度可有效提高桥墩柱的抗震性能。可以看出，ECC 高度 200mm 到 ECC 高度 330mm 之间其位移延性系数增加得比较快，而且极限荷载也增加得比较多，说明 ECC 高度在 200～330mm 能够有效地提高构件的延性，增强构件的抗震性能。

5.7　基于 SMA-ECC 复合材料的自复位混凝土桥墩柱理论分析

本节对 SMA-ECC 增强混凝土桥墩柱进行拟静力试验，并用 ABAQUS 有限元软件进行模拟分析，模拟结果与试验结果进行拟合，验证有限元模型的适用性与准确性，在此基础上再进行参数分析。为了进一步使 SMA-ECC 增强混凝土桥墩柱构件内部的受力状态更加明了，更加全面地掌握新型桥墩柱的力学特性，在 SMA 和 ECC 材料力学性能试验的基础上，提出适合 SMA-ECC 增强混凝土桥墩柱的计算方法；提出桥墩柱屈服状态、峰值状态和极限状态下的荷载计算方法和公式推导，为此类桥墩柱结构的设计提供重要的理论依据。

5.7.1　材料本构

已经对材料进行了性能试验并对材料选用的本构模型进行了详细介绍，这里再对 ECC 的 SMA 这两种材料进行详细的描述。

1. ECC 本构模型

ECC 混凝土受拉时会有典型的硬化现象，与普通混凝土受拉时主要的特征为明显的脆性不同，ECC 的极限抗拉应变在 3%～7%的范围内，其抗拉强度为 4～6MPa，因此在推导公式时需要适当考虑 ECC 的受拉作用。图 5.28 为 ECC 的受压和受拉应力-应变曲线。

选用西安建筑科技大学李艳博士课题组所做的大量关于 PVA-ECC 纤维混凝土的材料性能试验，建立 PVA-ECC 纤维混凝土的受压、受拉本构模型（式（5.20）～式（5.22））。

根据 ECC 材料性能试验，极限抗拉强度 $\sigma_{\text{tu}} = 4.65\text{MPa}$，弹性模量 $E_{\text{c}} = 18.3\text{GPa}$。

2. SMA 本构模型

选用的 SMA 本构模型以及在 ABAQUS 有限元软件中所用模型为 Auricchio 提出的 SMA 超弹性模型，该模型考虑了奥氏体向去孪晶马氏体的转变、去孪晶马氏体向奥氏体转变和马氏体重取向三种相变过程，用来描述材料的超弹性以及单、双程形状记忆效应。这里为了使 Auricchio 提出的 SMA 超弹性模型易于理解和方便计算，将其简化成较为通用的双旗帜本构模型，如图 5.46 所示。

以相变特征点为分界点，简化后的双旗帜本构模型关系式表达如下。

加载段：

$$\sigma=\begin{cases}E_1\varepsilon & (0\leqslant\varepsilon\leqslant\varepsilon_a)\\ E_1\varepsilon_a+E_2(\varepsilon-\varepsilon_a) & (\varepsilon_a<\varepsilon\leqslant\varepsilon_b)\end{cases} \tag{5.24}$$

卸载段：

$$\sigma=\begin{cases}\sigma_b+E_1(\varepsilon-\varepsilon_b) & (\varepsilon_c<\varepsilon\leqslant\varepsilon_b)\\ E_1\varepsilon_d+E_2(\varepsilon-\varepsilon_d) & (\varepsilon_d<\varepsilon\leqslant\varepsilon_c)\\ E_1\varepsilon & (\varepsilon\leqslant\varepsilon_d)\end{cases} \tag{5.25}$$

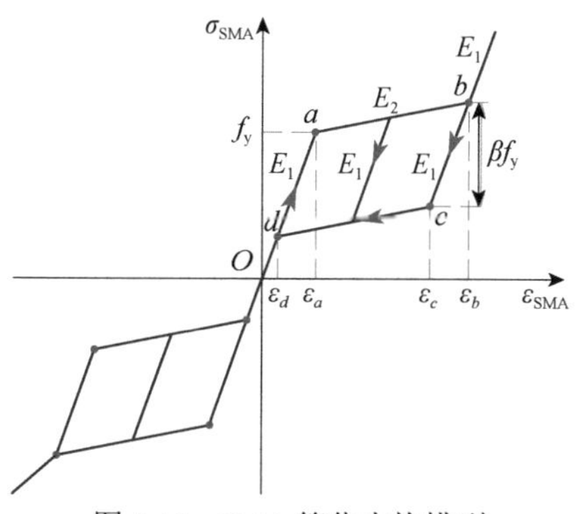

图 5.46　SMA 简化本构模型

从简化后 SMA 本构模型可以看出，在 da 阶段内应力小于屈服强度 f_y，对应此时的弹性模量为 E_1，根据第 2 章直径为 14mm 的 SMA 的材料性能试验结果和第 3 章中直径为 14mm 的 SMA 材料性能数值模拟，可确定屈服应变取 0.55%，弹性模量取 55.6GPa。在 ab 阶段 SMA 应力超过屈服强度 f_y，SMA 从奥氏体转化成马氏体，此时对应的弹性模量为 E_2。bd 阶段称为相变卸载阶段，SMA 在卸载后，应力以 E_1 的斜率下降，应力下降到 βf_y 后，又以 E_2 的速率继续下降，直至恢复。在这一过程中，SMA 发生了马氏体逆相变。SMA 参数的取值可由第 2 章提到的材料试验数据得到。

5.7.2 桥墩柱受弯性能计算方法

通过研究不同状态下 SMA-ECC 增强混凝土桥墩柱受力情况，提出屈服状态、峰值状态和极限状态下的荷载计算方法。

1. 屈服荷载

判断构件达到屈服状态，当桥墩柱圆形截面受拉区外侧 SMA 达到屈服应变（0.55%）时，认为构件已达到屈服状态，相应的荷载为屈服荷载。圆形桥墩柱截面屈服状态下的受力模型如图 5.47 所示，此时截面的受力特点如下：①符合平截面假定。②受拉区 ECC 拉应力为 f_t，拉应力不为线性分布。基于合力作用点不变、合力大小相等的原则，根据受压和受拉受力图采用数值积分法和求形心的方法来确定 ECC 受拉和受压的合力点到圆心的距离，计算方法如下。③受压区 ECC 已达到峰值应变，压应力为 f_c，此时进入弹塑性阶段。④当构件达到屈服受压区，SMA 应力忽略不计，定义桥墩柱圆形界面内单支纵筋的面积为 A，受拉区 SMA 纵筋应力分别为 f_1、f_2、f_3（可由纵筋的应力-应变关系得到），对应的 SMA 受拉纵筋承受的拉力为 Af_1、Af_2、Af_3。⑤定义桥墩柱圆形截面的半径为 r，受压区高度为 $h_c = br$（b=0.1），保护层厚度为 a。

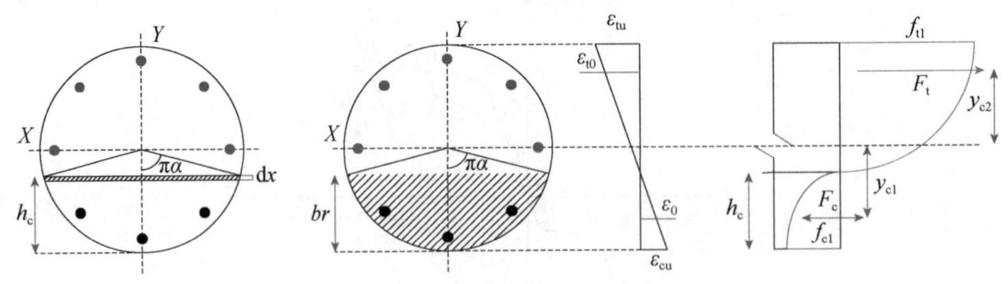

图 5.47 SMA-ECC 增强混凝土桥墩柱圆形截面屈服荷载计算示意图

受拉区 SMA 纵筋的合力大小为

$$F_1 = A(2f_1 + 2f_2 + f_3) \tag{5.26}$$

ECC 混凝土所承受的压力大小 F_c 为

$$F_c = \int_{-br}^{-r} 2\sqrt{r^2 - x^2} f_c \mathrm{d}x \tag{5.27}$$

ECC 混凝土所承受的拉力大小 F_t 为

$$F_t = \int_{-br}^{r} 2\sqrt{r^2 - x^2} f_t \mathrm{d}x \tag{5.28}$$

根据力的平衡法则可得

$$N = F_c - F_1 - F_t \tag{5.29}$$

l_i 为 SMA 钢筋到圆心的距离

$$l_i = r - a \tag{5.30}$$

受压区合力点到圆心的距离为 y_{c1}，计算方式如下。

运用数值积分法，在 $-br>x \geqslant -r$ 时，受压区内截取高度为 dx 的微段，则微段对应的高度为 $2\sqrt{r^2 - x^2}\mathrm{d}x$，受压区所对应的应变根据平截面假定，在应变分布图上确定为 $\varepsilon_c(x)$，受压区高度为 $br = r(1 - \cos(\pi\alpha))$。应变分布图可分为两个部分：$\varepsilon_0 < \varepsilon_c \leqslant \varepsilon_{cu}$ 和 $\varepsilon_c \leqslant \varepsilon_0$。

计算时 1/3 的受压区高度 $\varepsilon_0 < \varepsilon_c \leqslant \varepsilon_{cu}$，且 2/3 受压区高度 $\varepsilon_c \leqslant \varepsilon_0$ 时，$\varepsilon_c(x)$ 的表达式为

$$\varepsilon_c(x) = \frac{x - r\cos(\pi\alpha)}{(2/3)r(1 + \cos(\pi\alpha))} \cdot \varepsilon_0 \tag{5.31}$$

根据混凝土应力–应变曲线方程确定该微分段的压应力方程 $\sigma_c(\varepsilon_c)$，当 $\varepsilon_c \leqslant \varepsilon_0$ 时 $\sigma_c(x) = \sigma_c(\varepsilon_c)$，当 $\varepsilon_0 < \varepsilon_c \leqslant \varepsilon_{cu}$ 时 $\sigma_c(\varepsilon_c) = f_{c1}$。

取圆形截面的圆心为坐标原点，受压区合力点到圆心的距离计算公式如下：

$$y_{c1} = \frac{\int_{(-1+b)r}^{-r+\frac{1}{3}br} x \cdot \sigma_c(x) \cdot 2\sqrt{r^2 - x^2}\mathrm{d}x + f_{c1} \cdot \int_{-r+\frac{1}{3}br}^{-r} x \cdot 2\sqrt{r^2 - x^2}\mathrm{d}x}{\int_{(-1+b)r}^{-r+\frac{1}{3}br} \sigma_c(x) \cdot 2\sqrt{r^2 - x^2}\mathrm{d}x + f_{c1} \cdot \int_{-r+\frac{1}{3}br}^{-r} 2\sqrt{r^2 - x^2}\mathrm{d}x} \tag{5.32}$$

通过化简计算最后可以得到 y_{c1} 与 α 角之间的关系，近似得出 y_{c1} 的计算公式：

$$y_{c1} = C\alpha + B \tag{5.33}$$

受拉区合力点到圆心的距离为 y_{c2}，计算方法如下。

与受压所用的方法相同，采用数值微分法。在 $-br \leqslant x < r$ 时，受拉区内的圆截面取高度为 dx 的微段，则微段对应的高度为 $2\sqrt{r^2 - x^2}\mathrm{d}x$，受拉区所对应的应变根据平截面假定，在应变分布图上确定为 $\varepsilon_t(x)$，受拉区高度为 $2r - br$。

应变分布图可分为两个部分：$\varepsilon_{t0} < \varepsilon_t \leqslant \varepsilon_{tu}$ 和 $\varepsilon_t \leqslant \varepsilon_{t0}$，计算时近似取 1/3 受

拉区高度范围内为$\varepsilon_{t0} < \varepsilon_t \leqslant \varepsilon_{tu}$，2/3 受拉区高度为$\varepsilon_t \leqslant \varepsilon_{t0}$时，$\varepsilon_t(x)$的表达式为

$$\varepsilon_t(x) = \frac{x + r\cos(\pi\alpha)}{(2/3)r(1+\cos\pi\alpha)} \cdot \varepsilon_{t0} \tag{5.34}$$

由$\varepsilon_t(x)$根据混凝土应力-应变曲线方程确定该微段的压应力方程$\sigma_t(\varepsilon_t)$。当$\varepsilon_t \leqslant \varepsilon_{t0}$时，$\sigma_t(\varepsilon_t) = \sigma_t(x)$；当$\varepsilon_{t0} < \varepsilon_t \leqslant \varepsilon_{tu}$时，$\sigma_t(\varepsilon_t) = f_{t1}$。

同理，取圆形截面的圆心为坐标原点，受拉区合力点到圆心的距离计算公式如下：

$$y_{c2} = \frac{\int_{(-1+b)r}^{\frac{2}{3}(2r-br)} x \cdot \sigma_t(x) \cdot 2\sqrt{r^2 - x^2}\,dx + f_{t1} \cdot \int_{\frac{2}{3}(2r-br)}^{r} x \cdot 2\sqrt{r^2 - x^2}\,dx}{\int_{(-1+b)r}^{\frac{2}{3}(2r-br)} \sigma_t(x) \cdot 2\sqrt{r^2 - x^2}\,dx + f_{t1} \cdot \int_{\frac{2}{3}(2r-br)}^{r} 2\sqrt{r^2 - x^2}\,dx} \tag{5.35}$$

通过化简计算最后可以得到y_{c2}与α角之间的关系，近似得出y_{c2}的计算公式：

$$y_{c2} = C_1\alpha + B_1 \tag{5.36}$$

由力矩平衡条件可计算出实际得到的屈服弯矩M_y：

$$M_y = y_{c2}\int_{-br}^{-r} 2\sqrt{r^2 - x^2} f_c\,dx - A(2f_1 + 2f_2 + f_3)l_i - y_{c1}\int_{-br}^{r} 2\sqrt{r^2 - x^2} f_t\,dx \tag{5.37}$$

$$M_y = F_c y_{c1} - F_1 l_i - F_t y_{c2} \tag{5.38}$$

通过平衡条件可确定受压区高度b系数的值，进而确定受压高度br，这样可以推算出中性轴大概位置，若计算出的中性轴位置与图中所假设的位置不符合，则需要对图中假设位置进行调整，直到计算结果与假设相符。确定受压区高度后可以得出屈服弯矩，最后可以得到屈服荷载F_y。

2. 峰值荷载

当截面边缘约束受压区 ECC 达到峰值压应变时，桥墩柱圆形截面的承载力称为峰值承载力。此时，截面受拉区边缘部分 ECC 退出工作。桥墩柱圆形截面峰值荷载状态下截面的受力模型如图 5.48 所示，此时截面的受力特点如下：①假定依旧符合平截面假定；②受压区边缘 ECC 的峰值压应变为 0.635%；③当构件达到峰值荷载时受压区 SMA 应力忽略不计，此时受拉区部分 ECC 混凝土退出工作，受拉区范围缩小，引入受拉区高度为$h_y = kr + r - br$，假定受拉区上半轴线到圆心的距离为$kr = r\cos(\pi\beta)$。

受拉区 SMA 纵筋合力F_1、ECC 混凝土所承受的压力F_c和拉力F_t、SMA 钢筋到圆心的距离l_i的计算见式（5.26）～式（5.30）。

受压区合力点到圆心的距离为y_{c1}，计算方式如下。

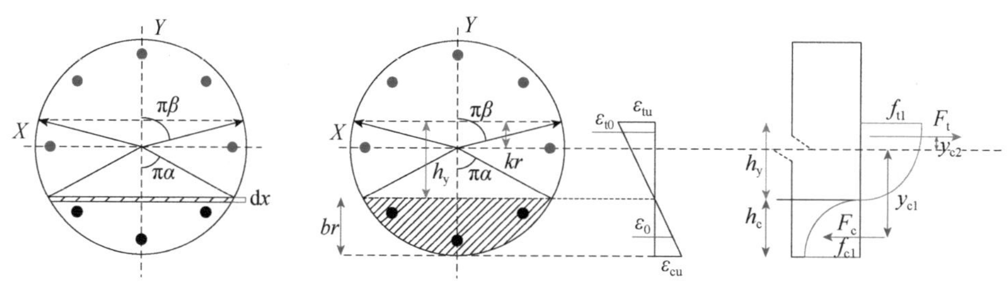

图 5.48　SMA-ECC 桥墩柱圆形截面峰值荷载计算示意图

采用数值积分法，在$-br>x\geqslant -r$时的受压区内取高度为 dx 的微段，则微段对应的高度为$2\sqrt{r^2-x^2}\mathrm{d}x$。受压区所对应的应变根据平截面假定，在应变分布图上确定为$\varepsilon_{\mathrm{c}}(x)$，受压区高度为$br=r(1-\cos(\pi\alpha))$。应变分布图可分为两个部分：$\varepsilon_0<\varepsilon_{\mathrm{c}}\leqslant\varepsilon_{\mathrm{cu}}$和$\varepsilon_{\mathrm{c}}\leqslant\varepsilon_0$。

计算时 1/3 受压区高度$\varepsilon_0<\varepsilon_{\mathrm{c}}\leqslant\varepsilon_{\mathrm{cu}}$，且 2/3 受压区高度$\varepsilon_{\mathrm{c}}\leqslant\varepsilon_0$时，$\varepsilon_{\mathrm{c}}(x)$的表达式为

$$\varepsilon_{\mathrm{c}}(x)=\frac{x-r\cos(\pi\alpha)}{(2/3)r(1-\cos(\pi\alpha))}\cdot\varepsilon_0 \tag{5.39}$$

根据混凝土应力-应变曲线方程确定该微分段的压应力方程$\sigma_{\mathrm{c}}(\varepsilon_{\mathrm{c}})$；当$\varepsilon_{\mathrm{c}}\leqslant\varepsilon_0$时$\sigma_{\mathrm{c}}(\varepsilon_{\mathrm{c}})=\sigma_{\mathrm{c}}(x)$，当$\varepsilon_0<\varepsilon_{\mathrm{c}}\leqslant\varepsilon_{\mathrm{cu}}$时$\sigma_{\mathrm{c}}(\varepsilon_{\mathrm{c}})=f_{\mathrm{c1}}$。

取圆形截面的圆心为坐标原点，受压区合力点到圆心的距离计算公式同式（5.32）。

通过化简计算最后可以得到y_{c1}与α角之间的关系同式（5.33）。

受拉区合力点到圆心为y_{c2}，计算方式同式（5.34）～式（5.36）。

由力矩平衡条件可计算出实际得到峰值弯矩M_{p}：

$$M_{\mathrm{p}}=y_{\mathrm{c2}}\int_{-br}^{-r}2\sqrt{r^2-x^2}f_{\mathrm{c}}\mathrm{d}x-A(2f_1+2f_2+f_3)l_{\mathrm{i}}-y_{\mathrm{c1}}\int_{-br}^{kr}2\sqrt{r^2-x^2}f_{\mathrm{t}}\mathrm{d}x \tag{5.40}$$

$$M_{\mathrm{p}}=F_{\mathrm{c}}y_{\mathrm{c1}}-F_1l_{\mathrm{i}}-F_{\mathrm{t}}y_{\mathrm{c2}} \tag{5.41}$$

通过平衡条件可确定受压区高度系数b的值和受拉区上限系数k的关系，通过假定k的值，进而确定受压高度br，这样可以推算出中性轴大概位置，若计算出的中性轴的位置与图中所假设的位置不符合，则需要对图中假设位置进行调整和对系数k进行调整，直到计结果与假设相符。确定受压区高度后进而可以得出峰值弯矩，最后可以得到峰值荷载F_{p}。

3. 极限荷载

SMA-ECC 增强混凝土桥墩柱达到极限状态时，其圆形截面的变形具有如下

特点：①桥墩柱圆形截面已经不再符合平截面假定。②此时圆形截面的变形大，ECC 内部已经大部分形成主裂缝，因此可以不再考虑 ECC 的受拉作用，受拉区 ECC 完全退出工作。③此时 ECC 的极限压应变可取截面边缘压应力达到 $0.85f_t$ 时所对应的应变值。④受拉区的 SMA 均达到屈服。⑤试验中构件的极限荷载取为峰值荷载的 85%，所以此阶段，SMA-ECC 增强混凝土桥墩柱的极限荷载取为 85%的峰值荷载 F_p。

5.7.3 计算值与试验值与模拟值对比

3.8.2 节对 SMA-ECC 增强混凝土桥墩柱在不同状态下的受力分析，并求出屈服荷载 F_y、峰值荷载 F_p 的计算值并与第 2 章和第 4 章试验得到的试验值和有限元模拟得到的模拟值进行对比，来验证所提出计算方法的精确性。

由表 5.12 可知，DZ-S/E 构件的计算值、试验值与模拟值这三者数据较为吻合，证明了所提出的计算方法的正确性。

表 5.12 桥墩柱荷载计算值与试验值与模拟值对比

试件编号	屈服荷载 F_y /kN			峰值荷载 F_p /kN		
	计算值	试验值	模拟值	计算值	试验值	模拟值
DZ-S/E	110.76	112.66	113.56	135.6	139.14	144.53

5.8 本章小结

本章研究了 SMA、钢绞线、ECC 等不同材料组合形式对桥墩柱抗震性能的影响，共设计制作了五组试验构件，分别为普通钢筋混凝土构件、普通钢筋 ECC 构件、钢绞线混凝土构件、钢绞线 ECC 构件和 SMA-ECC 构件，并对五组试件进行低周反复加载试验，分析比较五组试件的承载力、耗能能力、延性性能、刚度退化等性能。基于 ABAQUS 有限元软件对桥墩柱试件进行建模，并与试验数据进行对比分析，验证了建立模型的适用性和准确性。并在验证后的基础上，为了桥墩柱优化设计，对基于 SMA-ECC 复合材料的自复位混凝土桥墩柱进行参数优化分析，得出以下几点结论：

（1）对试验所用的 ECC 和回收再利用 SMA 进行了材料试验。结果表明，当 SMA 应变在 3%以内时，SMA 展现了良好的自复位性；但当应变大于 3%时，其自复位能力大大降低。ECC 则具有较高的极限拉应变和极限抗拉强度。

（2）采用 SMA 材料的试件位移延性系数要明显大于普通钢筋试件，在残余位移方面 SMA 试件则是最小的，而且 SMA 能有效增强柱端塑性铰区的转动变形能力，这些数据说明SMA能够有效减小结构的残余位移，达到结构自复位的效果，有效增强结构延性性能，提高结构的抗震性能。采用钢绞线材料的试件在最大加载位移、最大承载力、总耗能能力和延性性能方面相较于普通混凝土试件有较大的提高，而且钢绞线能够有效地减小试件的残余位移，从而提高结构的抗震性能。

（3）采用ECC材料的试件韧性较好，相比于普通混凝土，ECC在裂缝扩展方式上为多缝开裂模式，微裂缝众多，但裂缝宽度都相对较小，不易产生ECC剥落现象。在试件达到极限承载力后的几个循环，承载力下降并不显著，展现了较好的延性性能。但使用ECC试件的极限承载力不如普通混凝土试件，这是由于ECC中缺少粗骨料，强度比混凝土低。ECC与SMA和钢绞线都能产生很好的协同效应，在试验中发挥出各自优势并很好地结合，大大增强了结构的抗震性能。

（4）通过综合分析比较，五组构件抗震性能从大到小依次为SMA-ECC构件、钢绞线ECC构件、钢绞线混凝土构件、普通钢筋ECC构件、普通钢筋混凝土构件。新型SMA-ECC构件相比其他四组构件来说，具有较好的延性性能和耗能能力，且震后具有较为明显的自复位能力，抗震性能远优于其余四组构件。

（5）基于本章所示的SMA和ECC材料试验数据，分别提出了ECC材料和SMA超弹性材料两者的本构模型在ABAQUS有限元软件中的实现方法。数值模拟的模拟值与材料试验得到的试验值吻合度较好，证明了选取的材料本构模型和输入有限元软件的材料参数的适用性和准确性。根据ABAQUS有限元软件建立的桥墩柱模型，通过数值模拟的模拟值与试验值吻合度较好，验证了模型具有良好的可行性和准确性，能够很好地模拟出基于SMA-ECC复合材料的自复位混凝土桥墩柱试件在低周往复荷载作用下的抗震性能。

（6）根据有限元所建立的桥墩柱模型，对以下参数进行了分析研究：SMA配筋率、SMA替换长度、轴压比、长细比和ECC高度。研究发现，适筋情况下，在一定的配筋率取值范围内，增加SMA配筋率，更加有效提升了墩柱的自复位效果；基于桥墩柱塑性铰的长度，用SMA替换纵筋，构件的抗震性能和经济效益更好；随着轴压比的增大，构件的承载力略微增大，但是会降低构件的自复位能力；随着长细比增大，桥墩柱的承载力和耗能均降低，但延性增加和构件变形能力得到提升。ECC高度的增加，使得桥墩柱承载力逐渐增大，变形能力逐渐提高，可以有效提升桥墩柱构件的延性。

（7）基于ECC与SMA材料的本构关系，进行SMA-ECC增强混凝土桥墩柱理论分析时，将ECC材料的受拉作用考虑进去，采用数值积分法，分析SMA-ECC增强混凝土桥墩柱在不同阶段的受力特征，提出了SMA-ECC增强混凝土桥墩柱的屈服荷载、峰值荷载和极限荷载的计算方法，并通过与桥墩柱的试验结果对照，验证了所提出的SMA-ECC增强混凝土桥墩柱理论分析方法的正确性。

参 考 文 献

[1] 邵昱稼. 高强钢绞线网-ECC 抗弯加固 RC 梁有限元分析[D]. 南昌：华东交通大学，2021.

[2] 石亦平，周玉蓉. ABAQUS 有限元分析实例详解[M]. 北京：机械工业出版社，2006：51-60.

[3] 过镇海，张秀琴，张达成，等. 混凝土应力-应变全曲线的试验研究[J]. 建筑结构学报，1982，(1)：1-12.

[4] 中华人民共和国住房和城乡建设部. GB 50010—2010 混凝土结构设计规范(2015 年版)[S]. 北京：中国建筑工业出版社，2015.

[5] Qudah S，Maalej M. Application of Engineered Cementitious Composites (ECC) in interior beam-column connections for enhanced seismic resistance[J]. Engineering Structures，2014，69 (15)：235-245.

[6] Han T S，Feenstra P H, Billington S L. Simulation of highly ductile fiber-reinforced cement-based composite components under cyclic loading[J]. Structural Journal，2003，100 (6)：749-757.

[7] 李艳，梁兴文，刘泽军. PVA 纤维增强水泥基复合材料：性能与设计[J]. 混凝土，2009，(12)：4.

[8] 李艳，刘泽军，梁兴文. 高性能 PVA 纤维增强水泥基复合材料单轴受拉特性[J]. 工程力学，2013，30 (1)：322-330.

[9] 李艳，梁兴文，邓明科. 高性能 PVA 纤维增强水泥基复合材料常规三轴受压本构模型[J]. 工程力学，2012，29 (1)：106-113.

第6章　基于 SMA-ECC 复合材料的自复位框架节点抗震性能研究

本章用 PVA-ECC 代替节点核心区及梁柱端塑性铰区的普通混凝土，用 SMA 代替梁端塑性铰区的纵向受力钢筋，设计出一种新型的 SMA-ECC 自复位框架节点。通过低周往复加载试验，研究新型节点的破坏过程、耗能能力、位移延性、残余位移以及损伤自修复等抗震性能；同时制作了尺寸和配筋完全相同的普通钢筋混凝土节点、ECC 增强混凝土节点、SMA 增强混凝土节点三个对比试件，通过对比试验来展示新型节点优越的力学性能。

试验过程中考察了梁端塑性铰区 SMA 筋的长度对新型框架节点自复位性能的影响，以此来确定 SMA 的最优使用长度。

6.1　试验概况

6.1.1　试件设计

根据我国现行《混凝土结构设计规范》(2015 年版)(GB 50010—2010)，选取六层钢筋混凝土框架结构在侧向荷载作用下相邻梁柱反弯点之间边节点单元作为研究对象。该框架结构标准层高 3.3m，纵向跨度 6m，柱截面尺寸 600mm×600mm，梁截面尺寸 300mm×600mm。

按照相似理论的要求，采用 1/2 缩尺比例制作试件。混凝土和 ECC 等级均为 C30，梁柱纵向受力钢筋采用 HRB400，箍筋采用 HPB300。

本次试验共制作五个节点框架试件，包括三个对比节点（普通混凝土节点、ECC 增强混凝土节点、SMA 增强混凝土节点）和两个模型节点（梁端塑性铰区不同长度的 SMA 增强 ECC 节点）。

根据节点核心区所使用的材料对各个节点进行编号，例如，JD-SMA/ECC-210 表示节点核心区使用的材料为 SMA 和 ECC，210 表示梁端塑性铰区 SMA 的长度(mm)。表 6.1 列出了各个试件的编号、节点核心区材料以及试验目的。表中 R 表示钢筋，C 表示普通混凝土材料，SMA 表示形状记忆合金，ECC 表示高延性工程水泥基复合材料。

表 6.1　试件的基本参数

试件编号	节点核心区材料	增强方案	试验目的
JD-R/C	钢筋、混凝土	普通 R/C 节点	对比试验
JD-R/ECC	钢筋、ECC	钢筋增强 PVA-ECC 节点	对比试验
JD-SMA/C	SMA、混凝土	SMA 增强 R/C 节点	对比试验
JD-SMA/ECC-210	SMA、ECC	SMA 增强 PVA-ECC 节点	模型试验
JD-SMA/ECC-300	SMA、ECC	SMA 增强 PVA-ECC 节点	模型试验

本次试验试件的设计参数见表 6.2。五个试件除两个 SMA/ECC 节点梁非塑性铰区采用的Φ16 钢筋之外（保证钢筋和 SMA 连接件钢筋端不破坏），其他配筋方式完全相同。

表 6.2　框架梁柱边节点配筋明细表

试件部位			配筋率/%
框架柱	纵筋配筋率		1.69
	箍筋配筋率		0.33
框架梁	梁纵筋配筋率		0.89
	箍筋配筋率	加密区	1.12
		非加密区	0.75
节点核心区	配箍率		0.45
	体积配箍率		1.03

各试件尺寸和配筋图如图 6.1 所示，梁构件截面尺寸为 150mm×300mm，柱有效高度为 1650mm，保护层厚度为 20mm，上下对称配筋，单侧均匀配置 3 根Φ14 钢筋；梁端塑性铰箍筋加密区长度为 450mm，箍筋间距为 60mm，非加密区箍筋间距为 90mm。柱构件截面尺寸为 300mm×300mm，梁有效长度为 1650mm，左右对称配筋，单侧均匀配置 3 根Φ16 钢筋，箍筋间距为 100mm，节点核心区箍筋间距为 50mm。

1. SMA 的使用区域

超弹性 SMA 价格昂贵，只能在结构重要部位使用。梁柱节点是框架结构的薄弱部位，在节点核心区用 SMA 筋替代纵向受力钢筋可以有效改善节点的损伤自修复能力。本次试验主要研究框架梁柱节点核心区和梁端塑性铰区的受力和变形性能，因此只在梁端塑性铰区用 SMA 筋替换纵向受力钢筋。

通常情况下，梁端塑性铰长度为梁截面高度的 1～1.5 倍，根据国内外学者相关研究经验，在梁端一倍梁高（300mm）的区域使用 SMA 筋代替纵向受力钢筋；

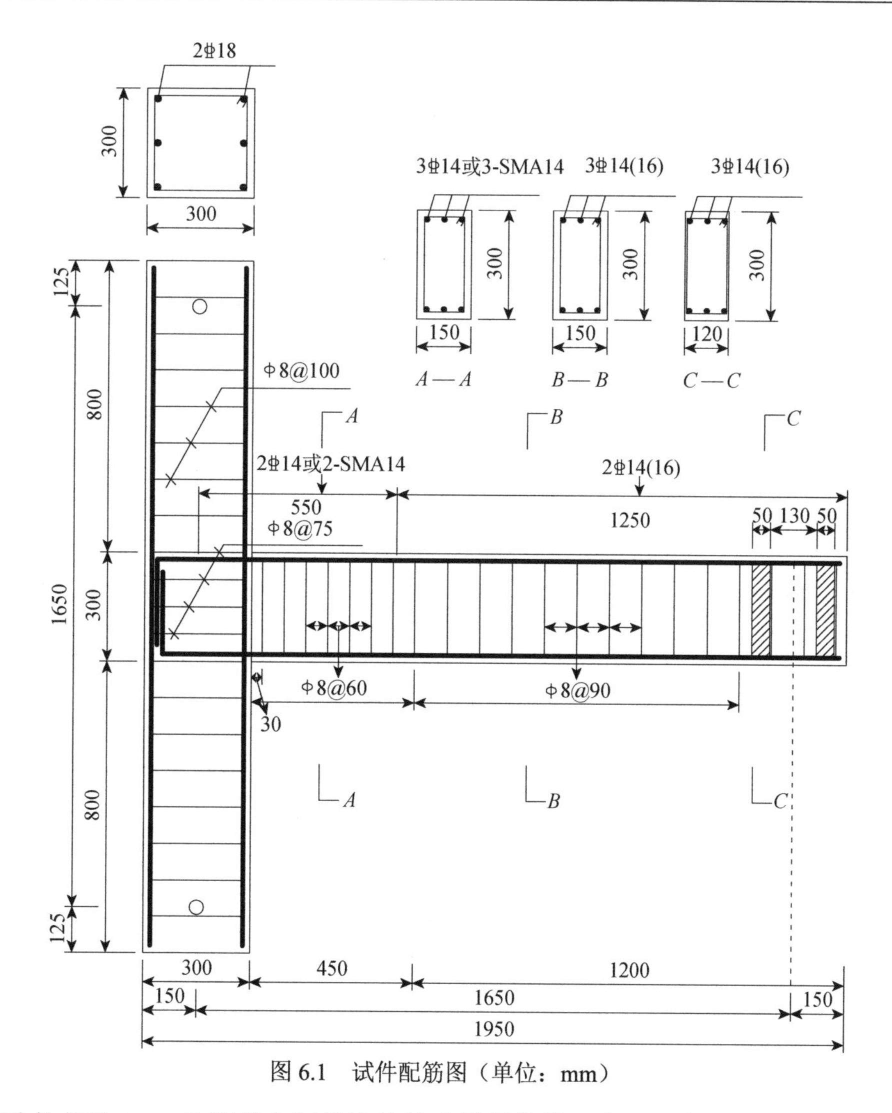

图 6.1　试件配筋图（单位：mm）

同时考虑到 SMA 和钢筋之间的连接件为易损构件，为了避免 SMA-钢筋连接件处于梁端最大受力部位，将 SMA 向节点核心区内侧延伸 150mm，如图 6.2（c）、（e）所示。

为了降低 SMA 的使用成本，促进 SMA 在实际工程中的应用，将梁端塑性铰区 SMA 的长度减短至 225mm（梁高的 75%），向节点核心区内侧延伸的 SMA 尺寸不变，如图 6.2（d）所示，与 SMA/ECC-300 节点进行对比，来研究梁端塑性铰区 SMA 的长度对梁柱节点抗震性能的影响，从而优化 SMA 的使用区域，充分发挥材料的性能，最大限度地减少材料浪费。

2. ECC 的使用区域

本次试验所采用的 PVA-ECC 成本是普通混凝土材料的 20 倍，整个构件全部采用 ECC 材料并不经济，因此只在梁柱端塑性铰区及节点核心区等关键部位使用 ECC 材料，其余部分仍采用普通钢筋混凝土。

根据众多国内外学者的研究成果以及试验中所用 SMA 材料的长度来确定 ECC 的使用区域。如图 6.2（b）、（d）和（e）所示，在节点核心区、柱端一倍截面高度（300mm）和梁端一倍截面高度（300mm）的区域使用 ECC 代替普通混凝土材料。

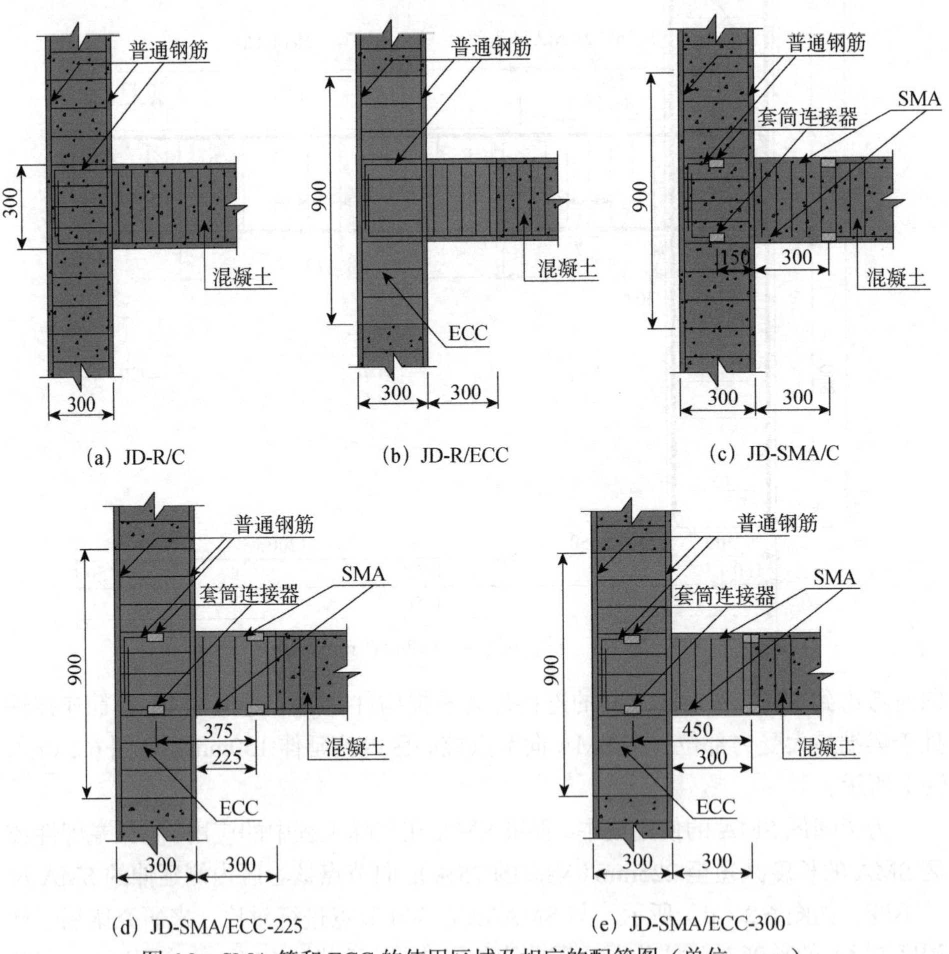

图 6.2 SMA 筋和 ECC 的使用区域及相应的配筋图（单位：mm）

6.1.2　材料性能

1. 混凝土和 ECC

本节试验使用的混凝土和 ECC 均采用 C30 等级。由于试件较小，采用人工拌和的方式搅拌混凝土和 ECC，混凝土的具体配合比见表 6.3。配合比中的水泥为 32.5 的普通硅酸盐水泥，石子粒径为 10～20mm，砂为中砂，搅拌好的混凝土坍落度为 80mm。

ECC 的抗拉性能和配合比详见第 5 章，本章只列出 ECC 立方体抗压强度标准值。

表 6.3　混凝土配合比

原料	水泥	砂	石子	水
质量比	1	1.07	2.76	0.39
用量/（kg/m^3）	460	492	1269	179

在浇筑试件的同时制作了两组混凝土标准立方体试块和两组 ECC 标准立方体试块（150mm×150mm×150mm），和节点在相同的条件下养护。在 28d 龄期和试验期间对浇筑的混凝土和 ECC 进行立方体抗压强度测试，试验结果见表 6.4。从表中可以看出，随着时间延长，混凝土和 ECC 立方体抗压强度均有所提升，试验期间混凝土强度符合《混凝土结构设计规范》(2015 年版)(GB 50010—2010)。

表 6.4　混凝土和 ECC 强度

试验时间	ECC 立方体抗压强度 f_{cu} / MPa	混凝土立方体抗压强度 f_{cu} / MPa
28d 龄期	31.5	39.9
试验期间	35.3	44.8

2. 钢筋

本次框架节点试验梁构件、柱构件分别采用直径为 14mm 和 18mm 的 HRB400 钢筋作为纵向受力钢筋，采用直径 16mm 的 HRB400 钢筋作为 SMA 连接钢筋，采用直径为 8mm 的 HPB300 作为箍筋。图 6.3 列出了Φ8、Φ14、Φ16、Φ18 四种型号钢筋的应力-应变关系曲线，可以看出所使用的钢筋具有明显的屈服平台和显著的应变硬化现象。

表 6.5 列出了本次试验四种钢筋的性能参数。可以看出，四种钢筋各项力学指标均符合相关规范要求。

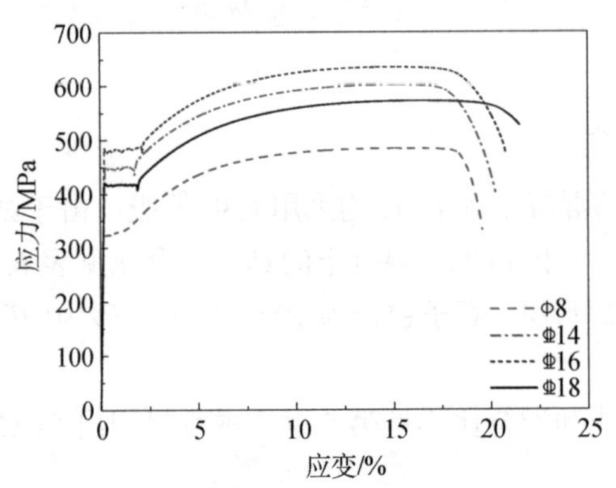

图 6.3　钢筋应力-应变关系曲线

表 6.5　钢筋力学性能指标

钢筋型号	屈服强度 f_y /MPa	极限强度 f_u /MPa	弹性模量 E/MPa	断后伸长率/%
Φ8	324.08	482.73	$1.92×10^5$	19.59
Φ14	451.89	601.19	$2.07×10^5$	20.17
Φ16	484.88	634.11	$1.95×10^5$	20.80
Φ18	420.75	571.86	$2.02×10^5$	21.49

3. SMA 和普通钢筋连接

本次试验只在梁端塑性铰区使用 SMA 材料代替纵向钢筋，因此 SMA 与钢筋之间的连接方式是否可靠对本次试验至关重要；NiTi 形状记忆合金和普通钢筋之间在物理性能和化学性能方面存在巨大的差异，普通钢筋之间的很多连接方式并不适用于 SMA 和钢筋之间的连接。因此寻求一种结构简单、成本低廉、性能可靠的连接方式对于试验的成功以及 SMA 的推广使用具有重要意义。国内外众多学者为了满足试验需求设计过各种类型的连接件，归纳起来主要有三种：直螺纹套筒连接、剪切螺钉耦合器连接和扩大端头耦合器连接。

直螺纹套筒连接是钢筋之间常见的连接方式，利用专用机床对 SMA 筋和钢筋进行套丝，通过带内螺纹的套筒将两者连接起来。SMA 棒材末端螺纹减小了原有棒材的直径，为了防止螺纹处产生应力集中，需要减小 SMA 棒材中间段的直径以保证最后的破坏点远离螺纹区域。这种连接方式的优点在于 SMA 筋和套筒之间不存在滑移问题，结构简单，性能可靠。但缺点同样明显，SMA 棒材经过机加工，减小了原有棒材直径，浪费材料，增加成本。

剪切螺钉耦合器由钢套筒和螺栓两部分组成。钢套筒筒壁上沿长度方向均匀分布数个螺孔，将 SMA 和钢筋各插入钢套筒一端，拧紧螺栓固定 SMA 筋和钢筋的位置，当达到试验要求的扭矩时，螺栓头部被剪断。SMA 筋表面较为光滑，和耦合器之间存在一定程度的滑移。这种连接方式无法消除的滑移会增加梁端的残余位移，降低结构的自复位能力，此类耦合器结构复杂，在试验中可靠性也难以保证。

扩大端头耦合器是国外连接钢筋常用的一种设备，也有学者将其用于 SMA 筋和钢筋的连接。通过加热将钢筋和 SMA 筋端头镦粗，然后用机械对接接头将两者连接起来。扩大端头耦合器不存在滑移问题，也无须减小 SMA 棒材的截面尺寸，减少了材料的浪费。但是加热处理会劣化 SMA 棒材端部材料性能，降低其抗拉强度，热处理部分有可能丧失超弹性，试验中 SMA 的断裂主要集中在热处理区域，表明此类连接方式性能难以令人满意。

综上所述，剪切螺钉耦合器存在滑移问题，难以满足本次试验的需求；扩大端头耦合器加工复杂，需要很多配套设施，适合大规模应用，对本次试验可操作性不强；直螺纹套筒连接虽然浪费材料，但是结构简单，可以满足本次试验需求，因此最终采用改进的直螺纹套筒的连接方式。

图 6.4（a）和（b）展示了节点中所使用 SMA 棒材的加工尺寸；图 6.5 展示了本次试验 SMA 和钢筋连接件的具体细节。

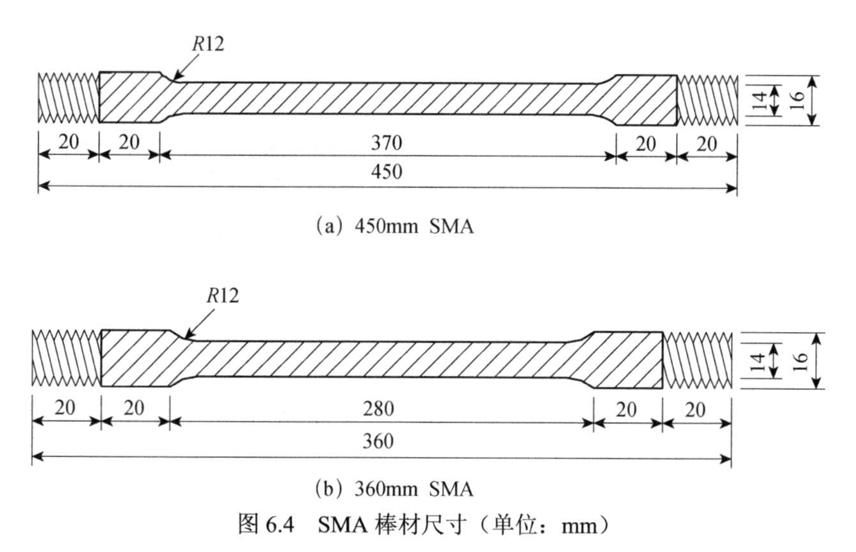

图 6.4　SMA 棒材尺寸（单位：mm）

如图 6.4 所示，SMA 棒材除长度（450mm 和 360mm）有所区别外，其他方面完全相同。所有棒材直径均为 16mm，机加工呈中间细（直径 14mm）两头粗的哑铃形，两端各有 20mm 长的螺纹，螺距为 2.5mm，牙型角为 75°。螺纹和中间段（直径 14mm）之间有长度为 20mm 的过渡段，为了减小应力集中，在过渡段和中间段之间加工成半径为 12mm 的过渡圆弧。同时为了保证 SMA 在拉伸过程中均匀变形，机加工精度要求为±0.05mm。

图 6.5 展示了 SMA-Steel 连接件的细节：采用 16mm 的 HRB400 钢筋，将其端部的纵肋和横肋采用滚丝机切削的方式剥掉一部分，然后滚轧成长度为 20mm 的普通直螺纹，通过带内螺纹的钢筋套筒将其和图 6.4 所示的 SMA 棒材连接起来，用专业扭力扳手拧紧（扭矩需达到 80N · m），图 6.6（a）展示了 SMA-Steel 连接件的实物图。

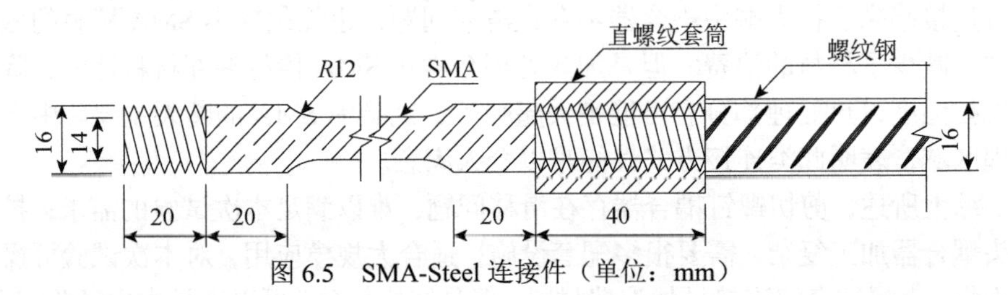

图 6.5　SMA-Steel 连接件（单位：mm）

试件制作之前需要测试 SMA-Steel 连接件的可靠性，图 6.6（b）展示了 SMA-Steel 连接件测试装置。将连接件夹在万能试验机上，按表 6.6 所示的加载制度做拉伸试验，加卸载速率均为 1mm/min，SMA 部分放置引伸计用来测试其应变。试验结果显示，当应变幅值达到 5.4%时，SMA 端部螺纹处断裂。该断裂应变略小于 SMA 的可恢复应变 6%（在此应变幅值下，SMA 的残余位移小于 0.5%），基本满足本次试验需求。

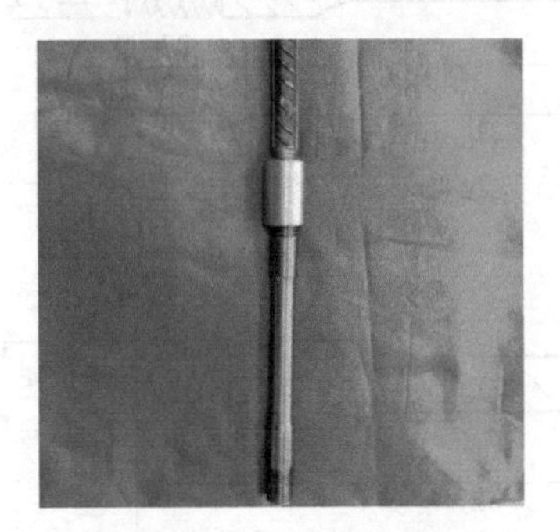

（a）SMA-Steel连接件实物图

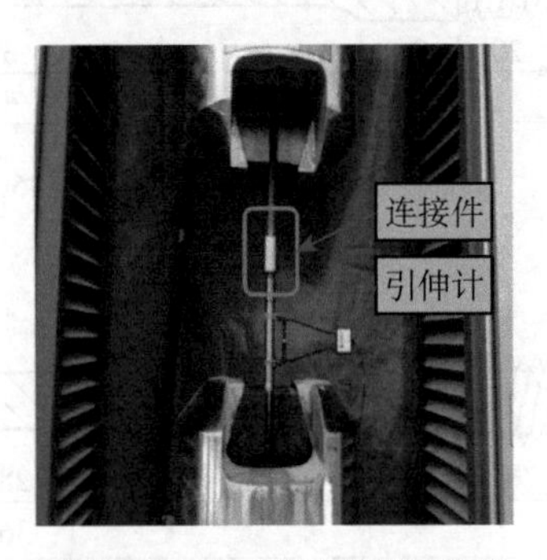

（b）SMA-Steel连接件测试装置

图 6.6　SMA-Steel 连接件实物图和测试装置

表 6.6　加载制度

加载步	应变幅值/%	加载步	力/kN
1	1	2	0
3	2	4	0
5	3	6	0
7	4	8	0
9	5	10	0
11	6	12	0

6.1.3 试件制作

按照设计图纸加工钢筋，贴好应变片，之后进行钢筋笼绑扎以及混凝土浇筑。因为本次试验所用的试件尺寸不大，所以采用三面木模板支护，卧式浇筑。支模板时为了保证梁柱对中，将梁底模垫高 75mm，然后将绑扎好的钢筋笼放在模板上，最后组装侧模。试件的模板与养护如图 6.7（a）所示。

普通混凝土和 ECC 均采用人工搅拌。在浇筑 ECC 试件时，用临时木板将 ECC 和普通混凝土分隔开来，先浇筑普通混凝土，当混凝土终凝之后去掉挡板。为了消除接缝，使混凝土和 ECC 结合牢固，将混凝土表面人工凿毛，剔除表面浮浆及松软层，使大部分露出粗骨料，并清洗干净。之后再浇筑 ECC，浇筑 2h 后将试件再次抹平，防止 ECC 在硬化过程中内部水化热无法散发而产生裂缝。之后用塑料薄膜覆盖试件，24h 后人工洒水养护直至达到规定的混凝土强度，试件的养护如图 6.7（b）所示。

（a）试件模板

（b）试件的养护

图 6.7 试件的模板与养护

因为浇筑试件时天气炎热，按照原配合比浇筑普通钢筋混凝土试件时十分困难，所以在之后的浇筑过程中临时修改了混凝土的配合比，相应地制作了两组标准的混凝土立方体试块和一组标准 ECC 立方体试块，和试件在同等条件下进行养护。

6.1.4 试验装置和试验方法

1. 试验装置

按照加载位置的不同，梁柱节点低周往复加载试验所用的加载装置分为柱端加载装置和梁端加载装置。

2. 柱端加载装置

柱端加载装置，将柱的下反弯点固定，在柱的上反弯点施加水平往复荷载，梁左右反弯点只能水平移动和转动。该种加载装置主要研究柱端塑性铰区的受力性能，同时可以考虑构件的 p-δ 效应，更接近框架结构的真实受力情况；缺点在于试验装置十分复杂，操作困难，成本很高。

3. 梁端加载装置

梁端加载装置可以将柱构件水平放置，在梁反弯点施加水平往复荷载；也可以将柱构件竖直放置，在梁反弯点施加竖向的往复荷载。梁端加载装置的优点在于最大限度地模拟节点的实际受力状态，加载方式灵活多变，简单易行；缺点是无法考虑弹塑性阶段时 p-δ 效应对构件产生的影响。

本试验主要研究梁柱边节点梁端塑性铰区和节点核心区的受力及变形性能，不考虑柱端的 p-δ 效应，同时结合实验室现有条件，最终采用梁端加载方式。

如图 6.8 所示，将柱构件水平放置，在梁的自由端施加水平的往复荷载。下柱反弯点（右端）简化为固定铰支座，上柱反弯点（左端）简化为滚轴支座（可水平移动，竖向位移为零），柱左端用液压千斤顶给试件施加恒定的轴向荷载。

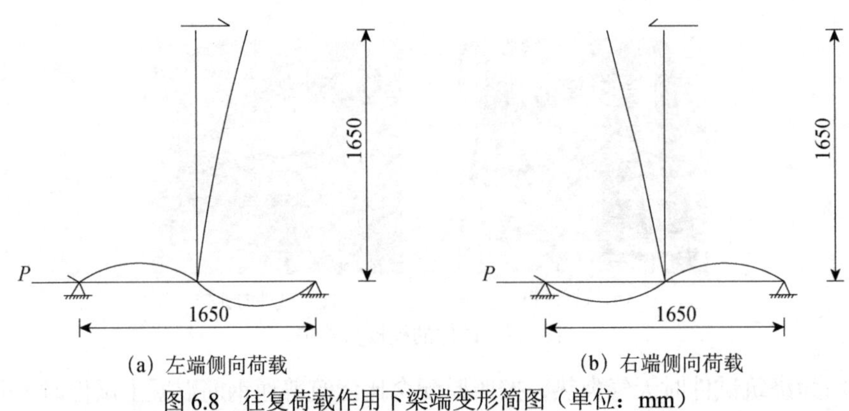

图 6.8 往复荷载作用下梁端变形简图（单位：mm）

试验过程中制作了两个铰支座来模拟节点的实际受力情况。如图 6.9 所示，左端支座距地面 390mm 处为直径 40mm 的圆孔，右端支座距地面 390mm 处为 40mm×70mm 的导槽（滚轴可水平移动）。为了方便构件的安装，试件的制作过程当中，在柱子左右两端预埋有内径为 40mm 的钢管。支座和试件通过直径为 40mm 的销钉连接，支座固定在地面上。现场加载装置如图 6.10 所示。

4. 测点布置和测试内容

本次试验主要测试内容：裂缝分布图、加卸载峰值点的最大裂缝宽度、梁端位移荷载、梁端塑性铰区的弯曲变形、梁柱节点核心区的剪切变形，节点核心区钢筋应变、梁端塑性铰区钢筋应变等。

1）最大裂缝宽度及裂缝分布图

试验前在梁柱节点表面均匀涂一层白色涂料，并打上 10cm×10cm 网格，以便

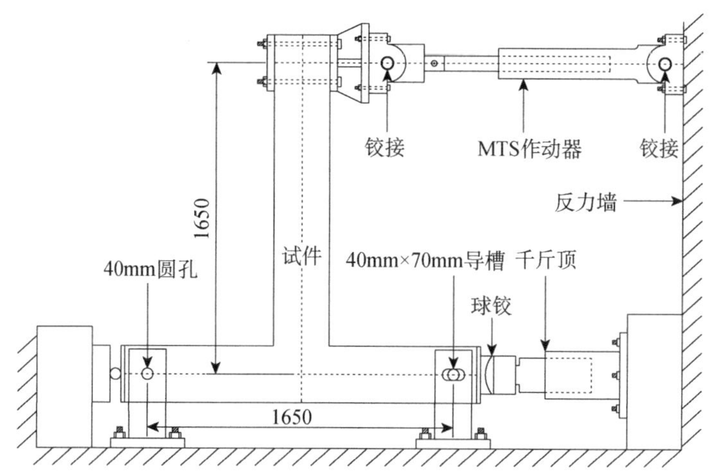

图 6.9　试件加载装置简图（单位：mm）

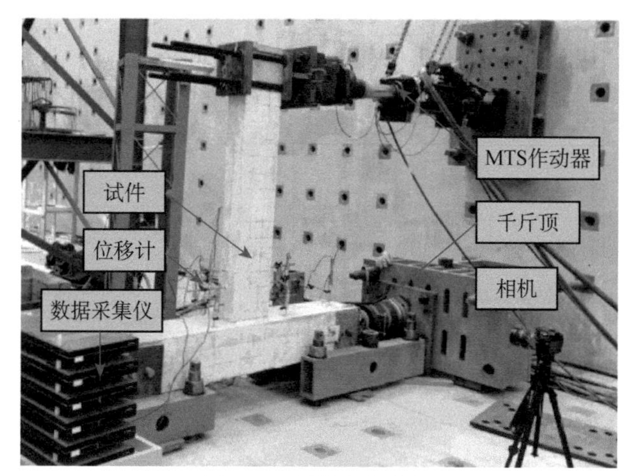

图 6.10　试验加载装置

试验中裂缝的观察和描绘，最大裂缝宽度通过裂缝宽度检测仪测得并记录到试验记录簿上。

2）梁端塑性铰区的转动

梁端塑性铰区的转动可以用该区域一定范围内截面的平均截面曲率 φ 表示。研究表明，梁端塑性铰的长度一般为 1～1.5 倍梁高；为了测得各个试件梁端塑性铰的分布情况，在距梁柱结合面 300mm 的梁端两侧各均匀布置三个 YWC-100 型位移传感器，用来测量梁端 0～100mm、100～200mm 和 200～300mm 内的截面平均曲率，如图 6.11 中 W1～W6 所示。

3）节点核心区剪切变形

梁柱节点核心区主要发生剪切变形，沿核心区 45° 方向布置两个 YWC-200

型传感器来测量节点核心区对角线相对变形，再利用几何关系得到剪切角 γ，位移传感器测点布置情况如图 6.11 中 W7 和 W8 所示。

4）梁端位移荷载曲线

液压伺服加载系统可以自动采集梁端加载中心的荷载和位移。但是考虑到夹具之间空隙会影响梁端位移的准确性，在梁端加载中心又布置一个 YWC-300 型位移计来测量梁端的位移，如图 6.11 中 W9 所示。

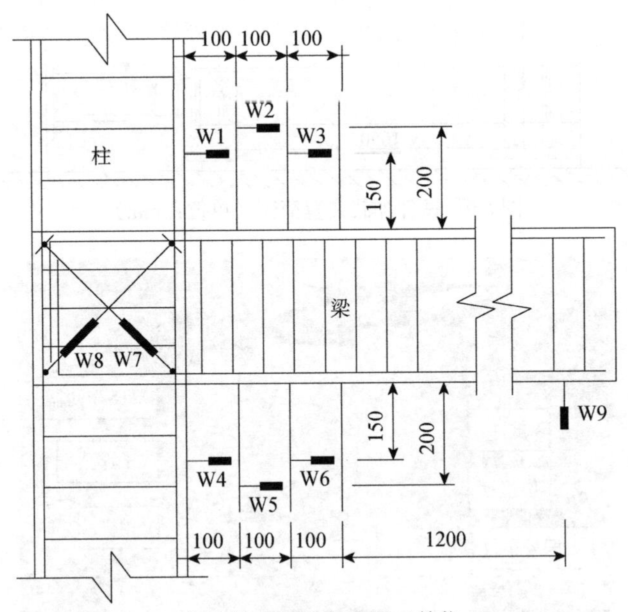

图 6.11　位移传感器测点布置（单位：mm）

5）钢筋变形

梁端塑性铰区、节点核心区，纵筋和箍筋的变形可以通过应变片测得。SMA 棒材只测量直径 14mm 范围内的变形。SMA/ECC-210 节点中 SMA 棒材长度较短，因此该节点只在梁端 180mm 的区域内均匀布置三排纵筋应变片（没有 9 号、14 号应变片）。除此之外，所有节点应变片测点均如图 6.12 所示。采用 BX120-3AA 型电阻应变片，电阻值为 120.1Ω±0.12Ω，灵敏度系数为 2.05±0.057。

5. 加载制度

按照《建筑抗震试验规程》（JGJ/T 101—2015）推荐的加载制度，采用荷载-位移混合控制加载方法。如图 6.13 所示，试件屈服前采用荷载控制并分级加载，每级循环一次；试件屈服之后采用位移控制，以屈服位移 Δ 的整数倍为极差分级加载，每级循环两次；当荷载降低至峰值荷载的 80%时停止加载。在荷载控制阶段，每级循环加载以 3kN 为级差；位移控制阶段，以 Δ 为级差，在加卸载峰值点持荷 3min，观察并记录梁柱节点的裂缝扩展情况。

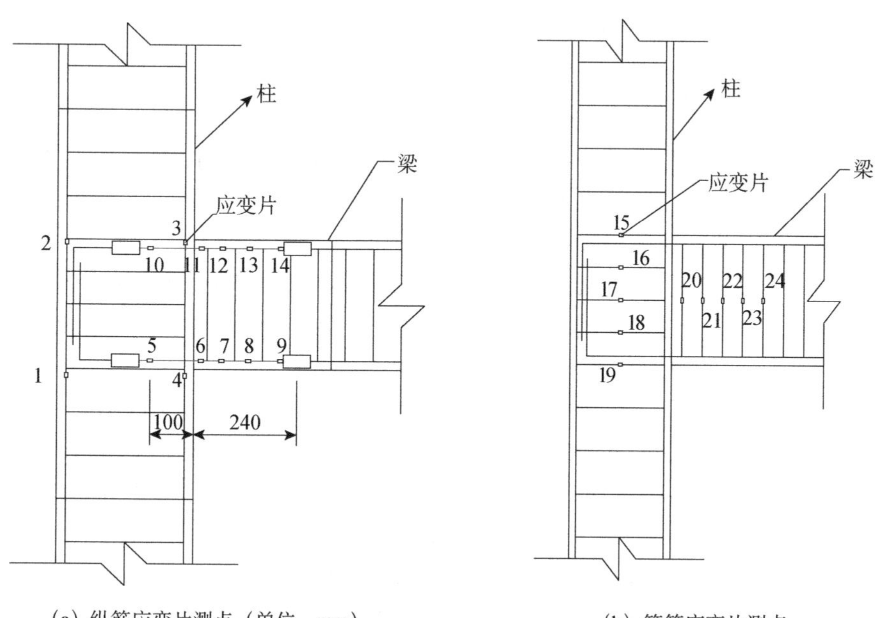

(a) 纵筋应变片测点（单位：mm）　(b) 箍筋应变片测点

图 6.12　纵筋和箍筋节点应变片测点布置

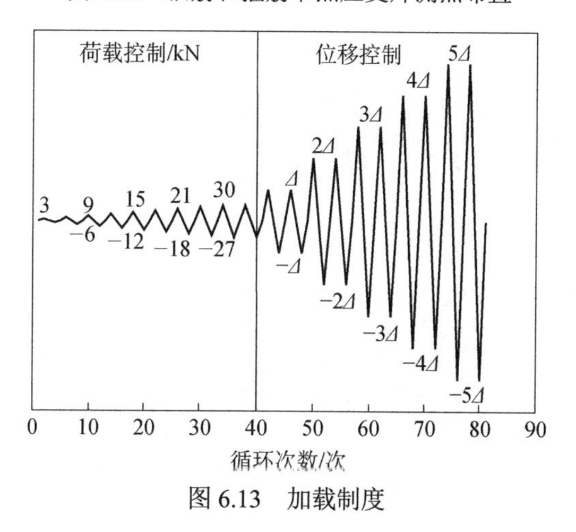

图 6.13　加载制度

6.2　试验结果及分析

本节主要介绍 JD-R/C、JD-R/ECC、JD-SMA/C、JD-SMA/ECC-210 和 JD-SMA/ECC-300 五个节点在低周往复荷载作用下的破坏过程、承载力、恢复能力、耗能以及延性等方面的特性。试验轴压比均为 0.25，正向力和负向力分别以 MTS 电液伺服系统施加的水平推力和拉力为准。

6.2.1　试验现象及破坏过程

1. 梁柱节点试件 JD-R/C

在柱端施加 664kN 的轴向荷载并保持恒定。在荷载控制阶段，加载至−6kN 时，梁端受拉区距柱边 5cm、16cm 和 45cm 处各出现一条垂直裂缝，最大裂缝宽度为 0.02mm。随着荷载增加，梁端裂缝逐渐增多，当达到 18kN 时，梁端 30cm 范围内的弯曲裂缝延伸至梁高的一半，90cm 范围内出现多条平行裂缝，平均间距约为 10cm。加载至 21kN 时，梁端纵向钢筋受力屈服，此时最大裂缝宽度为 0.14mm，节点核心区并未出现斜裂缝。

在位移控制阶段，1Δ 加载后原有裂缝数量和裂缝宽度基本保持不变。位移达到 2Δ 时，构件承载力继续增加，靠近加载点出现新的垂直裂缝，最大裂缝宽度达到 1mm，卸载之后，裂缝有所闭合，但仍然达到 0.54mm。位移达到 3Δ 时，构件承载力和裂缝数量基本不变，最大裂缝宽度持续增大，达到 1.75mm，卸载后最大裂缝宽度为 1.3mm。4Δ 循环结束梁端受压区出现竖向裂缝，混凝土有压碎的迹象。5Δ 加载后梁端受压区混凝土被压碎，承载力开始下降。6Δ 加载时梁端塑性铰区部分混凝土脱落，承载力下降到峰值荷载的 80%，试件破坏，试件最终破坏状态如图 6.14 所示。

图 6.14　梁柱节点试件 JD-R/C 破坏状态

2. 梁柱节点试件 JD-R/ECC

在柱端施加 664kN 的轴向荷载并保持恒定。在荷载控制阶段，加载至 9kN

时，梁端受拉区距柱边 21cm、29cm、42cm 处各出现一条垂直裂缝；加载至−9kN 时，梁端受拉区距柱边 29cm、32cm、31cm、40cm 处各出现一条水平裂缝，最大裂缝宽度为 0.02mm。随着荷载增加，ECC 使用区域梁端两侧出现大量细密的弯曲裂缝，并向梁中部延伸。加载至 27kN 时，梁构件非 ECC 区域（距柱边 45～90cm 范围内）出现间距约为 10cm 的平行裂缝。加载至 30kN 时，梁构件非 ECC 区域裂缝数量保持不变，ECC 区域微裂缝继续增多，裂缝宽度继续增大，钢筋屈服。在位移控制阶段，1Δ～2Δ 加载过程中，距柱边 20cm 范围内的梁端出现大量水平的细微裂缝，最大裂缝宽度达到 1.76mm，卸载之后裂缝宽度有所减小，最大裂缝宽度为 0.09mm。3Δ～5Δ 加载过程中，梁柱结合面处以及梁端距柱边 8cm、20cm 处逐渐形成三条宽度较大的垂直裂缝，裂缝周围出现大量微裂缝。加载至 6Δ 时，梁端距柱边 10cm 处形成一条主裂缝，最大裂缝宽度达到 13mm，卸载之后最大裂缝宽度基本不变。7Δ～8Δ 加载过程中，距柱边 20cm 梁端两侧 ECC 逐渐被压碎，构件的承载力降低至峰值荷载的 80%，试件破坏，试验过程中 ECC 并未出现脱落现象，试件最终破坏状态如图 6.15 所示。

图 6.15　梁柱节点试件 JD-R/ECC 破坏状态

3. 梁柱节点试件 JD-SMA/C

在柱端施加 599kN 的轴向荷载并保持恒定。在荷载控制阶段，加载至−3kN 时，梁端受拉区距柱边 5cm、15cm、28cm、45cm 处各出现一条垂直裂缝，最大裂缝宽度为 0.3mm，卸载之后裂缝基本闭合，最大裂缝宽度仅为 0.03mm。随着荷载增大，梁构件距柱边 90cm 范围内，形成分布基本均匀的垂直裂缝，裂缝间距为 8～10cm。加载至 24kN 时，SMA 筋屈服，最大裂缝宽度达到 2mm，卸载之后裂缝宽度为 0.1mm，节点自复位效果很好。位移控制阶段，位移达到1Δ 时，裂缝宽度和裂缝长度基本不变。2Δ 加载过程中，原有裂缝数量保持不变，试件承载力继续增加，梁左侧根部有小块混凝土脱落，梁端距柱边 5cm 处形成一条主裂缝，最大裂缝宽度达到 3.8mm，卸载之后最大裂缝宽度为 0.48mm。3Δ 加载过程中，梁端左侧一个 SMA-Steel 连接件破坏，正向承载力由 39.48kN 下降到 30.46kN，负向承载力则继续增加，主裂缝最大裂缝宽度达到 11mm，卸载后最大裂缝宽度仅为 0.78mm，节点仍然具有很好的恢复能力。4Δ 循环加载中，梁端右侧一个 SMA-Steel 连接件破坏，负向承载力由 37.4kN 下降到 28.72kN，梁脚两侧混凝土均被压碎，试验结束，试件最终破坏状态如图 6.16 所示。

图 6.16　梁柱节点试件 JD-SMA/C 破坏状态

4. 梁柱节点试件 JD-SMA/ECC-210

在柱端施加 499kN 的轴向荷载并保持恒定。在荷载控制阶段，加载至 9kN 时，梁端受拉区距柱边 15cm、22cm、36cm 处各出现一条长度为 3～5cm 的垂直裂缝；负向力达到 9kN 时，距柱边 15cm、35cm、41cm 处各出现长度约 3cm 的垂直裂缝，最大裂缝宽度为 0.02mm，卸载之后裂缝闭合。随着荷载增大，梁构件 ECC 使用区域（距柱边 45cm 范围内的梁端）出现大量微裂缝，最大裂缝宽度为 0.04mm，卸载之后只有少数几条能够观测到，最大裂缝宽度仅为 0.01mm。荷载达到 24kN 时，梁构件非 ECC 区域（距柱边 40～80cm 范围内）出现多条分布近似均匀的垂直裂缝，ECC 区域微裂缝数量继续增加，微裂缝已延伸至梁中间部位，SMA 筋屈服。在位移控制阶段，$1\Delta \sim 2\Delta$ 加载过程中，梁构件非 ECC 区域裂缝数量保持不变，只是裂缝宽度继续增大；在梁柱结合面附近出现一条宽度 2.4mm 的主裂缝，主裂缝附近微裂缝增多，卸载之后主裂缝闭合明显，宽度仅为 0.4mm。$3\Delta \sim 4\Delta$ 循环加载过程中，主裂缝宽度继续增加，主裂缝附近的细微裂缝宽度和数量基本保持不变，最大裂缝宽度达 14mm，卸载之后最大裂缝宽度为 1.1mm，节点自复位能力很好。加载至 5Δ 时，梁构件左右两侧各有一个 SMA-Steel 连接件破坏，承载力突降降低至极限承载力的 75%，试验结束，最终只是在梁柱结合面附近的梁端形成一条主裂缝，ECC 未有压碎和脱落现象，试件最终破坏状态如图 6.17 所示。

图 6.17　梁柱节点试件 JD-SMA/ECC-210 破坏状态

5. 梁柱节点试件 JD-SMA/ECC-300

在柱端施加 499kN 的轴向荷载并保持恒定。在荷载控制阶段，加载至 9kN 时，梁端受拉区距柱边 22cm、29cm 处以及梁柱结合面处出现宽度为 0.02mm 的垂直裂缝；加载至−9kN 时，梁端受拉区出现垂直裂缝，卸载之后裂缝完全闭合。随着荷载增大，距柱边 35cm 范围的梁端出现均匀分布的垂直裂缝，裂缝周围出现大量微裂缝。加载至 24kN 时，SMA 筋屈服，梁柱结合面附近形成一条主裂缝，最大裂缝宽度达到 1.2mm，卸载后最大裂缝宽度为 0.05mm。位移控制阶段，1Δ～2Δ 加载过程中，梁构件距柱边 30cm 的范围内出现大量细微的弯曲裂缝，梁柱结合面处主裂缝宽度显著增加，达到 3.3mm，除主裂缝外的所有裂缝最大宽度不超过 0.04mm，卸载之后细微裂缝基本闭合，主裂缝宽度减小至 0.42mm。位移加载至 3Δ 时，梁构件中部出现两条新的混凝土裂缝，梁端细微裂缝逐渐增多，梁柱结合面处主裂缝宽度增加到 8.8mm，卸载裂缝闭合明显。4Δ 循环加载过程中，梁左侧一个 SMA-Steel 连接件破坏，负向力由 32.57kN 突降到 26.52kN，正向承载力基本维持不变，没有出现新的裂缝，梁柱结合面处主裂缝宽度增加到 12.5mm。位移达到 5Δ 时，梁脚两侧出现竖向细微裂缝，主裂缝宽度达到 16mm。加载至 6Δ 时，梁左侧两个 SMA-Steel 连接件破坏，负向承载力降低至峰值荷载的 68%，正向承载力基本保持不变，试件变形过大，试验停止，试件最终破坏状态如图 6.18 所示。

图 6.18　梁柱节点试件 JD-SMA/ECC-300 破坏状态

6.2.2　试验结果分析

1. 梁端位移-荷载滞回曲线

滞回曲线能够反映出构件的承载力、耗能能力、延性、刚度退化以及恢复力方面的特性，是综合评价试件抗震性能和破坏机理的重要指标，本试验各个试件的滞回曲线如图 6.19（a）～（e）所示。

（1）从图 6.19（a）和（b）可以看出，普通 R/C 节点的滞回曲线有一点捏缩效应，R/ECC 节点的滞回曲线比普通 R/C 节点更加饱满，而且极限承载力略高于普通 R/C 节点，而本次试验 R/C 节点所用混凝土强度达到 44.8MPa，R/ECC 节点所用 ECC 强度为 35.3MPa，约为混凝土强度的 79%，这也表明了同等强度的 ECC 能够提高节点的承载能力。

（2）R/C 和 R/ECC 节点虽然比较饱满，但是在卸载之后两个节点都有很大的残余位移，节点的自复位能力很差。

（3）从图 6.19（c）～（e）可以看出，JD-SMA/C 和 JD-SMA/ECC 节点的滞回曲线呈明显的旗帜形，每级荷载完全卸载之后，节点残余位移非常小，表明三个节点都有良好的自复位能力。

（4）使用 SMA 智能材料的三个节点极限承载力均小于使用普通钢筋的两个节点，这是由于钢筋和 SMA 连接部位破坏过早，SMA 的高强度并没有表现出来。

（5）相较于 SMA/ECC 节点，SMA/C 节点极限承载力更高，但是 SMA/ECC 在破坏前经历了更大的变形，表明 ECC 材料可以显著提高结构的延性。

（6）在 SMA-Steel 连接件破坏之前，两个 SMA/ECC 节点有相似的极限承载力和自复位能力，表明减小梁端塑性铰区内 SMA 的长度并不影响节点的承载力和自复位能力。

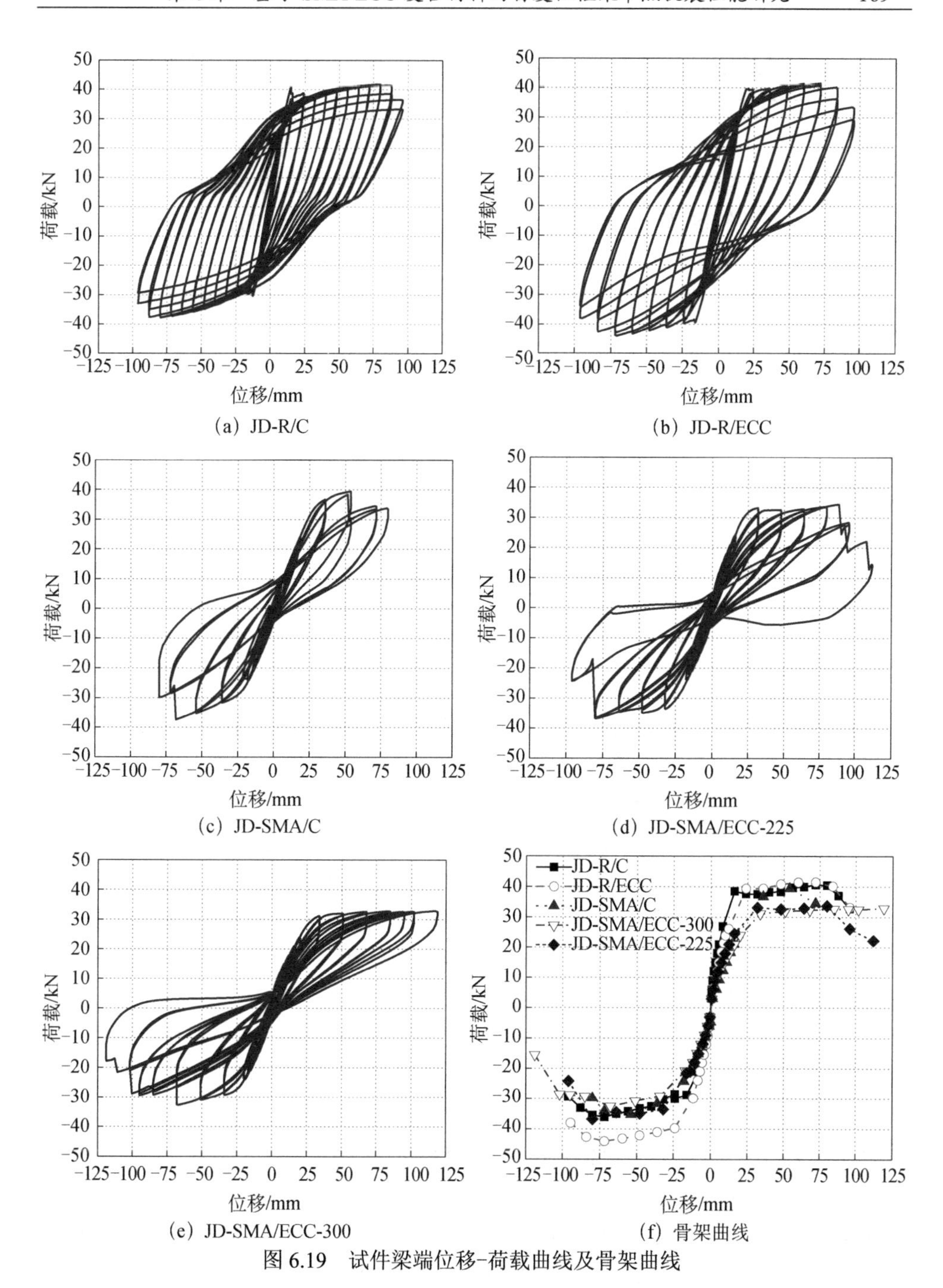

图 6.19　试件梁端位移-荷载曲线及骨架曲线

2. 节点骨架曲线

（1）滞回曲线的外包络线称为骨架曲线，它集中反映了试件在弹性阶段、弹塑性阶段和破坏阶段的受力性能，是结构弹塑性地震响应分析的重要依据，本节试验各个试件的骨架曲线如图 6.19（f）所示，从图中可以得到以下结论。

（2）与 R/C 节点相比，R/ECC 节点的屈服强度和极限强度均有所提高。在加载初期，两者的骨架曲线基本重合，随后 R-ECC 骨架曲线的斜率逐渐减小，也就是说，梁端塑性铰区用 ECC 代替普通混凝土可以提高构件的延性，延缓构件的屈服。

（3）在弹性范围内，R/C 和 R/ECC 两个节点骨架曲线的斜率明显大于使用 SMA 材料的三个节点，说明在相同的配筋率下，SMA 材料会降低结构的初始刚度，这是由于 SMA 的弹性模量（70.5GPa）远小于钢筋弹性模量（205GPa）。

（4）SMA/C 节点屈服之后很快就丧失了承载能力，而使用 ECC 材料的三个节点在屈服之后，承载力较为稳定，可以承受很大的变形，表明 ECC 可以显著提高构件的延性。

（5）在钢筋和 SMA 连接件破坏前，SMA/ECC-225 节点和 SMA/ECC-300 节点的骨架曲线基本重合，说明在 75%～100%梁截面高度范围内，减小梁端塑性铰区内 SMA 的长度并不影响节点的延性、承载力等力学性能。

3. 最大裂缝宽度

试件卸载前后的最大裂缝宽度在一定程度上反映了结构的损伤自修复能力，本试验各个节点在每一级荷载卸载前后的最大裂缝宽度如图 6.20 所示。

（1）从图 6.20（a）和（b）可以看出，R/C 和 R/ECC 节点在屈服之前，裂缝宽度都很小，卸载之后，裂缝基本闭合。试件屈服之后，R/C 试件梁端塑性铰区的最大裂缝宽度随着位移增大迅速增大；而 ECC 材料中 PVA 纤维产生的桥联应力有效限制了裂缝的发展，导致在相同梁端位移作用下 R/ECC 节点最大裂缝宽度明显小于 RC 试件；卸载之后，由于钢筋屈服产生了很大的残余应变，两种节点裂缝闭合都不明显。

（2）从图 6.20（c）可以看出，SMA/C 节点屈服之前，在相同荷载级别下，裂缝宽度明显大于其他几种类型的节点。这种现象是由 SMA 较小的弹性模量、普通混凝土的易碎性以及 SMA 和混凝土之间较弱的黏结力共同导致的。但是卸载之后，裂缝基本闭合，这体现了 SMA 良好的超弹性。

（3）两个 SMA/ECC 节点最大裂缝宽度表现出来相似的特点，试件屈服（梁端位移达到 18mm）之前，裂缝宽度很小；试件屈服之后，SMA 和 ECC 之间缺乏黏结锚固力，导致梁柱结合面附近的梁端形成一条新的主裂缝，最大裂缝宽度随着梁端位移的增大而明显增大；卸载之后，裂缝闭合效果很好，两个节点都表现出优秀的损伤自修复能力。

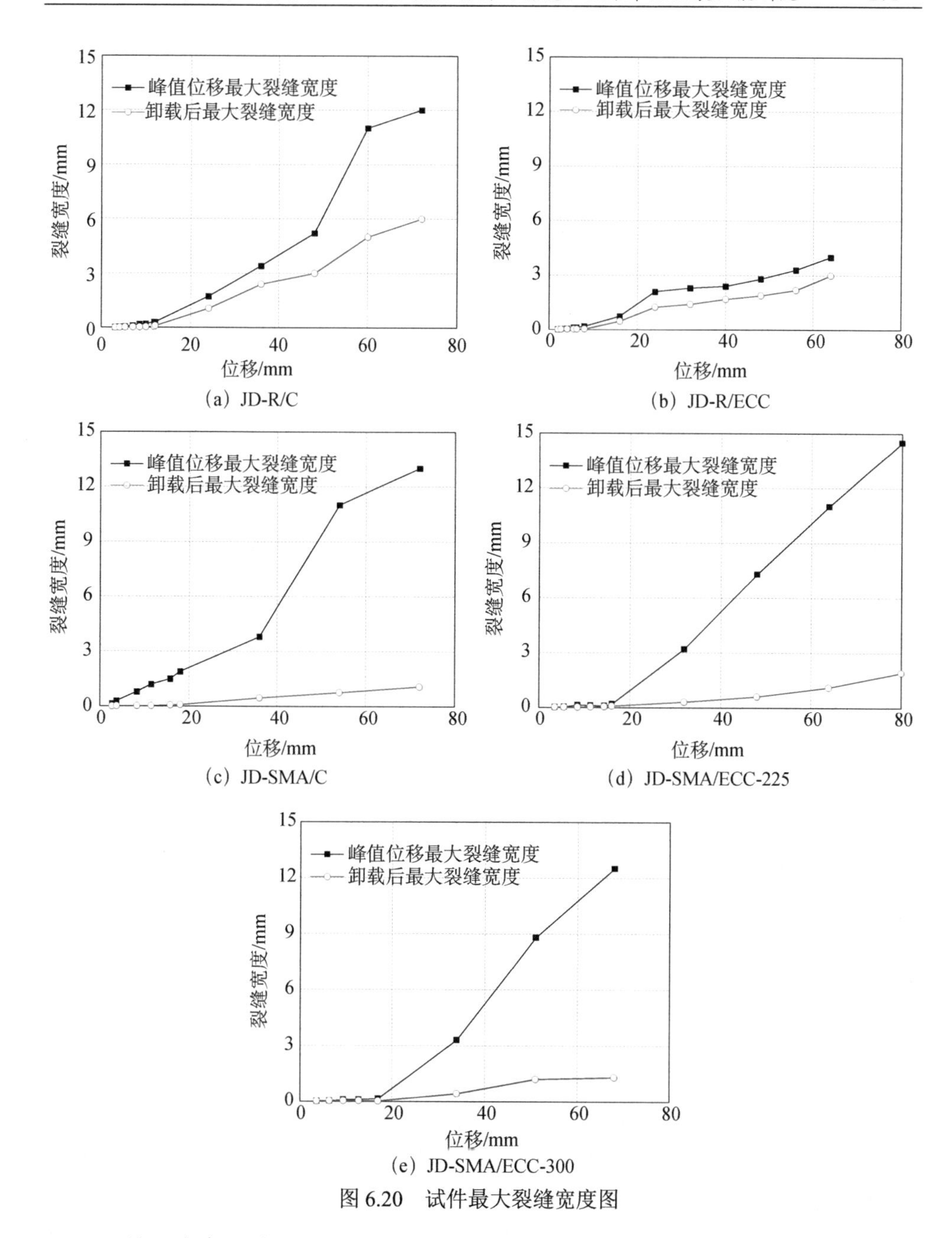

(a) JD-R/C

(b) JD-R/ECC

(c) JD-SMA/C

(d) JD-SMA/ECC-225

(e) JD-SMA/ECC-300

图6.20 试件最大裂缝宽度图

4. 梁端残余位移

梁端残余位移是试件在卸载之后梁端产生的塑性变形，能够体现出构件的自复位能力，各个试件的梁端残余位移曲线如图6.21所示。

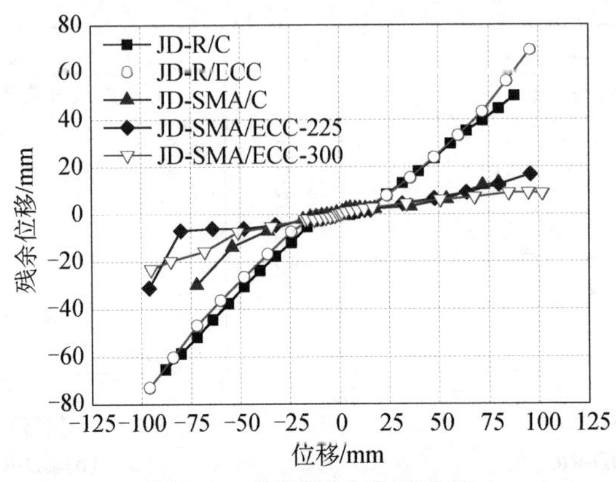

图 6.21　梁端残余位移曲线

从图 6.21 可以看出，在相同荷载级别下，使用 SMA 材料的三个节点梁端残余位移明显小于其他节点。当梁端峰值位移（横坐标）达到 80mm 时，R/C 节点和 R/ECC 节点的可恢复变形仅为 30%左右，而 SMA/ECC 节点可恢复变形高达 80%左右（梁端残余位移为 13mm）；由于 SMA/C 节点中钢筋和 SMA 筋之间的连接件破坏过早（在梁端峰值位移达到 54mm 时连接件破坏），SMA/C 节点可恢复变形略低于 SMA/ECC 节点，但是仍然高达 73%。表明在大幅值荷载作用下，SMA 筋能够显著提高构件的自复位能力。

5. 耗能能力

在地震荷载作用下，结构可通过塑性变形将自身吸收的能量耗散出去，因此耗能能力能够反映结构抗震性能的好坏。结构耗能能力的大小是指滞回曲线所围图形的面积。一般来说，滞回曲线的饱满程度反映结构的耗能大小。本节通过各个试件梁端峰值位移所对应滞回环的面积来评价节点的耗能能力。图 6.22 为五个试件的耗能曲线，从图中可以看出以下内容：

（1）在钢筋和 SMA 筋屈服之前，试件处于弹性阶段，各个试件耗能能力很弱。

（2）试件屈服之后，R/C 和 R/ECC 节点梁端位移-耗能曲线斜率最大，SMA/ECC-255 次之，SMA/C 节点再次之，SMA/ECC-300 节点最小，表明 R/C 和 R/ECC 节点耗能能力最好，SMA/ ECC 耗能能力最弱；当梁端位移达到 75mm 时，SMA/ECC 耗能能力约为 R/C 和 R/ECC 节点耗能能力的 40%。

（3）梁端位移小于 70mm 时，R/C 和 R/ECC 节点的耗能曲线基本重合，都随着梁端位移增加而呈线性增加，当梁端位移大于 70mm 时，R/C 节点耗能能力显著下降，而 R/ECC 节点的耗能能力则趋于平稳。本次试验所用 ECC 强度仅为混凝土强度的 78%，这从侧面说明 ECC 材料能够提高结构的耗能能力。

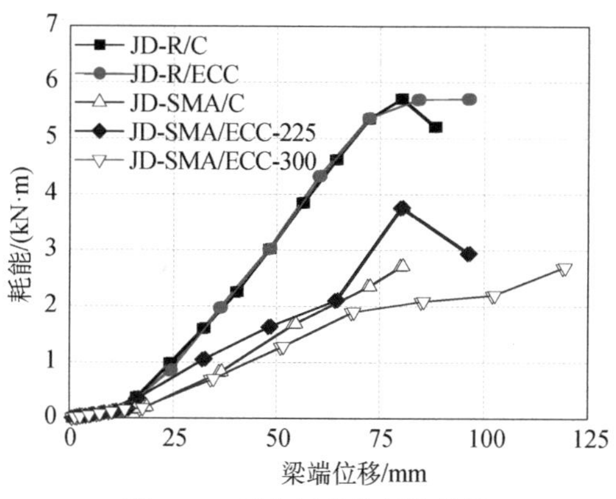

图 6.22　五个试件的耗能曲线

6. 梁端弯矩-曲率滞回曲线

梁柱节点试件屈服以后，逐渐在靠近柱边的梁端形成塑性铰，塑性铰以外部分损伤较小，可以认为是线弹性变形。因此，梁端塑性铰的转动是衡量节点变形能力的重要指标。

研究表明，梁端塑性铰的长度一般为梁截面高度的 1～1.5 倍。本次试验为了更准确地测得各个试件梁端塑性铰的长度，在梁端 300mm 范围内上下两侧均匀对称布置三排位移传感器，如图 6.23 中 W1～W6 所示。根据梁端 0～100mm、100～200mm 和 200～300mm 范围内截面的相对变形来评价各个试件塑性铰的转动能力。

梁端塑性铰的转动可以用截面的平均曲率 φ 来表示。平均曲率 φ 的计算公式如式（6.1）～式（6.3）所示。

$$\varphi_1=\frac{\left|\delta_{a,1}\right|+\left|\delta_{b,1}\right|}{H_1L_1} \tag{6.1}$$

$$\varphi_2=\frac{\left|\delta_{a,2}\right|+\left|\delta_{b,2}\right|}{H_2L_2} \tag{6.2}$$

$$\varphi_3=\frac{\left|\delta_{a,1}\right|+\left|\delta_{b,3}\right|}{H_1L_3} \tag{6.3}$$

式中，φ_1、φ_2、φ_3 表示梁端 0～100mm、100～200mm 和 200～300mm 范围内的截面平均曲率；$\delta_{a,1}$、$\delta_{a,2}$、…、$\delta_{b,3}$ 表示位移计 W1～W6 的测量值；H_1、H_2 表示梁上下两侧位移传感器之间的距离；L_1、L_2、L_3 表示测量截面之间的距离。

梁端弯矩可以通过梁的有效长度（加载中心到柱边的长度）乘以试验中测得的梁端荷载得到。各个试件梁端 0～100mm、100～200mm 和 200～300mm 范围内弯矩-曲率曲线如图 6.24（a）～（e）所示，而对应范围内的平均截面曲率计算值列于表 6.7，可以得到以下结论：

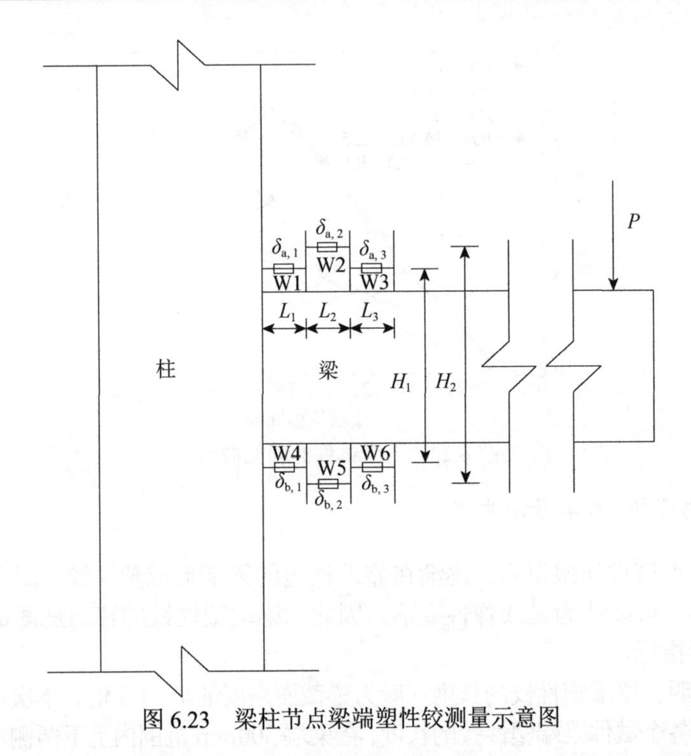

图 6.23　梁柱节点梁端塑性铰测量示意图

（1）从图 6.24（a）和（b）可以看出，R/C 节点和 R/ECC 节点在梁端 0～300mm 的范围内都产生了较为显著的塑性转动，转动能力随着远离柱面而逐渐降低。R/C 节点梁端弯矩-曲率曲线呈弓形，捏缩效应较为明显，表现出较强的塑性变形能力；R/ECC 节点试件梁端弯矩-曲率曲线呈现 Z 形，梁端转角更大，承载能力比较稳定。在梁端 0～200mm 的范围内 R/ECC 节点极限转角要高于 R/C 节点；如表 6.7 所示，达到破坏时，R/C 节点 φ_1、φ_2 的平均值为 1.76×10^{-3}rad/mm、0.58×10^{-3}rad/mm，R/ECC 节点 φ_1、φ_2 的平均值分别为 2.59×10^{-3}rad/mm、0.92×10^{-3}rad/mm，极限转角分别提高了 47.2%和 58.6%。表明 ECC 材料能够优化梁端塑性铰的发展，提高梁的转动变形能力。

（2）与 R/C 和 R/ECC 较长的塑性铰不同，使用 SMA 材料的三个节点梁端塑性铰区的转动主要集中在距离柱边 0～100mm 范围内的梁端，在此范围之外，梁端的塑性转动几乎没有。这是由于 SMA 表面十分光滑，SMA 和混凝土以及 ECC 之间缺乏有效的黏结应力，试件屈服之后很容易在梁柱结合面附近的梁端形成一条主裂缝，随着梁自由端位移的增大，主裂缝宽度会逐渐增大，在主裂缝之外的区域很难形成较大的裂缝。

（3）从图 6.24（c）～（e）可以看出，SMA/C 和 SMA/ECC 节点的弯矩-曲率曲线呈明显的旗帜形，曲线相对饱满；在零弯矩附近，曲率减小显著，表明 SMA 的超弹性可以显著改善节点的弯曲自复位能力。

（4）SMA/C 节点的承载力达到峰值之后迅速降低，而 SMA/ECC 节点的承载力比较稳定，可以经历更大转角变形；当峰值弯矩降低到 85%时，SMA/C 试件梁端截面平均曲率为 1.90×10^{-3}rad/mm，SMA/ECC-300 试件的截面平均曲率达到 2.71×10^{-3}rad/mm，提高了 42.6%，表明 ECC 可以显著改善构件的延性，提高梁端塑性铰区的转动变形能力。

（5）从图 6.24（d）和（e）可以看出，在钢筋和 SMA 筋连接件破坏之前，两个 SMA/ECC 节点有相似的弯矩-曲率滞回曲线，表明适当减小梁端塑性铰区 SMA 的长度对结构的塑性转动能力及弯曲自复位能力影响不大。

表 6.7　各个试件不同截面平均曲率计算值

试件编号	φ_1 /（10^{-3}rad/mm）	φ_2 /（10^{-3}rad/mm）	φ_3 /（10^{-3}rad/mm）
JD-R/C	1.76	0.58	0.49
JD-R/ECC	2.59	0.92	0.16
JD-SMA/C	1.90	0.07	0.07
JD-SMA/ECC-210	1.98	0.14	0.08
JD-SMA/ECC-300	2.71	0.04	0.05

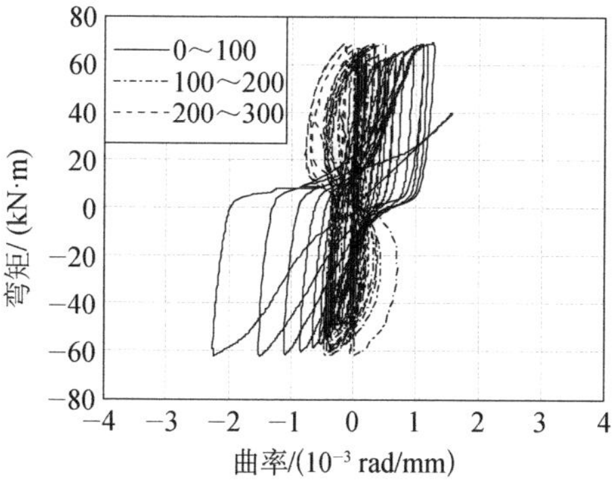

（a）JD-R/C

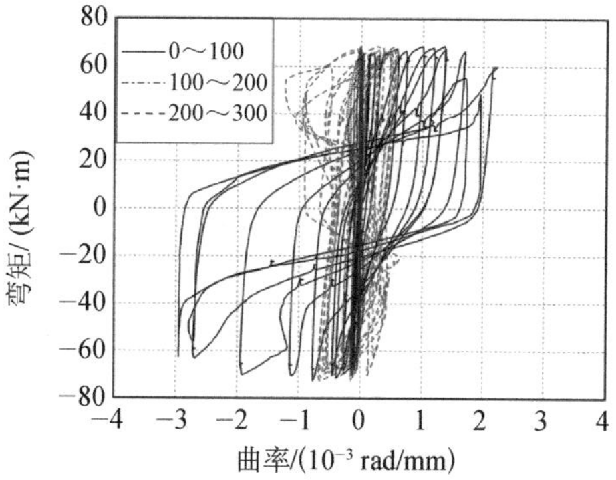

（b）JD-R/ECC

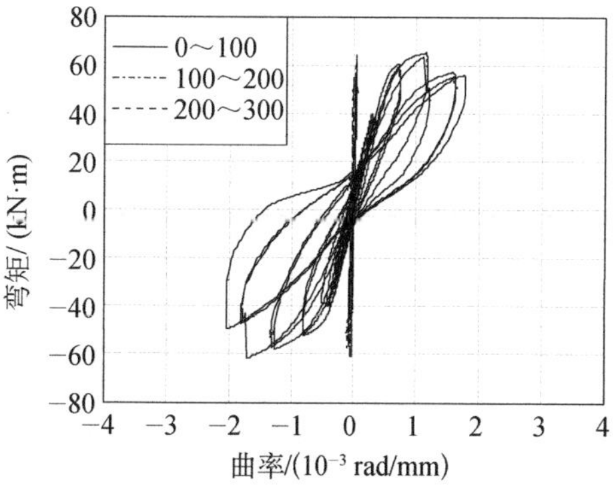

（c）JD-SMA/C

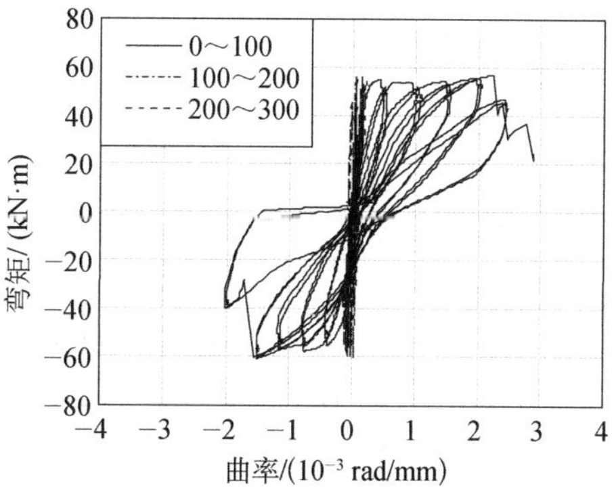

（d）JD-SMA/ECC-225

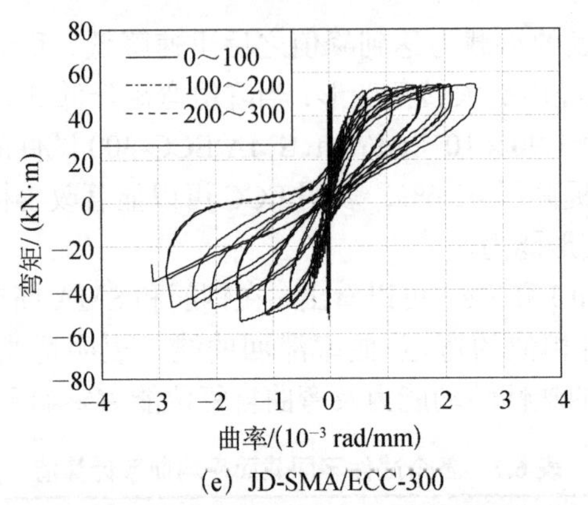

(e) JD-SMA/ECC-300

图 6.24　节点试件梁端弯矩-曲率滞回曲线

7. 延性

延性代表结构或者构件屈服之后承载力没有显著下降时的变形能力，是评价结构或者构件抗震性能的重要指标之一。本次试验通过位移延性系数来反映梁柱节点变形能力。位移延性系数 μ 的计算公式如下：

$$\mu=\frac{\varDelta_{\mathrm{u}}}{\varDelta_{\mathrm{y}}} \tag{6.4}$$

式中，$\varDelta_{\mathrm{y}}$ 为循环荷载作用下梁柱节点屈服时的梁端位移（屈服位移）；$\varDelta_{\mathrm{u}}$ 为节点承载力下降到极限承载力的85%时所对应的梁端位移（极限位移）。通过能量等值法计算得到各个试件的屈服位移 $\varDelta_{\mathrm{y}}$ 和位移延性系数 μ，并将其列于表 6.8 中。计算时，荷载和位移取正反向荷载和位移的平均值。

表 6.8　梁柱节点的位移延性系数

试件编号	P_{y} / kN	$\varDelta_{\mathrm{y}}$ / mm	P_{u} / kN	$\varDelta_{\mathrm{u}}$ / mm	μ
JD-R/C	35.44	13.69	39.74	91.45	6.68
JD-R/ECC	39.53	17.64	42.67	95.83	5.43
JD-SMA/C	31.19	17.71	38.44	78.56	4.43
JD-SMA/ECC-210	29.25	19.25	35.45	96.71	5.02
JD-SMA/ECC-300	27.85	19.52	32.65	109.63	5.61

从表中可以得出以下结论：

（1）普通 R/C 节点的延性系数最大，但是其屈服和破坏时对应梁端位移均小于 R/ECC 试件，表明 ECC 材料能延缓试件的屈服，提高结构的延性。

（2）SMA/C 节点的延性系数最小，表明仅使用 SMA 棒材代替钢筋作为受力钢筋会降低结构的延性。

（3）SMA/ECC 节点的延性系数和 R/ECC 节点相似，但屈服位移和极限位移更大，表明 SMA/ECC 组合材料能提高结构的延性和变形能力。

8. 刚度退化

在低周往复荷载作用下，结构或者构件荷载保持不变，位移随着循环次数增加逐渐增大；或者幅值位移保持不变，刚度随着循环次数增加逐渐降低，称为刚度退化。梁柱节点开裂后的弹塑性性质以及累积损伤是结构刚度退化的主要原因。采用环线刚度 k 作为梁柱节点刚度退化的评价指标，其计算公式如下：

$$k_i = \frac{\sum_{j=1}^{n_k} = P_{i,j}}{\sum_{j=1}^{n_k} \varDelta_{i,j}} \tag{6.5}$$

式中，k_i 为第 i 次循环加载时的环线刚度；$P_{i,j}$ 、$\varDelta_{i,j}$ 分别为第 i 级荷载幅值下第 j 次加载时的峰值荷载和峰值位移。计算时，取正反向荷载和位移的平均值作为 $P_{i,j}$ 、$\varDelta_{i,j}$ 的代表值。根据试验结果得到各个试件的环线刚度随位移延性系数 μ 的变化曲线如图 6.25 所示。

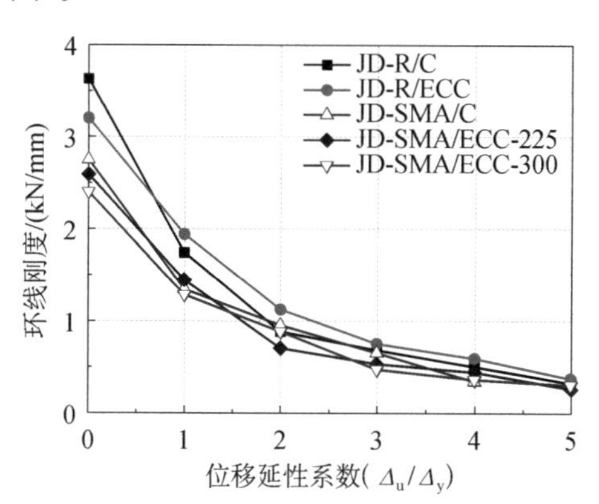

图 6.25　各个试件环线刚度和位移延性系数关系曲线图

从图中可以得到以下结论：

（1）从初始刚度来看，R/C 节点的初始刚度最大，R/ECC 和 SMA/C 节点次之，SMA/ECC 节点最小。这是因为 PVA-ECC 的弹性模量小于普通混凝土，SMA 筋的弹性模量小于钢筋。

（2）当位移延性系数大于 1 时，R/ECC 节点的环线刚度大于 R/C 节点，且刚度退化较慢，说明 PVA/ECC 材料和钢筋的黏结性能优于普通混凝土材料，ECC 中的 PVA 纤维提供的桥联应力可以改善构件的刚度并降低其退化速度。

（3）SMA/C 节点的刚度退化速度明显快于 SMA/ECC 节点，这是由于 SMA 表面较为光滑，和混凝土之间缺乏有效的黏结应力，混凝土开裂之后马上在梁端形成一条贯穿裂缝，进而使试件的刚度迅速降低。

（4）虽然两个 SMA/ECC 节点的初始刚度较小，但是退化速度最慢，表明 SMA/ECC 组合材料系统能够有效延缓结构的刚度退化速度，提高结构的侧移能力，这对改善结构抗震性能很有帮助。

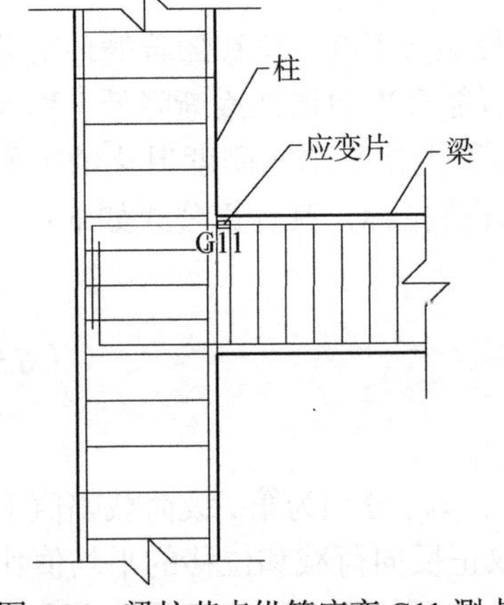

图 6.26　梁柱节点纵筋应变 G11 测点

9. 钢筋应变

通过测量循环荷载作用下梁柱节点梁端纵向受力钢筋的应变变化来研究 SMA 筋和钢筋两种材料不同作用机理对结构性能的影响。应变测点如图 6.26 所示。

图 6.27（a）～（e）分别列出了五个构件 G11 测点的梁端荷载-钢筋应变滞回曲线。应变片应变大于 18000 时其可靠性显著降低，因此此处只列出了应变小于 18000 时的部分数据。

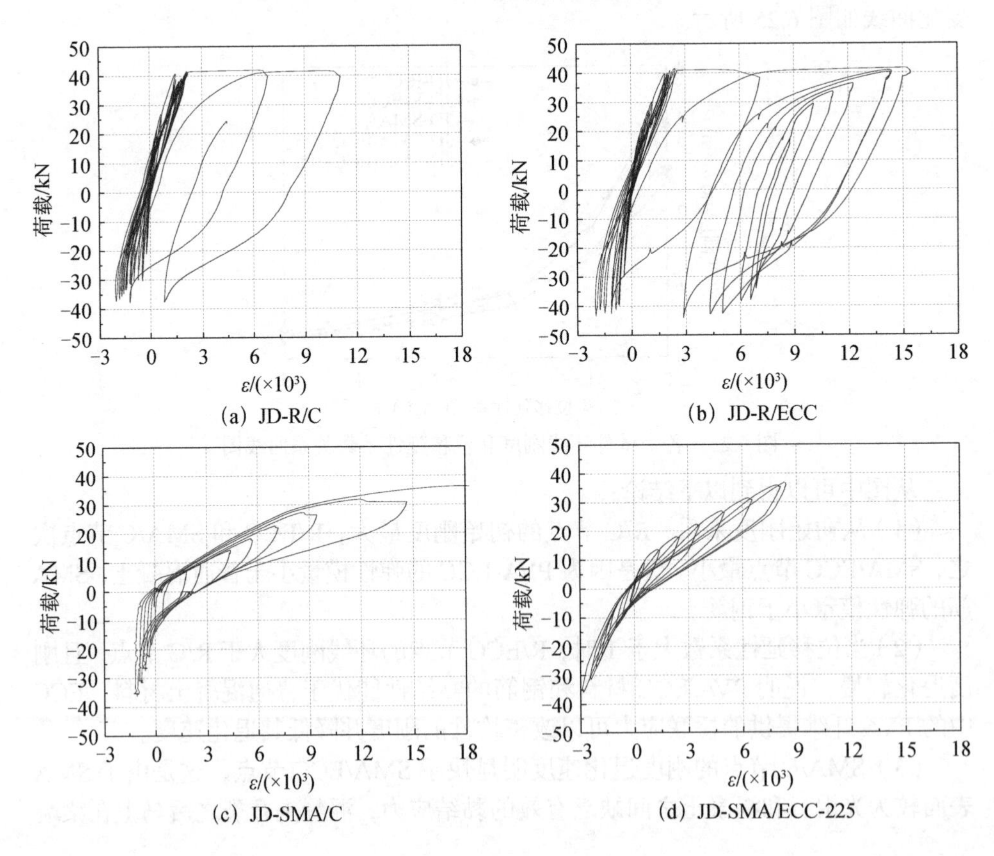

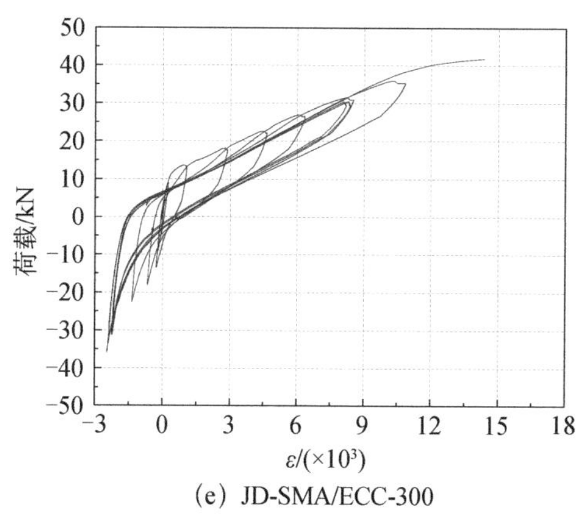

(e) JD-SMA/ECC-300

图 6.27　各个试件梁端荷载-钢筋应变滞回曲线

钢筋应变片 G11 测点数据分析结果显示，节点试件屈服时，使用 ECC 材料的节点比使用普通混凝土材料的节点梁端位移更大。例如，钢筋应变达到 2000 时，R/C 节点和 R/ECC 节点梁端位移分别为 8.3mm 和 12.85mm；SMA/C 节点和 SMA/ECC 节点也表现出类似的现象，SMA 筋屈服时，SMA/ECC 节点梁端位移比 SMA/C 节点提高了 14%。表明使用 ECC 材料代替普通混凝土能够延缓结构或者构件的屈服。这是因为 ECC 材料中的 PVA 纤维产生的桥联应力能够有效分担纵筋所承受的荷载。

如图 6.27 所示，所有节点梁端纵向受力钢筋均表现出非线性行为。试件屈服之前，不同类型节点纵向受力钢筋残余应变都很小；试件屈服之后，R/C 节点和 R/ECC 节点中梁端纵筋残余应变随着梁端荷载增大迅速增大，而 SMA 筋在经历大变形后残余应变很小，基本可以忽略不计。表明 SMA 材料特有的超弹性能够使框架节点获得自复位能力。

6.3　基于 SMA-ECC 复合材料的自复位框架节点有限元模型建立

6.3.1　OpenSees 有限元软件平台概述

OpenSees 有限元软件的英文全称为 Open System for Earthquake Engineering Simulation（地震工程模拟开源系统），是加利福尼亚大学伯克利分校主导研发的开源地震动响应有限元软件[1]。因其是开源的有限元软件平台，所以它具有丰富的材料模型、单元模型和求解器。OpenSees 的底层采用 C++语言编写，无可视界面，无前后处理界面，可以结合其他软件使用。本节采用 OpenSees version2.5.0 版本，结合 Cypress Edit 软件进行编写，OPS View 软件进行可视化建模。

6.3.2 材料模型

1. SMA 本构模型

多伦多大学的 Auricchio 开发了 SelfCentering 单轴自复位本构模型[2]，详见 3.3 节。

2. ECC 本构模型

在 OpenSees 中建立 ECC 材料的本构模型有多种方法，目前使用较多的是调整 Concrete02 本构模型，如图 6.28 所示。调整 Concrete02 本构模型的受压区参数来拟合 ECC 的受压行为，可以得到较好的效果。但是 ECC 与混凝土的受拉行为差别较大，调整 Concrete02 本构模型不能较好地模拟 ECC 的受拉应变硬化特征。另外，ECC 和混凝土的滞回响应也有差异。因此，没有采用调整 Concrete02 本构模型的方法。

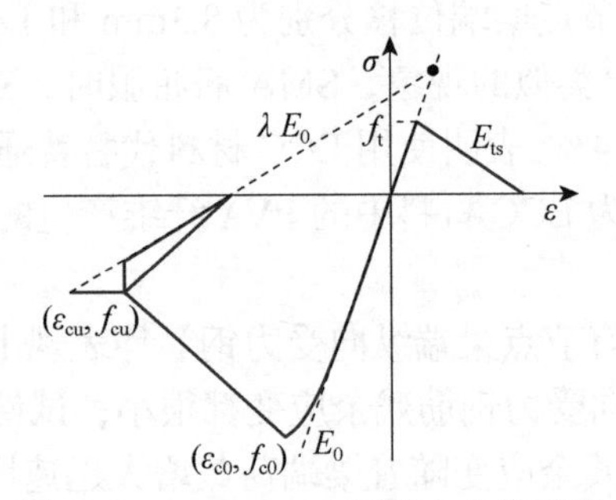

图 6.28 Concrete02 混凝土本构模型

Vorel 等提出了一种 ECC 本构模型，已经集成在 OpenSees 中，即 ECC01 纤维混凝土本构模型[3]，如图 6.29 所示。

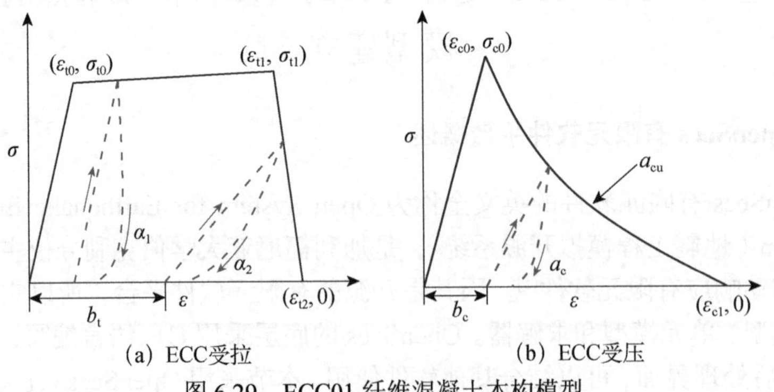

图 6.29 ECC01 纤维混凝土本构模型

该本构模型的拉伸和压缩应力-应变关系曲线包络图由应力函数表示，如式（6.6）和式（6.7）所示。

$$F_{\text{tensile}}=\begin{cases}E_{\text{c}} & (0\leqslant\varepsilon<\varepsilon_{\text{t0}})\\ \sigma_{\text{t0}}+(\sigma_{\text{tp}}-\sigma_{\text{t0}})\left(\dfrac{\varepsilon-\varepsilon_{\text{t0}}}{\varepsilon_{\text{tp}}-\varepsilon_{\text{t0}}}\right) & (\varepsilon_{\text{t0}}\leqslant\varepsilon<\varepsilon_{\text{tp}})\\ \sigma_{\text{tp}}\left(1-\dfrac{\varepsilon-\varepsilon_{\text{tp}}}{\varepsilon_{\text{tu}}-\varepsilon_{\text{tp}}}\right) & (\varepsilon_{\text{tp}}\leqslant\varepsilon<\varepsilon_{\text{tu}})\\ 0 & (\varepsilon_{\text{tu}}\leqslant\varepsilon)\end{cases}\tag{6.6}$$

式中，E_{c} 为弹性模量；ε_{t0} 和 σ_{t0} 分别为 ECC 拉伸过程中产生第一条裂缝时对应的应变和应力；ε_{tp} 和 σ_{tp} 分别为 ECC 拉伸硬化到达峰值时对应的应变和应力；ε_{tu} 为 ECC 极限拉伸应变，此时的拉应力为零。

$$F_{\text{compressive}}=\begin{cases}E_{\varepsilon} & (\varepsilon_{\text{cp}}\leqslant\varepsilon<0)\\ \sigma_{\text{cp}}\left(1-\dfrac{\varepsilon-\varepsilon_{\text{cp}}}{\varepsilon_{\text{cu}}-\varepsilon_{\text{cp}}}\right) & (\varepsilon_{\text{cu}}<\varepsilon<\varepsilon_{\text{cp}})\\ 0 & (\varepsilon\leqslant\varepsilon_{\text{cu}})\end{cases}\tag{6.7}$$

式中，ε_{cp} 和 σ_{cp} 分别为 ECC 受压应力达到峰值时对应的应变和应力；ε_{cu} 为受压极限应变，此时的压应力为零。

该本构模型在拉伸压缩过程中进行卸载-再加载，滞回关系表达式如式（6.8）和式（6.9）所示。

$$F_{\text{tensile}}=\begin{cases}E_{\text{c}} & (0\leqslant\varepsilon_{\text{tmax}}<\varepsilon_{\text{t0}})\\ \max\left\{0,\sigma^{*}_{\text{tmax}}\left(\dfrac{\varepsilon-\varepsilon_{\text{tul}}}{\varepsilon^{*}_{\text{tmax}}-\varepsilon_{\text{tul}}}\right)^{\alpha_t}\right\} & (\varepsilon_{\text{t0}}\leqslant\varepsilon_{\text{tmax}}<\varepsilon_{\text{tp}},\varepsilon<0)\\ \max\left\{0,\sigma^{*}_{\text{tul}}+(\sigma_{\text{tmax}}-\sigma^{*}_{\text{tul}})\left(\dfrac{\varepsilon-\varepsilon^{*}_{\text{tul}}}{\varepsilon^{*}_{\text{tmax}}-\varepsilon^{*}_{\text{tul}}}\right)\right\} & (\varepsilon_{\text{t0}}\leqslant\varepsilon_{\text{tmax}}<\varepsilon_{\text{tp}},\varepsilon\geqslant0)\\ \max\left\{0,\sigma_{\text{tmax}}\left(\dfrac{\varepsilon-\varepsilon_{\text{tul}}}{\varepsilon_{\text{tmax}}-\varepsilon_{\text{tul}}}\right)\right\} & (\varepsilon_{\text{tp}}\leqslant\varepsilon_{\text{tmax}}<\varepsilon_{\text{tu}})\\ 0 & (\varepsilon_{\text{tu}}\leqslant\varepsilon_{\text{tmax}})\end{cases}\tag{6.8}$$

式中，$\varepsilon_{\text{tmax}}$ 和 σ_{tmax} 分别为经验确定的最大拉伸应变和应力；$(\varepsilon_{\text{tul}},\sigma_{\text{tul}})=b_{\text{t}}\times(\varepsilon_{\text{tmax}},\sigma_{\text{tmax}})$，$b_{\text{t}}$ 为由试验确定的常量参数；α_{t}（$\geqslant1$）是根据具体试验获得的常量参数。

$$F_{\text{compressive}}=\begin{cases}E_{\text{c}} & (\varepsilon_{\text{cmin}}\leqslant\varepsilon_{\text{cp}}<0)\\ \min\left\{0,\sigma_{\text{cmin}}^{*}\left(\dfrac{\varepsilon-\varepsilon_{\text{tul}}}{\varepsilon_{\text{tmax}}^{*}-\varepsilon_{\text{tul}}}\right)^{\alpha_{\text{c}}}\right\} & (\varepsilon_{\text{cu}}<\varepsilon_{\text{cmin}}<\varepsilon_{\text{cp}},\varepsilon>0)\\ \min\left\{0,\sigma_{\text{cu}}^{*}+(\sigma_{\text{cmin}}-\sigma_{\text{cmin}}^{*})\left(\dfrac{\varepsilon-\varepsilon_{\text{cul}}^{*}}{\varepsilon_{\text{cmin}}^{*}-\varepsilon_{\text{tul}}^{*}}\right)\right\} & (\varepsilon_{\text{cu}}<\varepsilon_{\text{cmin}}<\varepsilon_{\text{cp}},\varepsilon\leqslant 0)\\ 0 & (\varepsilon_{\text{cmin}}\leqslant\varepsilon_{\text{cu}})\end{cases}\tag{6.9}$$

式中，$\varepsilon_{\text{cmin}}$ 和 σ_{cmin} 分别为根据经验确定的最小压缩应变和应力；$(\varepsilon_{\text{cul}},\sigma_{\text{cul}})-a_{\text{c}}\times(\varepsilon_{\text{tmin}},\sigma_{\text{tmin}})$，$a_{\text{c}}$ 为根据试验确定的常量参数；α_{c} 是根据具体试验获得的常量参数。

根据以上本构模型公式，OpenSees 中的 ECC01 本构模型设计了 14 个用户自定义参数（均在图 6.29 中标出）。根据第 2 章介绍的 PVA-ECC 材料试验的结果，结合 ECC01 本构模型公式，确定了 ECC01 本构模型的各项参数，详见表 6.9。

表 6.9　ECC01 纤维混凝土本构模型参数及取值

参数	σ_{t0}	ε_{t0}	σ_{t1}	ε_{t1}	ε_{t2}	σ_{c0}	ε_{c0}
取值	3.8	0.00025	4	0.027	0.03	−26.8	−0.05
物理意义	拉伸初裂应力	拉伸初裂应变	拉伸峰值应力	拉伸峰值应变	极限拉应变	抗压强度	峰值压应变
参数	ε_{c1}	α_1	α_2	a_{c}	a_{cu}	b_{t}	b_{c}
取值	−0.012	5	1	2	1	0.4	0.3
物理意义	极限压应变	拉伸硬化段卸载曲线指数	拉伸软化段卸载曲线指数	压缩软化段卸载曲线指数	压缩软化曲线指数	拉伸残余应变	压缩残余应变

3. 钢筋本构模型

Giuffre、Menegotto 和 Pinto 等提出的钢筋本构模型在数值模拟中广泛使用，即 OpenSees 中的 Steel02 钢筋本构模型。该本构模型的应变通过显函数求解，且能描述包辛格效应，与钢筋反复加载试验结果十分吻合。该模型的应力-应变关系基本曲线为一条过渡曲线，曲线由斜率 E_0 的初始渐近线转向斜率为 E_1 的屈服渐近线，如图 6.30 所示。

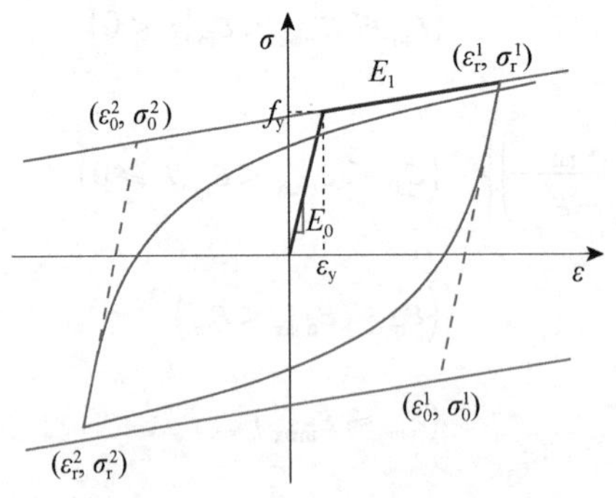

图 6.30　Steel02 钢筋本构模型

本节钢筋模型的参数根据前文介绍的钢筋材料拉伸试验的结果和文献[1]中的建议值确定。

过渡曲线表达式为

$$\sigma^* = b\varepsilon^* + \frac{(1-b)}{(1+\varepsilon^{*R})^{\frac{1}{R}}} \tag{6.10}$$

包辛格效应计算公式：

$$\sigma^* = \frac{\sigma - \sigma_{\mathrm{r}}}{\sigma_0 - \sigma_{\mathrm{r}}} \tag{6.11}$$

$$\varepsilon^* = \frac{\varepsilon - \varepsilon_{\mathrm{r}}}{\varepsilon_0 - \varepsilon_{\mathrm{r}}} \tag{6.12}$$

$$R = R_0 - \frac{\alpha_1 \xi}{\alpha_2 + \xi} \tag{6.13}$$

$$\xi = \left| \frac{\varepsilon_{\mathrm{m}} - \varepsilon_0}{\varepsilon_{\mathrm{y}}} \right| \tag{6.14}$$

式中，E_1 为钢筋的线性强化模量，即弹性模量乘以硬化系数，$E_1 = b \times E_0$；E_0 为钢筋的弹性模量；b 为钢筋硬化系数；R 为过渡曲线的曲率系数；R_0 为初始加载曲线的曲率系数；σ^* 和 ε^* 为归一化应力和归一化应变；α_1 和 α_2 为反复加载曲率的退化系数；ξ 为应变历史中最大应变的参数。

4. 混凝土本构模型

本节混凝土模型选用修正 Kent-Park 混凝土本构模型，即 OpenSees 中的 Concrete01 混凝土本构模型。该混凝土本构模型在 Kent-Park 模型的基础上，考虑了箍筋的约束效应对混凝土强度和延性的影响，如图 6.31 所示。在该混凝土本构模型中，混凝土的损伤采用卸载段刚度的衰减来表达，卸载和再加载段的路径相同，如图 6.32 所示。该本构模型分为三个部分：上升段、下降段、平台段。约束混凝土的应力-应变关系公式如式（6.15）～式（6.21）所示。

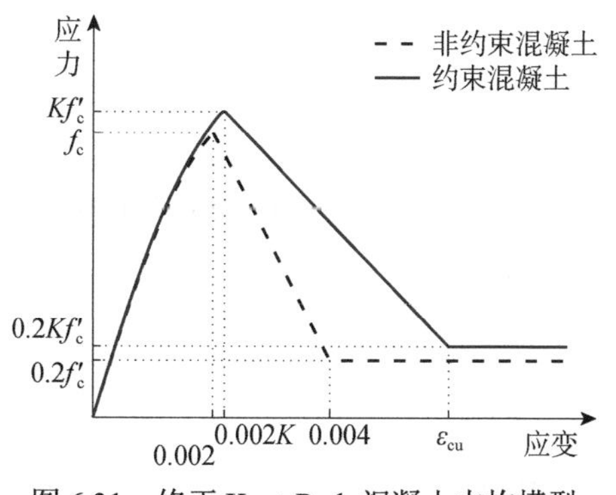

图 6.31　修正 Kent-Park 混凝土本构模型

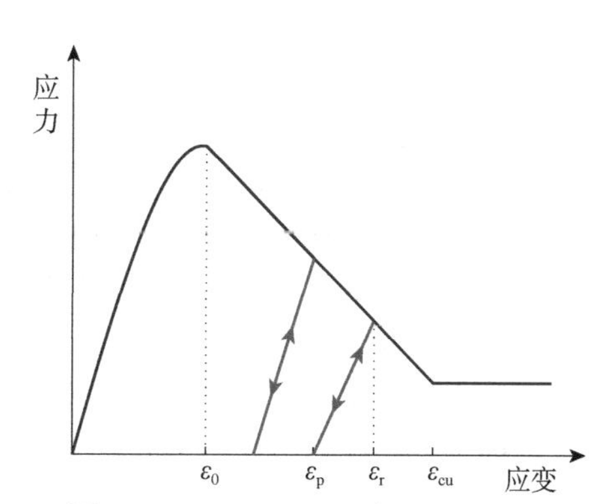

图 6.32　Concrete01 混凝土滞回模型

混凝土的参数根据第 2 章中介绍的混凝土标准立方体抗压试验的结果和文献[1]中的建议值确定。

上升段：$0 \leqslant \varepsilon_{c} \leqslant \varepsilon_{0}$。

$$f_{c}=Kf_{c}'\left[\frac{2\varepsilon_{c}}{\varepsilon_{0}}-\left(\frac{\varepsilon}{\varepsilon_{0}}\right)^{2}\right] \tag{6.15}$$

下降段：$\varepsilon_{0}<\varepsilon_{c} \leqslant \varepsilon_{20}$。

$$f_{c}=Kf_{c}'[1-Z(\varepsilon_{c}-0.002)] \tag{6.16}$$

平台段：$\varepsilon_{20}<\varepsilon_{c}$。

$$f_{c}-0.2Kf_{c}' \tag{6.17}$$

其中，

$$K=1+\frac{\rho_{s}f_{yh}}{f_{c}'} \tag{6.18}$$

$$Z=\frac{0.5}{\dfrac{3+0.29f_{c}'}{145f_{c}'-1000}+\dfrac{3}{4}\rho_{s}\sqrt{\dfrac{h''}{S_{h}}}-0.002} \tag{6.19}$$

$$\varepsilon_{0}=0.002K \tag{6.20}$$

$$\varepsilon_{cu}=0.004+0.9\rho_{s}\left(\frac{f_{yh}}{300}\right) \tag{6.21}$$

式中，f_{c}' 为混凝土圆柱体抗压强度；h'' 为核心混凝土宽度；ε_{0} 为混凝土峰值压应力对应的应变；ε_{cu} 为混凝土极限压应变；ε_{20} 为混凝土峰值应力下降到 20%时的应变；K 为箍筋约束强化系数；S_{h} 为箍筋间距；f_{yh} 为箍筋屈服强度；ρ_{s} 为体积配箍筋率。

6.3.3　单元模型

1. 梁、柱单元模型

梁、柱单元模型选用 OpenSees 中基于柔度法的 Nonlinerar Beam Column 梁柱单元，该单元允许刚度沿杆长变化，确定单元控制截面的抗力和刚度矩阵，使用 Gauss-Lobatto 积分方法沿杆长积分，从而计算出整个梁、柱的抗力和刚度矩阵。模拟受弯的梁、柱构件时，数值模拟结果较好且收敛速度较快，可以有效地模拟梁、柱构件的非线性行为[4]。

梁、柱单元模型的截面采用纤维模型。将梁、柱单元模型的纤维截面划分为若干网格，单轴材料本构模型直接赋予这些纤维网格。根据第 2 章介绍的梁、柱单元尺寸和配筋情况，本节的梁、柱单元截面网格划分如图 6.33 所示。

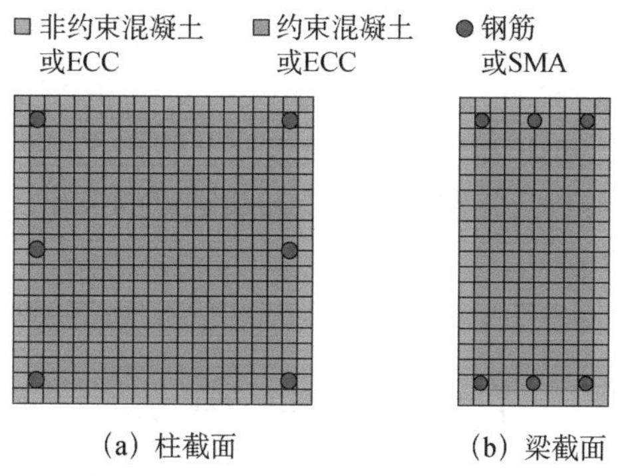

图 6.33　有限元模型梁、柱单元纤维网格划分示意图

2. 节点单元模型

框架梁柱节点单元的数值模型建模方法主要有以下三种：①在梁柱单元端部添加塑性铰；②将节点简化为零长度转动弹簧单元；③将节点简化为剪切元件、剪切弹簧和钢筋黏结滑移弹簧的组合。在 OpenSees 中分别对应 Beam With Hinges 单元、Joint2D 单元和 Beam Column Joint 单元。在这三个方法中，第二种方法相较于第一种能够比较简单地反映剪切响应，但是这两种方法均不能考虑受力纵筋的黏结锚固性能对节点受力性能的影响[5-7]。

1）Beam Column Joint 节点单元模型

由 Lowes 等提出并由 Mitra 改进的节点宏观力学模型[8]，针对节点的三种主要受力破坏失效形式，采用三种元件来模拟：剪切板元件用来模拟节点核心区的剪切失效；零长度钢筋黏结滑移弹簧用来模拟受力纵筋黏结滑移失效；零长度交界面剪切弹簧用来模拟节点四周剪切破坏失效，如图 6.34 所示。

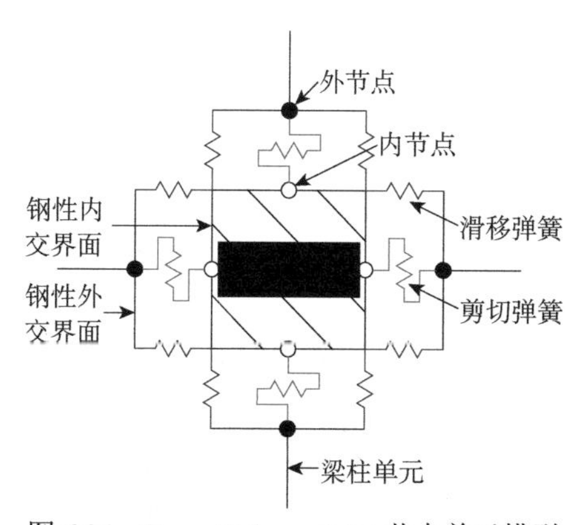

图 6.34　Beam Column Joint 节点单元模型

以上三种元件，均采用通用的一维荷载-变形滞回模型来模拟，使用 OpenSees

中的 Pinching4 材料来实现该滞回模型，如图 6.35 所示。Pinching4 材料模型骨架曲线为多线型，需用 8 个特征点 16 个参数来定义；卸载和再加载路径为三线型，6 个参数分别用于定义卸载和再加载正负方向上的起点；另外，Pinching4 模型需要定义三组损伤计算参数，分别用来模拟卸载刚度的退化、再加载刚度的退化和强度的退化引起的损伤。

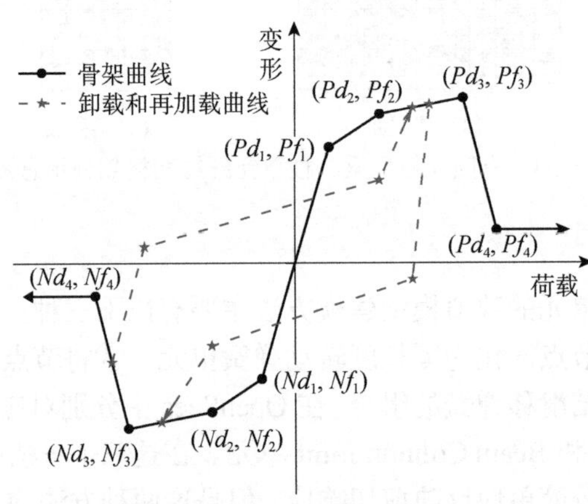

图 6.35　Pinching4 一维荷载-变形滞回模型

2）节点核心区剪应力-应变骨架曲线

修正压力场理论（modified compression field theory，MCFT）是由 Vecchio 和 Collins 提出的，用于确定混凝土剪应力-应变骨架曲线的计算理论。该理论在压力场理论（CFT）的基础上，考虑了开裂后混凝土的受剪特性，引入裂后混凝土受拉本构关系、裂缝间及裂缝面应力平衡条件。ECC 开裂后表现出明显的应变硬化现象，因此开裂后的 ECC 可以看作一种连续材料，也可应用 MCFT 计算剪应力-应变骨架曲线[9, 10]。

本节节点核心区有混凝土和 ECC 两种材料，均采用 MCFT 计算两种材料的节点核心区剪切板的剪应力-应变骨架曲线。文献[9]中混凝土剪切板参数计算流程和文献[10]中钢纤维混凝土剪切板参数计算流程，确定了 ECC 剪切板的计算流程，采用 MATALB 进行迭代计算，详细的迭代计算过程如图 6.36 所示。

3）滑移弹簧和交界面弹簧元件

大量震害调查和试验结果表明，纵筋滑移是框架梁柱节点破坏的主要原因之一。OpenSees 中为模拟受力纵筋的黏结滑移，根据 Eligehausen 和 Hawkins 提出的黏结滑移模型，开发了黏结滑移本构模型，即 Bar-Slip 本构模型。

该本构模型考虑了多种能够影响黏结滑移性能的参数，共有 12 个参数。它们分别是混凝土的抗压强度、纵筋的屈服强度、纵筋的极限强度、纵筋的弹性模量、纵筋的硬化率、纵筋钢筋直径、节点截面尺寸（梁或柱的宽和高）、锚固数量、锚

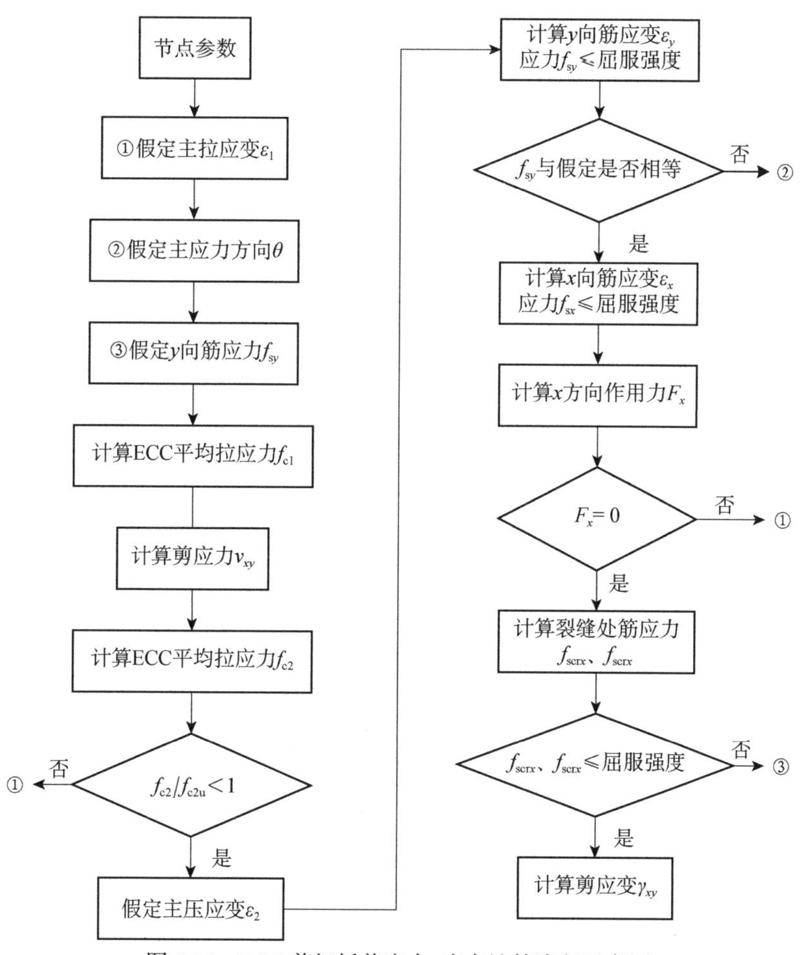

图6.36 ECC剪切板剪应力-应变计算流程示意图

固长度、锚固强弱程度、纵筋位置（柱、梁端上部和梁端下部）和损伤类型。根据试验数据确定这些参数，对该节点模型内梁上下两侧的纵筋和柱左右两侧的纵筋分别建立钢筋滑移元件。

在震害调查和试验结果中，梁、柱端和节点交界面的剪切破坏也是引起节点破坏的原因之一。这种破坏形式在现浇节点中发生较少，这是因为现浇节点和梁、柱交界面处的抗剪刚度较大。因此，将节点核心区与梁、柱交界面处的零长度剪切弹簧设定为一个弹性模量较大的弹性弹簧。

6.3.4 基于SMA-ECC复合材料的自复位框架节点数值模拟模型

基于SMA-ECC复合材料的自复位框架节点数值模拟模型如图6.37所示。共有10个节点、7个单元、4种纤维截面。柱上端（1号节点）为滑动支座，柱下端（10 号节点）为固定铰支座。在柱上端（1 号节点）施加恒定轴力，在梁端自由端（7 号节点）施加低周往复荷载。按照试验加载每级循环的实时位移，采用位移控制加载。

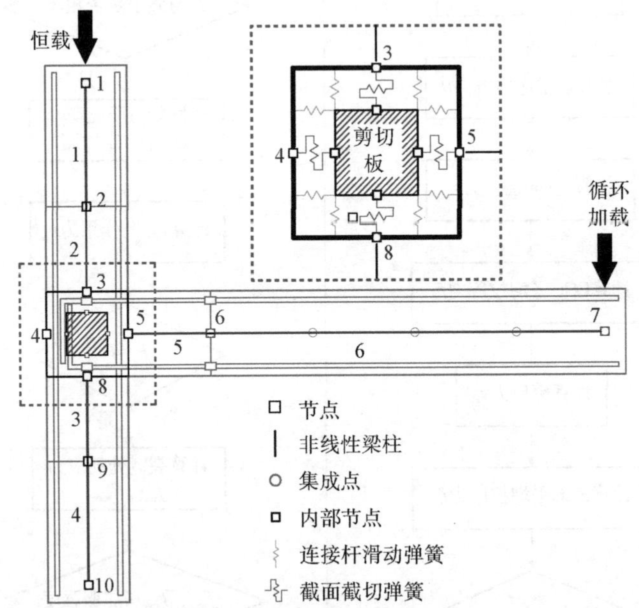

图 6.37　基于 SMA-ECC 复合材料的自复位框架节点数值模拟模型

6.4　基于 SMA-ECC 复合材料的自复位框架节点数值模拟

在建立了完整的框架节点模型后，本节根据每个试件材料和配筋的不同，分别建立各节点试件对应的有限元模型。为了方便对比，将五个构件重新编号，分别为：钢筋混凝土节点 JD-R/C、钢筋 ECC 节点 JD-R/E、SMA 混凝土节点 JD-S/C、SMA 替换长度为 300mm 的 SMA-ECC 节点 JD-S/E-L3、SMA 替换长度为 225mm 的 SMA-ECC 节点 JD-S/E-L2。首先在柱上端施加恒定轴力，然后按照各构件在试验过程中每个循环的实际位移，采用位移控制加载。通过 OpenSees 软件计算得出数值模拟数据，然后对比分析模拟数据和试验数据，验证模型的适用性和准确性。

6.4.1　滞回曲线

试件在拟静力试验中得到的滞回曲线可以反映构件的综合抗震性能。通过对五个模型进行数值模拟，得出模拟滞回曲线，并与试验数据进行对比，如图 6.38 所示。

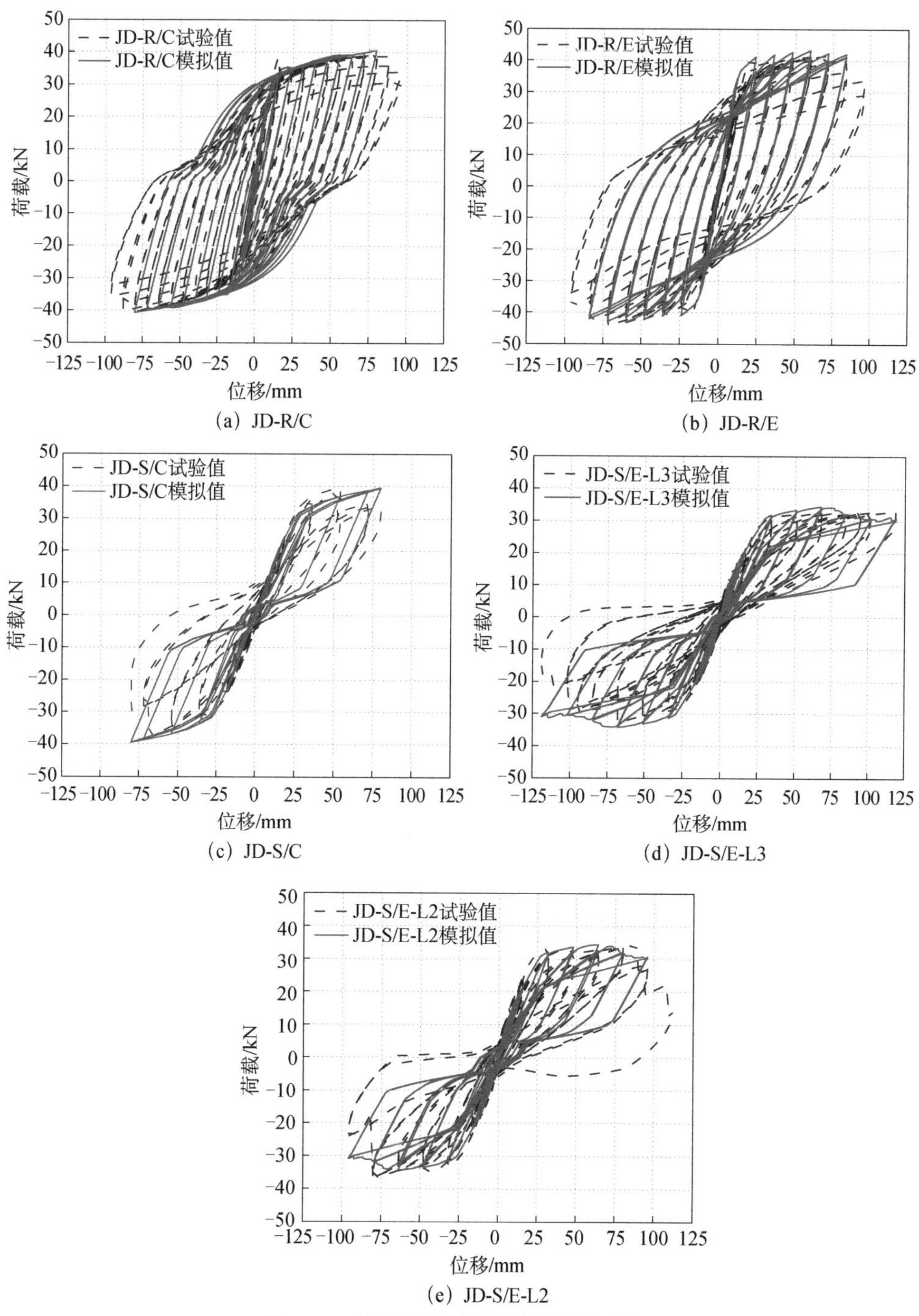

(a) JD-R/C

(b) JD-R/E

(c) JD-S/C

(d) JD-S/E-L3

(e) JD-S/E-L2

图 6.38　节点试验和模拟滞回曲线对比

由图 6.38 可以得出以下结论：

（1）JD-R/C 节点和 JD-R/E 节点滞回曲线的试验数据和模拟数据几乎一致，两个节点的滞回性能拟合较好。

（2）JD-S/C 节点、JD-S/E-L2 节点和 JD-S/E-L3 节点滞回曲线的试验数据和模拟数据在前期吻合良好，试验数据后期出现了承载力突降，与模拟数据产生了一定的差异。这是由于在试验中，SMA-Steel 连接件出现了过早破坏的情况。但是，在节点设计中应避免连接件提前破坏。因此，在数值模拟中修正了这个问题。

6.4.2 骨架曲线

骨架曲线是滞回曲线的外包络曲线，它可以反映节点试件在各个加载阶段的受力性能，为结构弹塑性响应分析提供重要的参考。五个节点试件的模拟值和试验值的骨架曲线如图 6.39 所示。

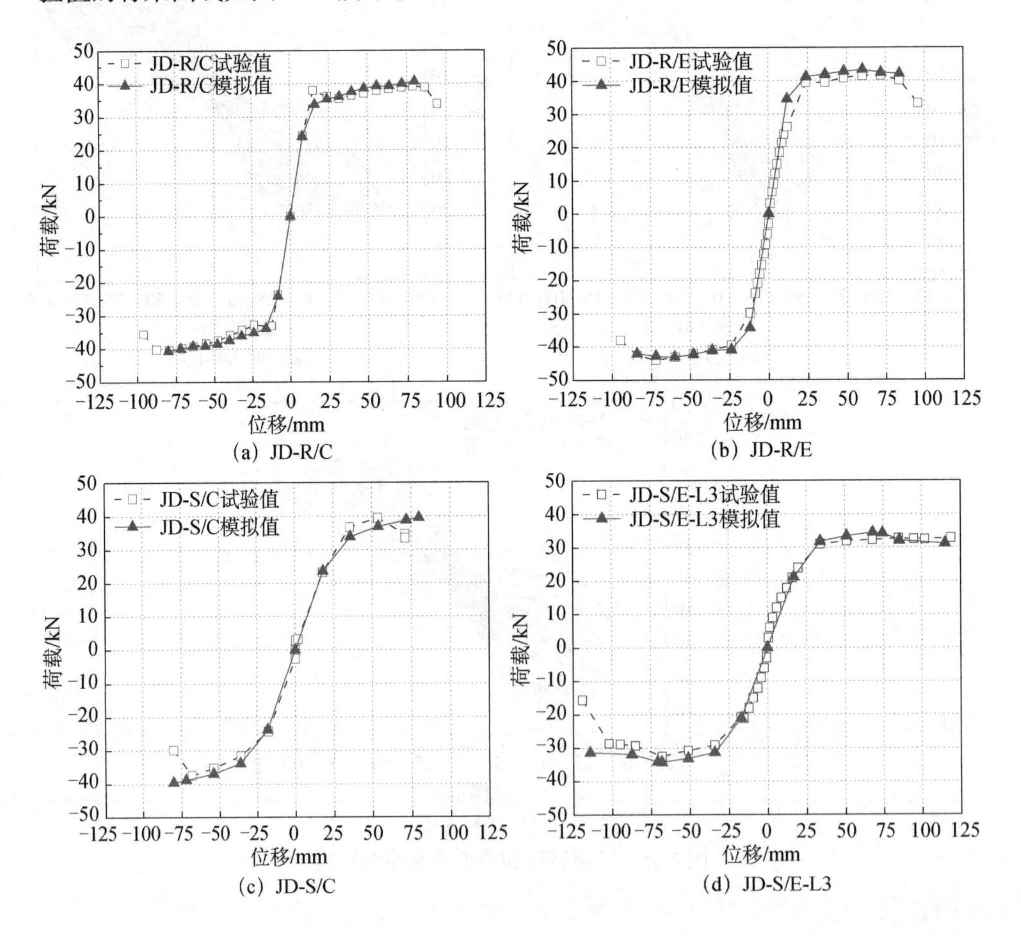

(a) JD-R/C　(b) JD-R/E

(c) JD-S/C　(d) JD-S/E-L3

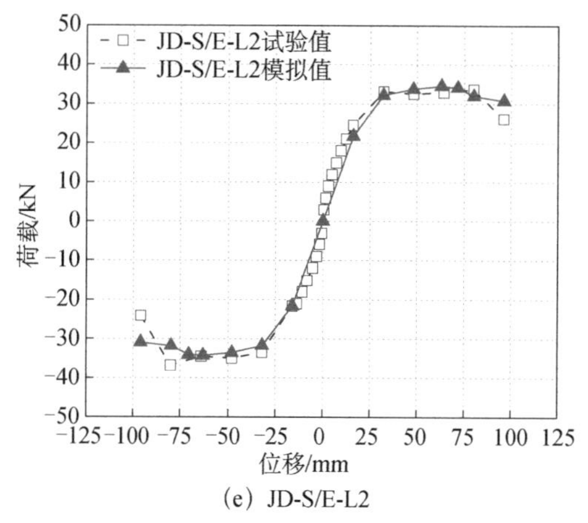

(e) JD-S/E-L2

图 6.39　节点试验和模拟骨架曲线对比

由图 6.39 可以得出以下结论：

（1）在骨架曲线中可以看出 SMA-Steel 连接件的破坏点，在数值模拟中修正后，节点仍能继续保持良好的承载能力。这说明 SMA-Steel 连接件性能的不足限制了节点承载力的发展。

（2）数值模拟数据和试验数据拟合结果较好，数值模型能有效地模拟节点的承载力发展情况。

6.4.3　刚度退化曲线

刚度退化是构件滞回规律的主要特性，也是衡量构件抗震能力的重要指标。计算公式为

$$k_i = \frac{\sum_{j=1}^{n_k} P_{i,j}}{\sum_{j=1}^{n_k} \Delta_{i,j}}$$

式中，k_i 为第 i 次循环加载时的环线刚度；$P_{i,j}$ 、$\Delta_{i,j}$ 分别为第 i 级荷载幅值下第 j 次加载时的峰值荷载和峰值位移。

五个节点试件的模拟数据和试验数据的刚度退化曲线如图 6.40 所示。

由图 6.40 可以得出以下结论：

（1）JD-R/C 节点的初始刚度最大，JD-R/E 节点初始刚度比 JD-R/C 节点稍小。这是由于 ECC 的弹性模量小于同强度等级的混凝土。

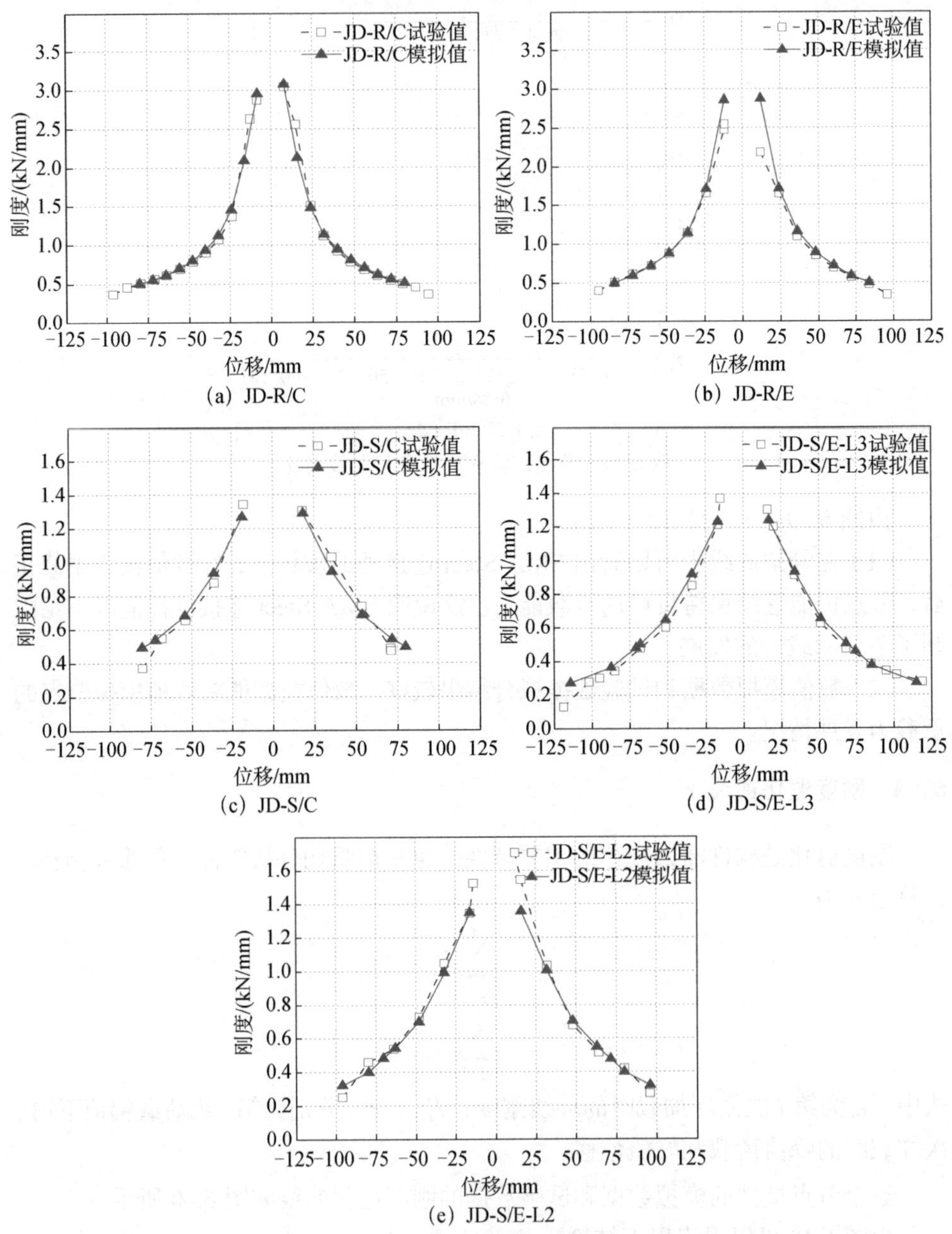

图 6.40　节点试验和模拟刚度退化曲线对比

（2）梁端使用 SMA 替换钢筋的节点初始刚度均较小，JD-S/E-L2 节点的初始刚度在三者中最大。这说明由于 SMA 的弹性模量比钢筋小，减小梁端使用的 SMA 长度可以提高节点的初始刚度。

（3）节点核心区使用 ECC 的三个试件（JD-R/E 节点、JD-S/E-L3 节点、JD-S/E-L2 节点）在节点屈服后刚度退化较慢。这是由于 ECC 中的 PVA 纤维提供的桥联应力可以提高节点的刚度，并降低其退化速度。

（4）JD-S/E-L3 节点在五个试件中刚度退化速度最慢。这说明 SMA-ECC 复合材料在多次反复荷载中抗疲劳能力较好，刚度退化较慢。

本节建立的节点数值模拟模型可以较好地模拟节点的刚度退化过程。SMA-ECC 材料复合的使用能够有效延缓节点的刚度退化，提高结构的抗侧移能力。

6.4.4　自复位能力

出色的自复位能力是 SMA 结构的最大优势，根据节点每个加载循环结束后产生的残余位移评价节点的自复位能力。五个试件的模拟和试验残余位移如图 6.41 所示。

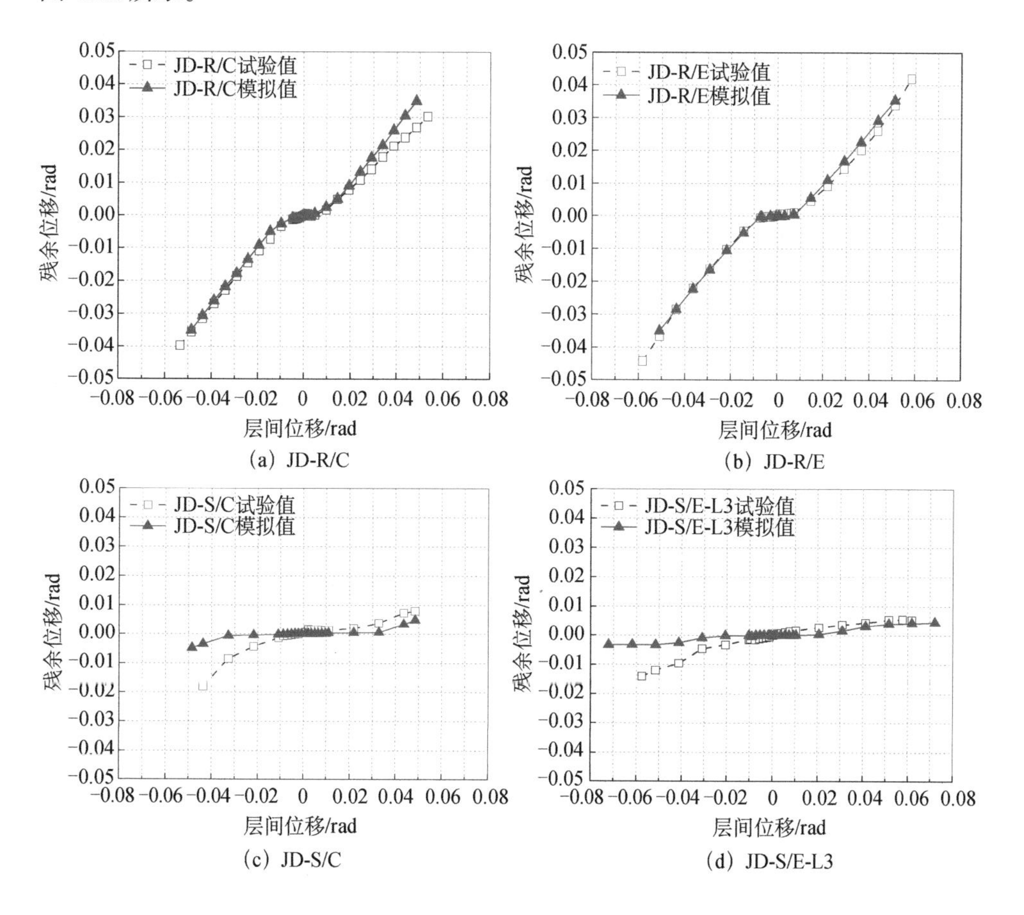

（a）JD-R/C　　（b）JD-R/E

（c）JD-S/C　　（d）JD-S/E-L3

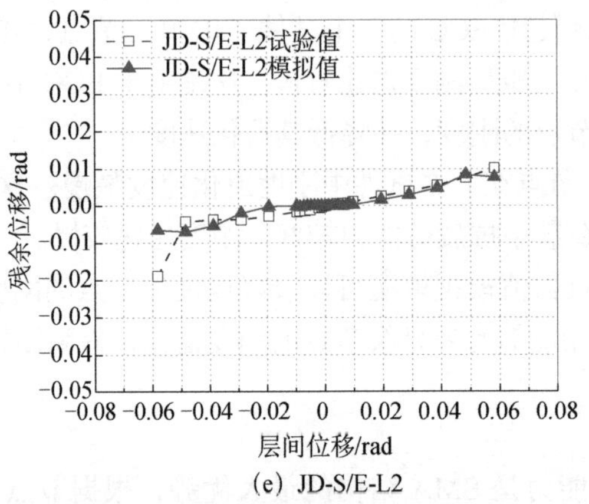

(e) JD-S/E-L2

图 6.41　节点试验和模拟残余位移对比

由图 6.41 可以得出以下结论：

（1）使用 SMA 替换纵筋的节点，在 SMA-Steel 连接件破坏前，试验和数值模拟得出的残余位移结果一致。在连接件破坏后，数值模拟较好地模拟了节点预期的残余位移发展情况。

（2）根据数值模拟的结果，使用 SMA 的节点残余位移都明显降低。在层间位移达到 0.07rad 时，JD-S/E-L3 节点的残余位移仅为 0.046rad，自复位能力最好。

本节建立的节点数值模拟模型可以较好地模拟节点的自复位能力。

6.4.5　耗能能力

构件的耗能能力是衡量其抗震性优劣的重要指标。本节根据节点试件在低周往复荷载作用下每个加载循环消耗能量的值来评价节点的耗能能力。根据试验和数值模拟数据，由试件每级加载滞回环的面积可得出每个循环的耗能曲线，如图 6.42 所示。

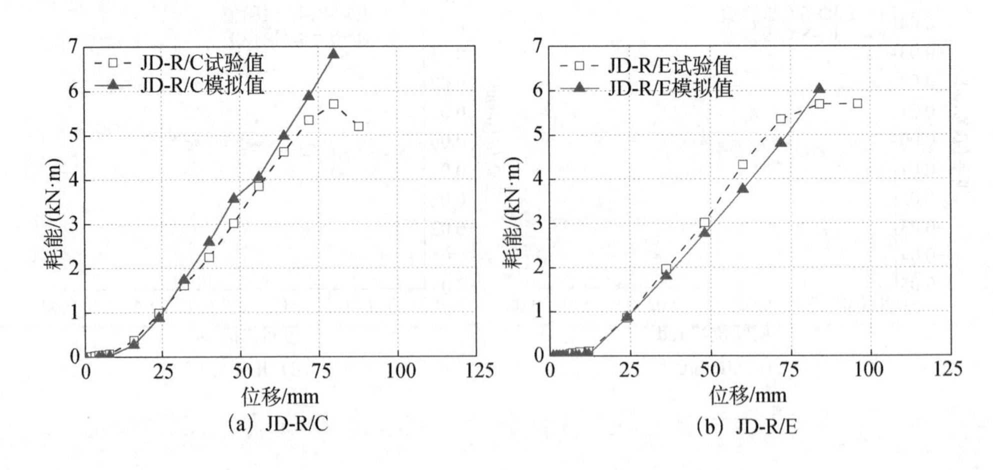

(a) JD-R/C　　(b) JD-R/E

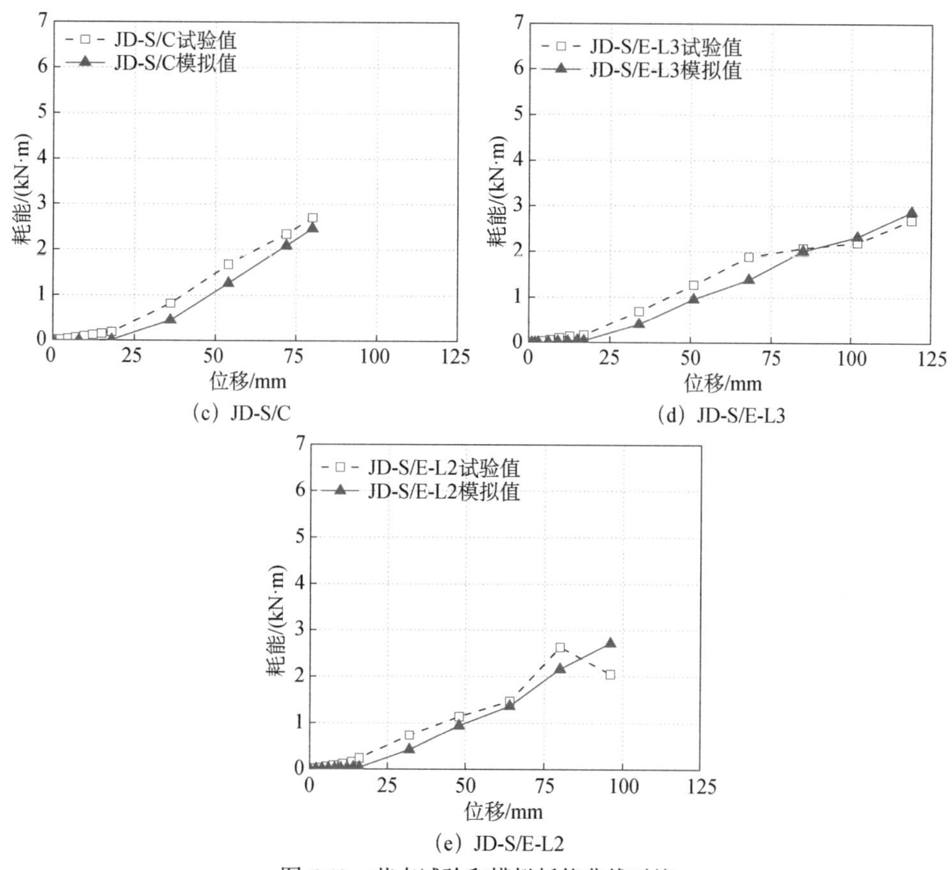

（c）JD-S/C　　（d）JD-S/E-L3

（e）JD-S/E-L2

图 6.42　节点试验和模拟耗能曲线对比

由图 6.42 可得出以下结论：

（1）节点试件屈服之后，JD-R/C 节点和 JD-R/E 节点的耗能量快速上升，钢筋混凝土发生塑性变形，消耗大量能量。进一步对比两者可知，JD-R/E 节点的耗能量小于 JD-R/C 节点，这说明 ECC 提高了节点的耗能能力。

（2）梁端使用 SMA 替换钢筋的节点，耗能量均较低，SMA 的超弹性相变耗能能力小于钢筋塑性变形的耗能能力。当梁端位移达到 75mm 时，JD-S/E-L3 节点的单级循环耗能量约为 JD-R/C 节点的 40%。

（3）JD-S/E-L2 节点和 JD-S/E-L3 节点相比较，JD-S/E-L2 节点耗能量稍高，但两者差别不大，说明减小 SMA 的替换长度对节点耗能能力影响不大。

本节建立的数值模拟模型可以较好地反映节点的耗能能力。

6.5 基于 SMA-ECC 复合材料的自复位框架节点参数分析

在节点试验和数值模拟研究中，SMA-ECC 框架节点体现出较为优秀的自复位能力和综合抗震性能。为了进一步对 SMA-ECC 框架节点进行优化设计，基于已建立的数值模拟模型，对 SMA-ECC 框架节点进行了参数优化分析。分别考虑 SMA 的配置数量、替换长度及屈服强度和 PVA-ECC 材料的使用区域、极限拉应变及抗拉强度等设计参数，综合分析不同参数对节点自复位能力和抗震性能的影响。

6.5.1 SMA 材料对 SMA-ECC 节点抗震性能的影响

在 SMA-ECC 自复位框架节点（以下简称 SMA-ECC 节点）中，SMA 材料主要起到提高节点自复位能力和可修复能力的作用，SMA 材料不同的用法用量会直接影响 SMA-ECC 节点的抗震性能。因此，在 SMA 材料参数分析中，分别考虑了 SMA 的配置数量、替换长度和屈服强度等参数，设计了多个节点试件。

表 6.10 给出了 SMA-ECC 节点 SMA 材料的参数分析方案。根据混凝土结构设计规范[11]，在梁端截面适筋条件下，考虑三种 SMA 配置数量，即替换两根、四根和六根。考虑三种 SMA 替换长度，即从柱边起 225mm、300mm 和 375mm。此外，为了研究 SMA 屈服强度对节点性能的影响，考虑了三种屈服强度，分别为 335MPa、400MPa 和 500MPa。并对采用不同参数设计的试件进行编号。

表 6.10　SMA-ECC 节点 SMA 材料的参数分析方案

试件编号	截面纵筋配置	SMA 替换长度/mm	SMA 屈服强度/MPa
S/E-S1-L3-Y4	1⌀14SMA+2⌀14Steel	300	400
S/E-S2-L3-Y4	2⌀14SMA+1⌀14Steel	300	400
S/E-S3-L3-Y4	3⌀14SMA	300	400
S/E-S3-L2-Y4	3⌀14SMA	225	400
S/E-S3-L4-Y4	3⌀14SMA	375	400
S/E-S3-L3-Y3	3⌀14SMA	300	335
S/E-S3-L3-Y5	3⌀14SMA	300	500

6.5.2 SMA 配置数量对 SMA-ECC 节点性能的影响

设计了 S/E-S 组节点，考虑三种 SMA 配置数量，即替换两根、四根和六根。图 6.43 给出了梁截面 SMA 配置数量示意图，截面位置如图 6.1 中 *A—A* 截面所示。

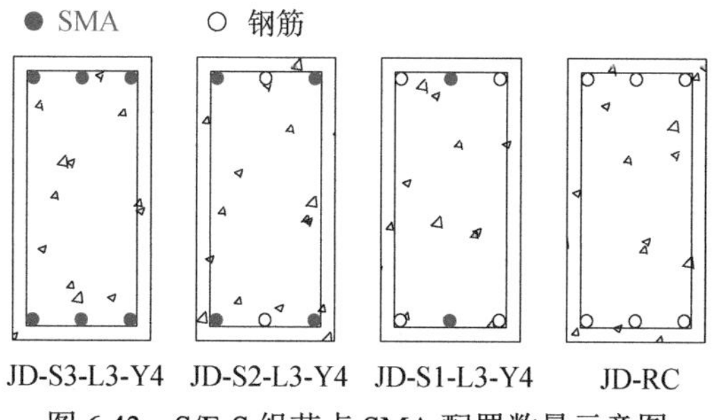

图 6.43　S/E-S 组节点 SMA 配置数量示意图

1. S/E-S 组节点滞回曲线

图 6.44 是 S/E-S 组节点由数值模拟得出的滞回曲线。

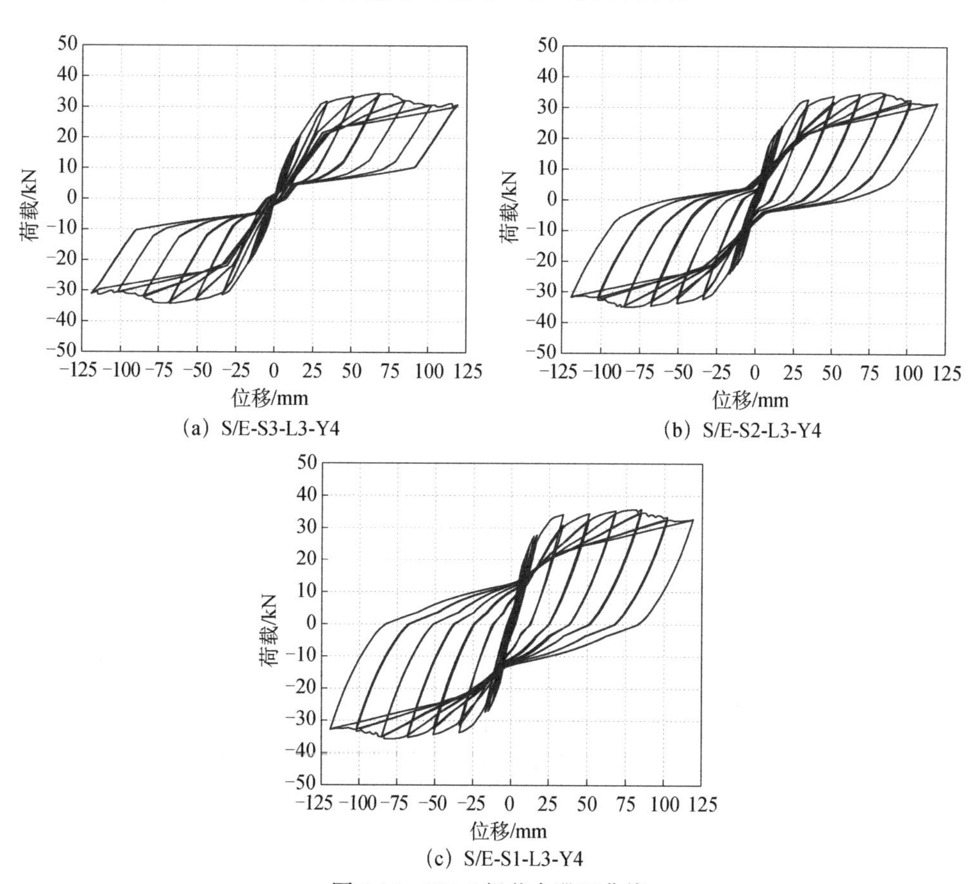

(a) S/E-S3-L3-Y4　(b) S/E-S2-L3-Y4　(c) S/E-S1-L3-Y4

图 6.44　S/E-S 组节点滞回曲线

由图 6.44 可得出以下结论：

（1）随着 SMA 配置数量的减少，SMA-ECC 节点滞回曲线逐渐饱满，失去旗帜形自复位滞回曲线特征。说明减少 SMA 配置数量会影响节点的综合抗震性能，改变节点的受力特性。

（2）S/E-S1-L3-Y4 节点和 S/E-S2-L3-Y4 节点的滞回曲线均存在捏缩特点，但相较而言 S/E-S2-L3-Y4 节点的捏缩程度更大，展现出一定的自复位能力。这初步说明，在 SMA-ECC 节点中，在同截面同时使用 SMA 和钢筋，SMA 用量大于钢筋时，能够表现出一定的自复位效果，这可能与 ECC 良好的抗拉能力和裂缝间的纤维桥联有关。

2. S/E-S 组节点骨架曲线

图 6.45 是 S/E-S 组节点由数值模拟得出的骨架曲线。

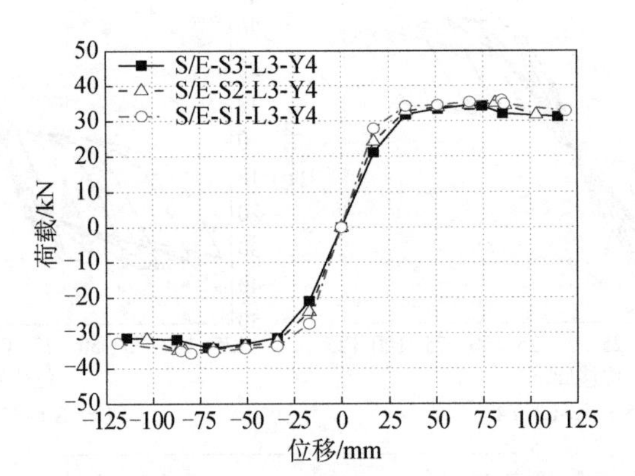

图 6.45　S/E-S 组节点由数值模拟得出的骨架曲线

由图 6.45 可以得出以下结论：

（1）随着 SMA 配置数量的减少，SMA-ECC 节点的屈服强度提高，幅度在 15%左右。这说明减少 SMA 配置数量可以提高节点的屈服强度。

（2）随着 SMA 配置数量的减少，SMA-ECC 节点的极限承载力稍有增加，但由于使用的 SMA 和钢筋屈服强度均为 400MPa 左右，仅增加 1%左右。这说明在同等级等量替换的设计原则下，截面 SMA 的配置数量不会造成节点极限承载力的大幅提高或降低。

3. S/E-S 组节点刚度退化

图 6.46 是 S/E-S 组节点由数值模拟得出的刚度退化曲线。

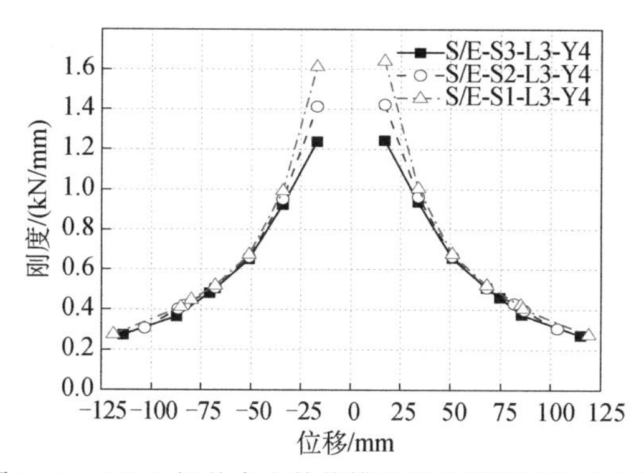

图 6.46　S/E-S 组节点由数值模拟得出的刚度退化曲线

由图 6.46 可以得出以下结论：

（1）随着截面 SMA 配置数量的减少，SMA-ECC 节点初始刚度逐渐提高。在节点梁端使用 SMA 替换钢筋，降低了节点的初始刚度。这是因为 SMA 的弹性模量小于同等级的钢筋。

（2）在梁端位移大于 30mm 之后，该组三个节点的刚度几乎保持一致。这说明减少 SMA 的配置数量仅降低了初始刚度，在 SMA-ECC 节点屈服后对刚度影响不大。

4. S/E-S 组节点自复位能力

图 6.47 是 S/E-S 组节点由数值模拟得出的残余位移曲线。

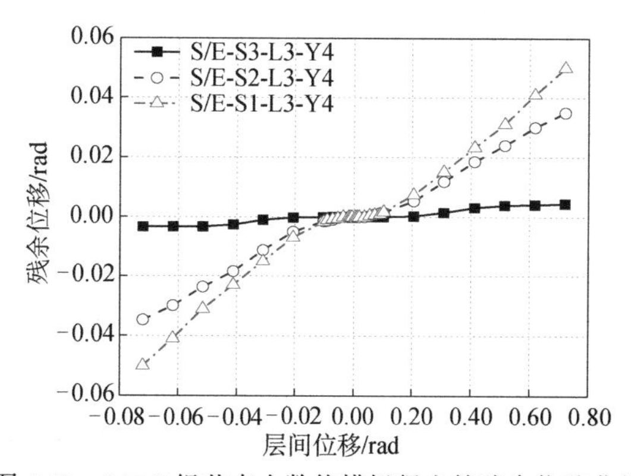

图 6.47　S/E-S 组节点由数值模拟得出的残余位移曲线

由图 6.47 可以得出以下结论：

（1）在层间位移大于 0.02rad 时，S/E-S2-L3-Y4 节点和 S/E-S1-L3-Y4 节点的残余位移明显增大，节点的自复位能力较差。

（2）在层间位移为 0.07rad 时，S/E-S2-L3-Y4 节点的残余位移比 S/E-S1-L3-Y4 节点的残余位移降低了 43%，可恢复位移为 51.5%。这说明 SMA-ECC 节点中，在同截面同时使用 SMA 和钢筋，当 SMA 配置量高于钢筋时，节点能表现出一定的自复位能力。

（3）在 S/E-S 组节点中，仅 S/E-S3-L3-Y4 节点保持较小的残余位移，该节点具有较好的自复位能力。这说明全截面配置 SMA 的节点，节点的自复位能力最好。

5. S/E-S 组节点耗能能力

图 6.48 给出了 S/E-S 组节点由数值模拟得出的耗能曲线。

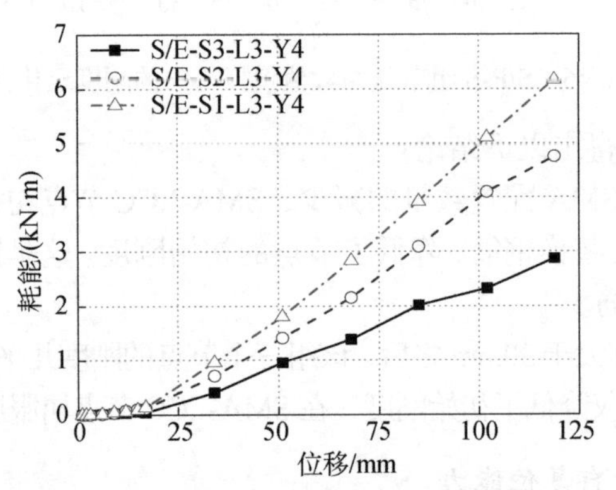

图 6.48　S/E-S 组节点由数值模拟得出的耗能曲线

由图 6.48 可以得出以下结论：

（1）随着截面 SMA 配置数量的减少，SMA-ECC 节点的耗能量逐渐提高。在梁端使用 SMA 替换钢筋会降低 SMA-ECC 节点的耗能能力。

（2）当梁端位移达到 100mm 时，S/E-S2-L3-Y4 节点单循环耗能量大约是 S/E-S3-L3-Y4 节点的 2 倍，S/E-S1-L3-Y4 节点单循环耗能量大约是 S/E-S2-L3-Y4 节点的 1.25 倍。SMA 配置量的减少与节点耗能量的增加不成比例，节点 SMA 配置量越少，耗能提升幅度越小。

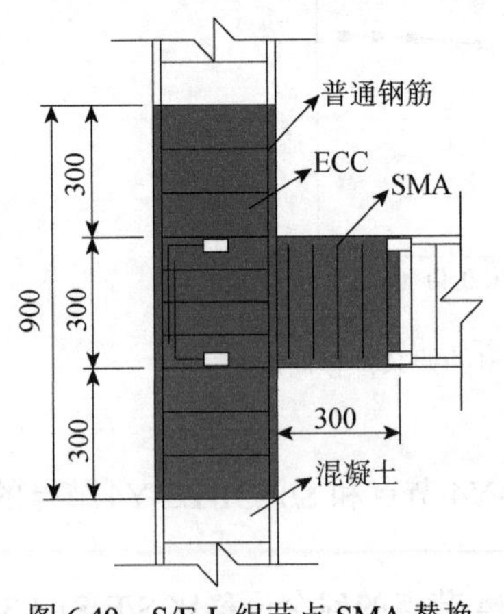

图 6.49　S/E-L 组节点 SMA 替换长度示意图（单位：mm）

6.5.3　SMA 替换长度对 SMA-ECC 节点性能的影响

为了研究 SMA 替换长度对 SMA-ECC 节点的影响，设计了 S/E-L 组节点，考虑了三种替换长度，即从柱边起 225mm、300mm 和 375mm（梁端塑性铰区长度为 300mm），如图 6.49 所示。

1. S/E-L 组节点滞回曲线

图 6.50 是 S/E-L 组节点由数值模拟得出的滞回曲线。

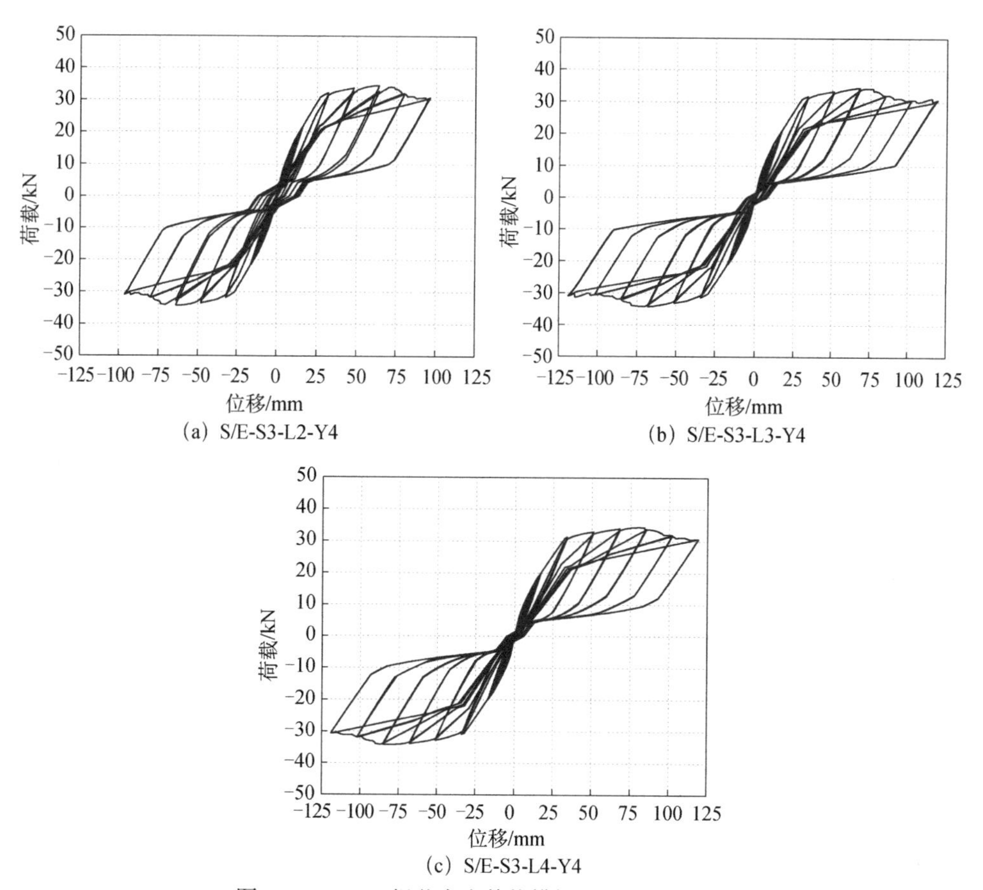

(a) S/E-S3-L2-Y4

(b) S/E-S3-L3-Y4

(c) S/E-S3-L4-Y4

图 6.50　S/E-L 组节点由数值模拟得出的滞回曲线

由图 6.50 可以得出以下结论：

(1) 在 SMA-ECC 节点中采用不同的 SMA 替换长度，节点滞回曲线均呈明显的旗帜形，节点受力性能具有相似的性质。

(2) S/E-S3-L2-Y4 节点的滞回曲线，位移延性较差，与该组内其余两个节点有一定的差异。这说明降低 SMA 替换长度，会影响节点的抗震性能。

2. S/E-L 组节点骨架曲线

图 6.51 是 S/E-L 组节点由数值模拟得出的骨架曲线。

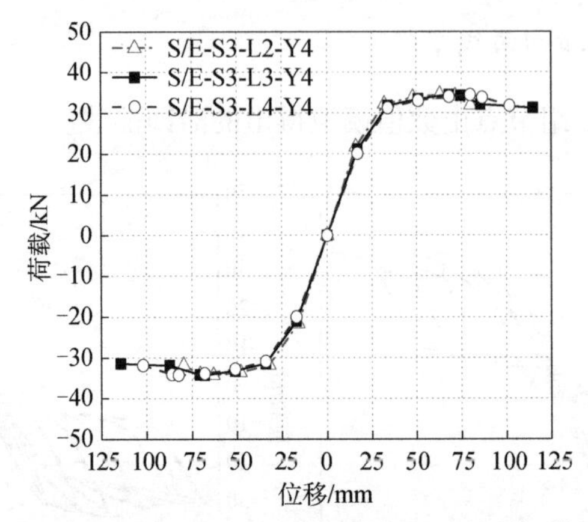

图 6.51　S/E-L 组节点由数值模拟得出的骨架曲线

由图 6.51 可以得出以下结论：

（1）不同 SMA 替换长度的 SMA-ECC 节点，骨架曲线基本一致。

（2）随着 SMA 替换长度的减小，SMA-ECC 节点的屈服强度和极限承载力均有小幅提高。

（3）该组三个节点的极限承载力相差均在 2%左右，因此，SMA 替换长度的不同不会对 SMA-ECC 节点承载力产生较大影响。

3. S/E-L 组节点刚度退化

图 6.52 是 S/E-L 组节点由数值模拟得出的刚度退化曲线。

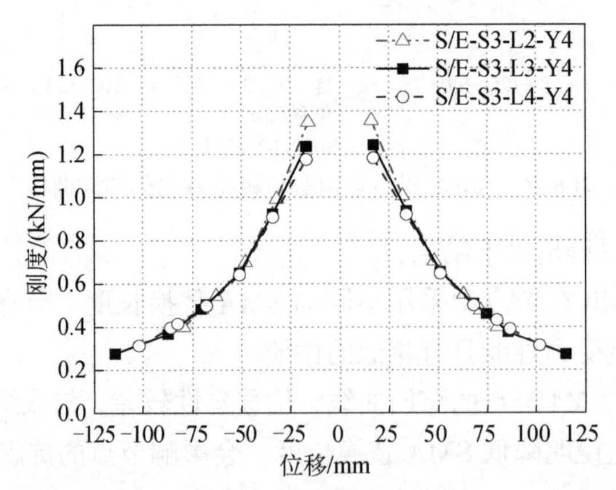

图 6.52　S/E-L 组节点由数值模拟得出的刚度退化曲线

由图 6.52 可以得出以下结论：

（1）随着截面 SMA 替换长度的增加，SMA-ECC 节点的初始刚度降低。

（2）在梁端位移大于 30mm 之后，该组节点的刚度趋于一致。这说明 SMA 替换长度的增加，仅降低了节点的初始刚度，对 SMA-ECC 节点屈服后的刚度影响不大。

4. S/E-L 组节点自复位能力

图 6.53 是 S/E-L 组节点由数值模拟得出的残余位移曲线。

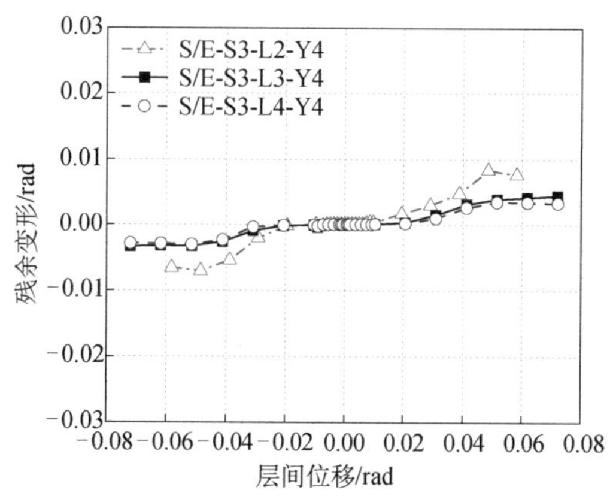

图 6.53　S/E-L 组节点由数值模拟得出的残余位移曲线

由图 6.53 可以得出以下结论：

（1）随着 SMA 替换长度的减小，SMA-ECC 节点残余位移增加，自复位能力降低。

（2）在层间位移达到 0.06rad 时，S/E-S3-L2-Y4 节点的残余位移是 S/E-S3-L3-Y4 节点的 1.7 倍。在梁端塑性铰区长度以下，减小 SMA 替换长度会明显降低 SMA-ECC 节点的自复位能力。因此，在设计 SMA-ECC 节点时，SMA 替换长度尽量不要短于节点塑性铰区长度。

（3）在层间位移为 0.07rad 时，S/E-S3-L3-Y4 节点可恢复变形为 95.4%。S/E-S3-L4-Y4 节点比 S/E-S3-L3-Y4 节点 SMA 替换长度增加了 25%，但在层间位移为 0.07rad 时，其残余位移仅比 S/E-S3-L3-Y4 节点小 15%。因此，在塑性铰区长度以上增加 SMA 的替换长度，对 SMA-ECC 节点自复位能力提升不明显。

综上所述，在梁端塑性铰区长度等长使用 SMA 替换钢筋，节点即可具有良好的自复位能力。

5. S/E-L 组节点耗能能力

图 6.54 是 S/E-L 组节点由数值模拟得出的耗能曲线。

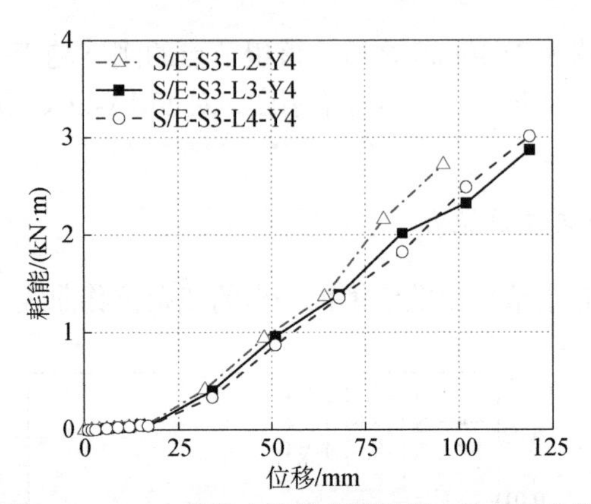

图 6.54　S/E-L 组节点由数值模拟得出的耗能曲线

由图 6.54 可以得出以下结论：

随着 SMA 替换长度的减小，SMA-ECC 节点的耗能量小幅提升，耗能量相差较小。这说明 SMA 替换长度的不同对 SMA-ECC 节点的耗能能力影响较小，在设计中可以不优先考虑。

6.5.4　SMA 屈服强度对 SMA-ECC 节点性能的影响

为了保证梁端 SMA 首先屈服形成塑性铰，SMA 的屈服强度不宜过大。因此，在保证自复位机制的前提下，设计了 S/E-Y 组节点。在适筋条件下，考虑三种不同的 SMA 屈服强度，分别为 500MPa、400MPa 和 335MPa。

1. S/E-Y 组节点滞回曲线

图 6.55 是 S/E-Y 组节点由数值模拟得出的滞回曲线。

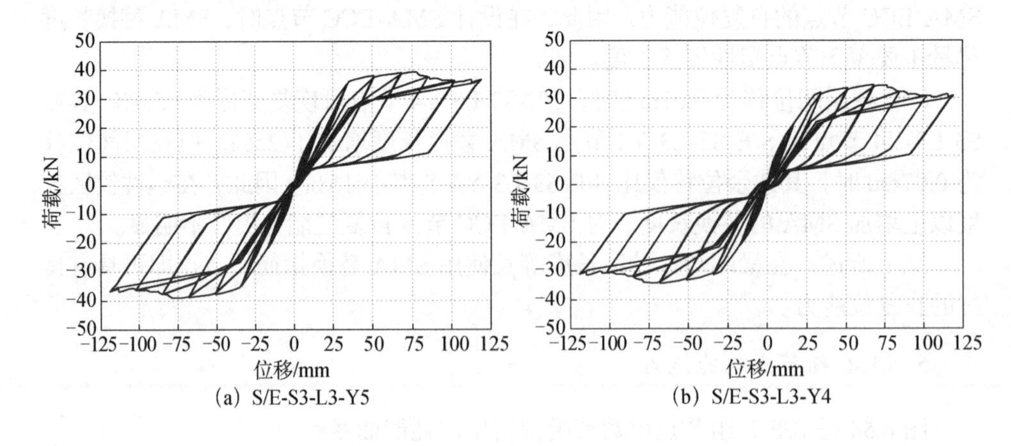

(a) S/E-S3-L3-Y5　　(b) S/E-S3-L3-Y4

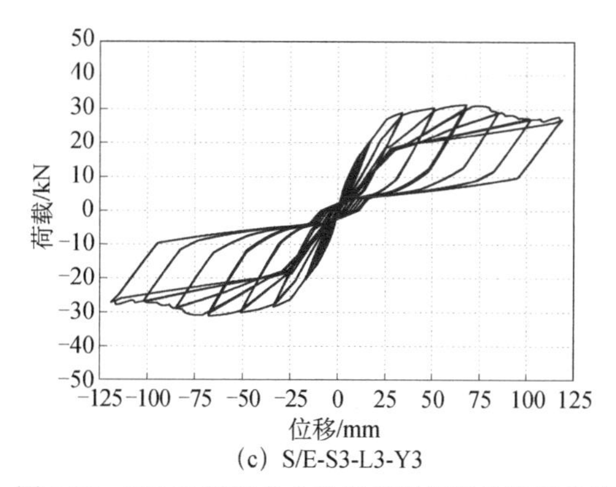

(c) S/E-S3-L3-Y3

图 6.55　S/E-Y 组节点由数值模拟得出的滞回曲线

由图 6.55 可以得出以下结论：

（1）在适筋条件下，SMA 屈服强度的不同会对 SMA-ECC 节点的滞回曲线产生较大影响。

（2）随着 SMA 屈服强度的提高，SMA-ECC 节点的滞回曲线更加饱满，但未改变节点的旗帜形滞回特性。这说明虽然不同屈服强度的 SMA 影响了 SMA-ECC 节点的各项力学性能，但没有改变节点的自复位机制。

2. S/E-Y 组节点骨架曲线

图 6.56 是 S/E-Y 组节点由数值模拟得出的骨架曲线。

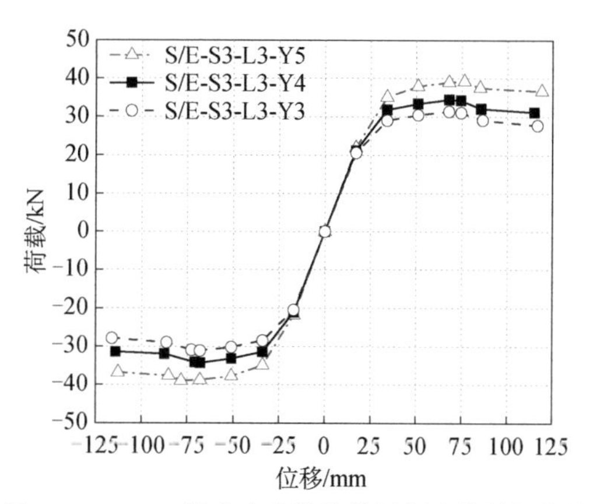

图 6.56　S/E-Y 组节点由数值模拟得出的骨架曲线

由图 6.56 可以得出以下结论：

（1）随着 SMA 屈服强度的提高，SMA-ECC 节点屈服强度有一定提高。但是提高幅度不大，均在 3%左右。

（2）S/E-S3-L3-Y5 节点与 S/E-S3-L3-Y4 节点相比，SMA 屈服强度提高了 25%，节点的极限承载力提高了 13.6%；S/E-S3-L3-Y4 节点与 S/E-S3-L3-Y3 节点相比，SMA 屈服强度提高了 19%左右，节点的极限承载力也提高了 9%左右。随着 SMA 屈服强度的提高，SMA-ECC 节点的极限承载力有较大提高，但是增幅不呈线性关系。

对于 SMA-ECC 节点，在提升承载力方面，使用更高屈服强度的 SMA 带来的收益不高，使用合适的 SMA 强度等级即可。

3. S/E-Y 组节点刚度退化

图 6.57 是 S/E-Y 组节点由数值模拟得出的刚度退化曲线。

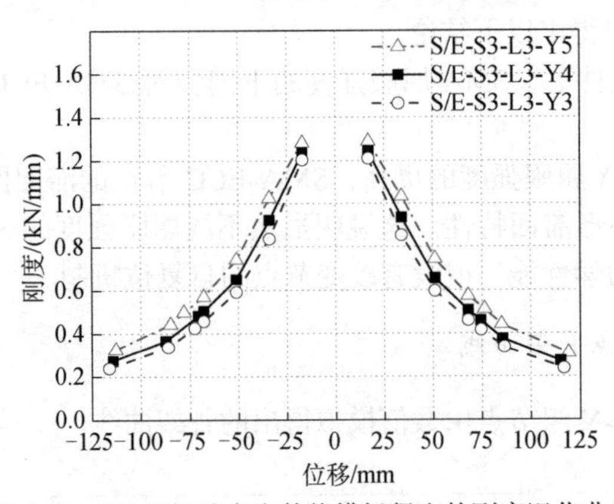

图 6.57　S/E-Y 组节点由数值模拟得出的刚度退化曲线

由图 6.57 可以得出以下结论：

（1）随着 SMA 屈服强度的提高，SMA-ECC 节点的初始刚度和屈服后的刚度均有所提高，但提高幅度不大，均在 3%左右。

（2）该组节点的刚度退化幅度较缓，并且保持一致。

综上可以得出，虽然使用更高强度的 SMA 不能有效提高节点的刚度，但也不会导致刚度退化过快。

4. S/E-Y 组节点自复位能力

图 6.58 是 S/E-Y 组节点由数值模拟得出的残余位移曲线。

由图 6.58 可以得出以下结论：

（1）在层间位移为 0.03rad 之前，该组节点的残余位移均能完全恢复。在层间位移大于 0.03rad 之后，出现一定的差异。

（2）在层间位移为 0.06rad 时，S/E-S3-L3-Y3 节点的残余位移较 S/E-S3-L3-

Y4 节点增加了 43%。SMA 屈服强度降低，会使 SMA-ECC 节点残余位移增大，自复位能力下降。

（3）在层间位移为 0.07rad 时，S/E-S3-L3-Y5 节点残余位移较 S/E-S3-L3-Y4 节点降低了 40.6%，可恢复变形达到 97.5%。这说明使用屈服强度更高的 SMA，可以提高节点的自复位能力。

综上所述，在保证梁端 SMA 先屈服的条件下，提高 SMA 的屈服强度可以提高 SMA-ECC 节点的自复位能力。

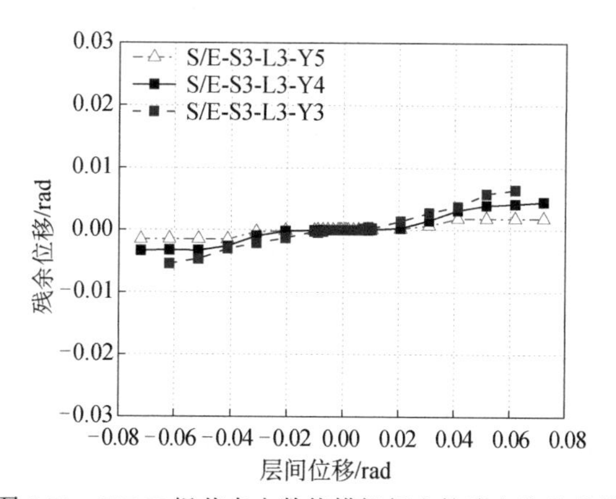

图 6.58　S/E-Y 组节点由数值模拟得出的残余位移曲线

5. S/E-Y 组耗能能力

图 6.59 是 S/E-Y 组节点由数值模拟得出的耗能曲线。

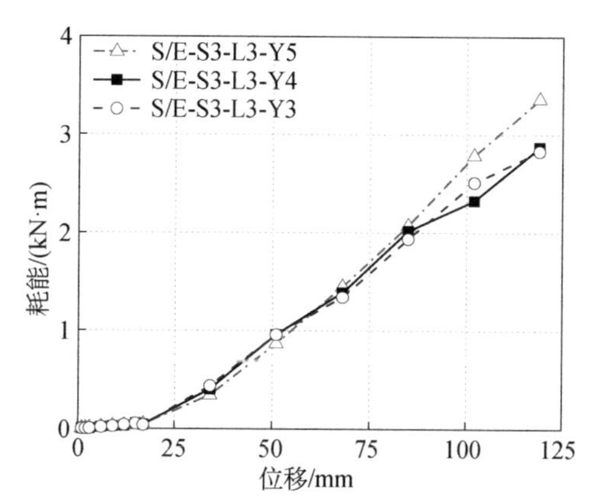

图 6.59　S/E-Y 组节点由数值模拟得出的耗能曲线

由图 6.59 可以得出以下结论：

（1）S/E-S3-L3-Y4 节点和 S/E-S3-L3-Y3 节点耗能曲线几乎一致，两者耗能能力几乎相同。

（2）在节点位移大于 80mm 时，S/E-S3-L3-Y5 节点的耗能量较大，节点的耗能能力明显较好。在梁端位移达到 100mm 时，S/E-S3-L3-Y5 节点的单循环耗能量比其余两个 SMA-ECC 节点高 17%。

综上所述，使用屈服强度更高的 SMA 可以提高 SMA-ECC 节点的耗能能力。

6.6 ECC 材料对 SMA-ECC 框架节点抗震性能的影响

6.6.1 试件设计

本节研究的 SMA-ECC 节点中，ECC 材料因其优秀的延性、特殊的多缝开裂特性和应变硬化的特性，能够提高节点的延性、耗能能力和可修复能力。分别考虑 PVA-ECC 材料的使用区域、极限拉应变和抗拉强度等设计参数，综合研究其对 SMA-ECC 节点自复位能力和抗震性能的影响。

表 6.11 是 SMA-ECC 节点 ECC 材料的参数分析方案。考虑三种 ECC 使用区域，即梁端 300mm+柱端+节点、梁端 300mm+节点、梁端 225mm+柱端+节点；考虑三种 ECC 极限拉应变，即 ECC 的极限拉应变分别为 1.5%、3.0%、5.0%；此外，还考虑了三种 ECC 的抗拉强度，分别为 3MPa、4MPa 和 5MPa。并对采用不同参数设计的试件进行了编号。

表 6.11 SMA-ECC 节点 ECC 材料的参数分析方案

试件编号	ECC 使用区域	ECC 极限拉应变/%	ECC 抗拉强度/MPa
S/E-E1-P3-T4	梁端 225mm+柱端+节点	3.0	4
S/E-E2-P3-T4	梁端 300mm+节点	3.0	4
S/E-E3-P3-T4	梁端 300mm+柱端+节点	3.0	4
S/E-E3-P1-T4	梁端 300mm+柱端+节点	1.5	4
S/E-E3-P5-T4	梁端 300mm+柱端+节点	5.0	4
S/E-E3-P3-T3	梁端 300mm+柱端+节点	3.0	3
S/E-E3-P3-T5	梁端 300mm+柱端+节点	3.0	5

6.6.2 ECC 使用区域对 SMA-ECC 节点性能的影响

为了研究 ECC 使用区域对 SMA-ECC 节点的影响，设计了 S/E-E 组试件，考虑三种 ECC 使用区域，即梁端 225mm+柱端+节点、梁端 300mm+节点、梁端 300mm+柱端+节点，如图 6.60 所示。

1. S/E-E 组节点滞回曲线

图 6.61 是 S/E-E 组节点由数值模拟得出的滞回曲线。

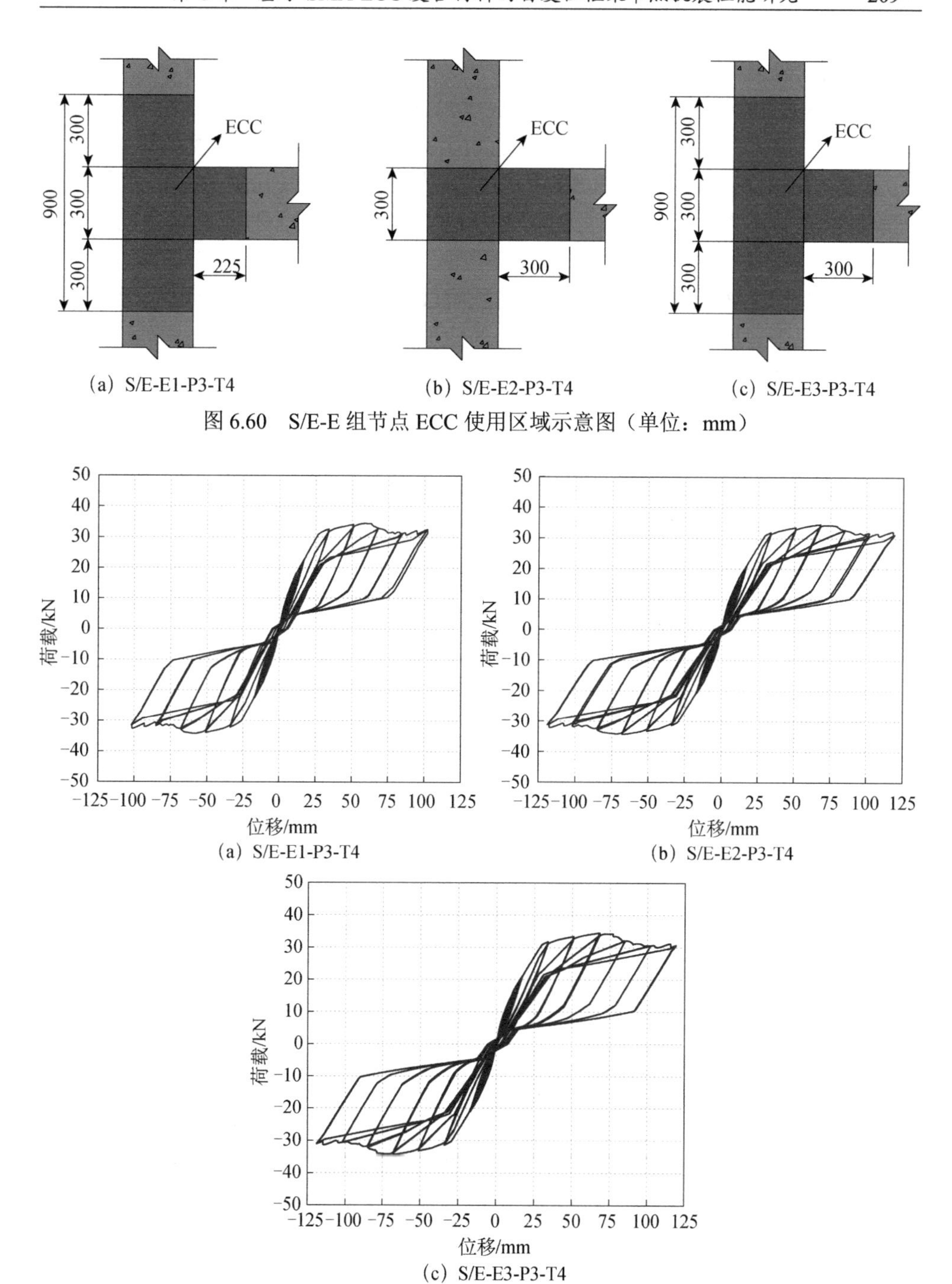

(a) S/E-E1-P3-T4　(b) S/E-E2-P3-T4　(c) S/E-E3-P3-T4

图 6.60　S/E-E 组节点 ECC 使用区域示意图（单位：mm）

(a) S/E-E1-P3-T4　(b) S/E-E2-P3-T4　(c) S/E-E3-P3-T4

图 6.61　S/E-E 组节点由数值模拟得出的滞回曲线

由图 6.61 可以得出以下结论：

（1）S/E-E 组节点的滞回曲线相似，均具有旗帜形滞回特征，没有表现出明显的差异。ECC 使用区域的不同，没有对节点的滞回响应产生显著的影响。

（2）S/E-E2-P3-T4 节点和 S/E-E3-P3-T4 节点滞回曲线几乎一致，两节点的抗震性能差异不大。这初步说明柱端使用 ECC 或者混凝土，对节点综合抗震性能影响不大。

（3）S/E-E1-P3-T4 节点进入位移加载阶段后，节点的承载力下降到极限承载力的 85%以下，加载停止，节点表现出的变形能力较低。这说明减少节点梁端的 ECC 使用长度，会降低节点的延性，节点的变形能力下降。

2. S/E-E 组节点骨架曲线

图 6.62 是 S/E-E 组节点由数值模拟得出的骨架曲线。

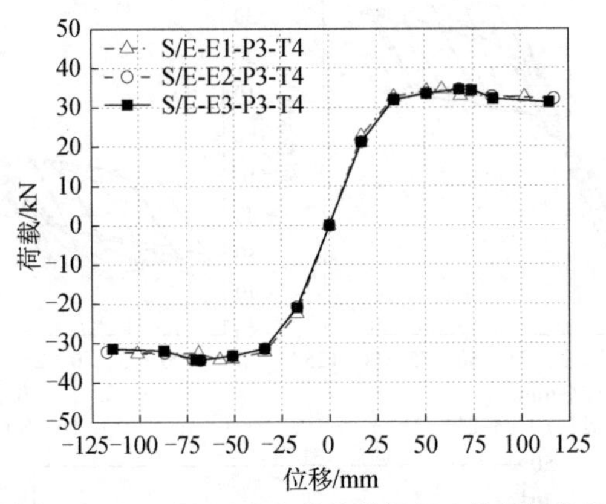

图 6.62 S/E-E 组节点由数值模拟得出的骨架曲线

由图 6.62 可以得出以下结论：

（1）S/E-E2-P3-T4 节点与 S/E-E3-P3-T4 节点屈服强度几乎相同，前者的极限承载力较后者提高了 1%左右，对节点的整体承载力发展影响不大。这说明在节点柱端使用 ECC 或者混凝土，不影响节点的承载力发展。

（2）S/E-E1-P3-T4 节点的屈服强度较 S/E-E3-P3-T4 节点提高了约 7%。梁端位移达到 60mm 时，S/E-E1-P3-T4 节点承载力达到最大，之后开始下降。和其余两个节点相比，S/E-E1-P3-T4 节点的承载力较早开始下降，其余两个节点梁端位移达 75mm 时承载力才开始出现下降。这进一步说明减少梁端 ECC 的使用长度，会降低节点的延性。

（3）从节点承载力方面来看，节点柱端可以不使用 ECC 材料，但节点梁端 ECC 材料使用区域不能减少。

3. S/E-E 组节点刚度退化

图 6.63 是 S/E-E 组节点由数值模拟得出的刚度退化曲线。

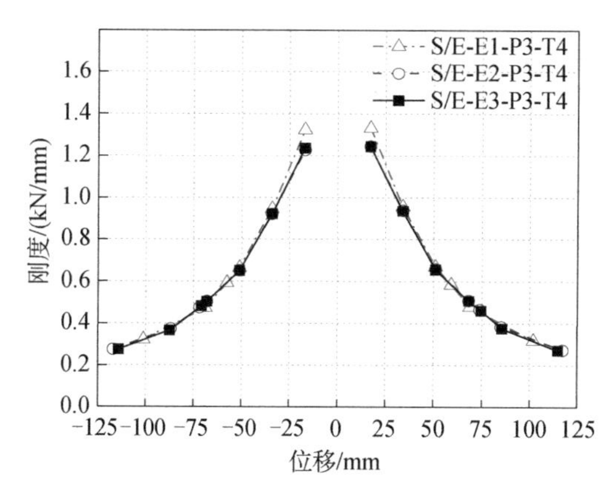

图 6.63　S/E-E 组节点由数值模拟得出的刚度退化曲线

由图 6.63 可以得出以下结论：

（1）S/E-E2-P3-T4 节点与 S/E-E3-P3-T4 节点的刚度退化曲线几乎一致，说明节点柱端使用 ECC 或者混凝土，不会对节点的刚度退化曲线造成明显改变。

（2）S/E-E1-P3-T4 节点的初始刚度较 S/E-E3-P3-T4 节点提高了 7%，前者屈服后的刚度与后者趋于一致。这说明减少梁端 ECC 的使用长度，能够小幅提升节点的初始刚度，但不影响节点屈服后的刚度。

4. S/E-E 组节点自复位能力

图 6.64 是 S/E-E 组节点由数值模拟得出的残余位移曲线。

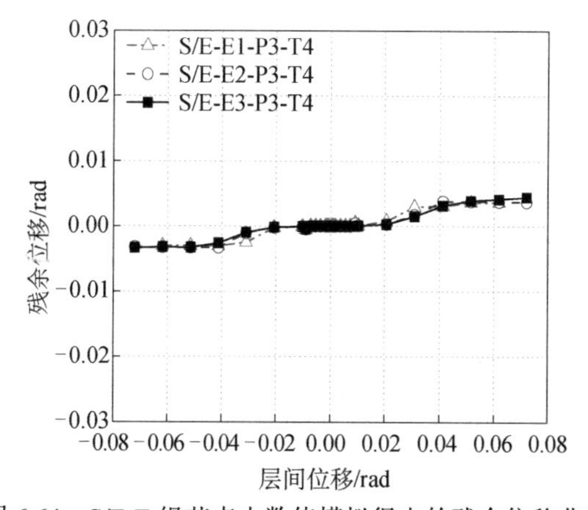

图 6.64　S/E-E 组节点由数值模拟得出的残余位移曲线

由图 6.64 可以得出以下结论：

（1）在节点层间位移达到 0.02rad 之前，该组节点的残余位移可忽略不计，均能完全恢复。

（2）在层间位移大于 0.02rad 之后，S/E-E2-P3-T4 节点与 S/E-E3-P3-T4 节点的残余位移发展曲线几乎相同，说明节点柱端使用 ECC 或者混凝土，对节点的自复位能力影响较小。

（3）在层间位移大于 0.02rad 之后，S/E-E1-P3-T4 节点的自复位能力开始下降；在层间位移达到 0.03rad 时，节点残余位移较上一级循环增加较多。这说明减小梁端的 ECC 使用长度影响了节点的自复位能力，会提前导致节点残余位移增大。

（4）SMA-ECC 节点柱端使用 ECC 或者混凝土，不影响节点自复位能力；节点梁端减小 ECC 材料的使用长度，降低了节点在加载初期的自复位能力。

5. S/E-E 组节点耗能能力

图 6.65 是 S/E-E 组节点由数值模拟得出的耗能曲线。

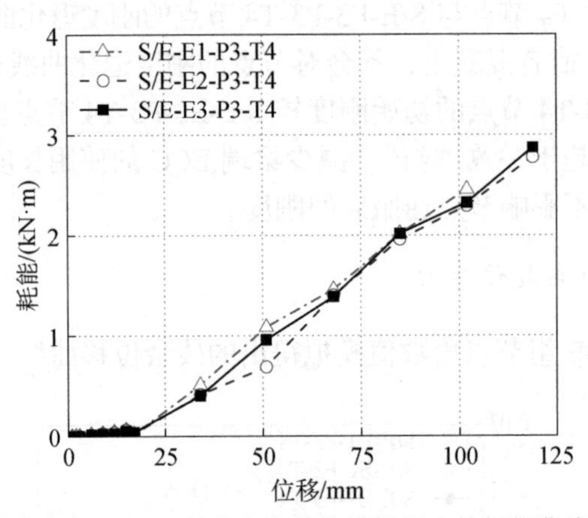

图 6.65　S/E-E 组节点由数值模拟得出的耗能曲线

由图 6.65 可以得出以下结论：

（1）S/E-E2-P3-T4 节点耗能能力略低于 S/E-E3-P3-T4 节点，平均每级加载耗能量较后者减少约 2%，两者耗能能力差距较小。因此，节点柱端使用 ECC 或混凝土材料对节点耗能能力影响较小。

（2）S/E-E1-P3-T4 节点的单级加载耗能量略大于 S/E-E3-P3-T4 节点，平均每级加载耗能量较后者提高约 13%，但是该节点的延性较差，梁端位移达到 100mm 后节点就会破坏，所以总耗能量较小。这说明减少梁端 ECC 的使用长度降低了节点的耗能能力。

（3）SMA-ECC 节点柱端使用 ECC 或者混凝土，对节点耗能能力影响较小；节点梁端减少 ECC 材料使用长度，会降低 SMA-ECC 节点的耗能能力。

6.6.3　ECC 极限拉应变对 SMA-ECC 节点性能的影响

目前，在学术研究和实际应用中常用的 ECC 材料，其极限拉应变为 3%左右。根据配合比或纤维性能的不同，PVA-ECC 材料的极限拉应变为 1.5%～6%，极限拉应变越大的 ECC 制备越困难。为了研究不同极限拉应变的 ECC 对节点性能的影响，设计了 S/E-P 组节点试件，考虑三种 ECC 的极限拉应变，分别为 1.5%、3%和 5%。

1. S/E-P 组节点滞回曲线

图 6.66 是 S/E-P 组节点由数值模拟得出的滞回曲线。

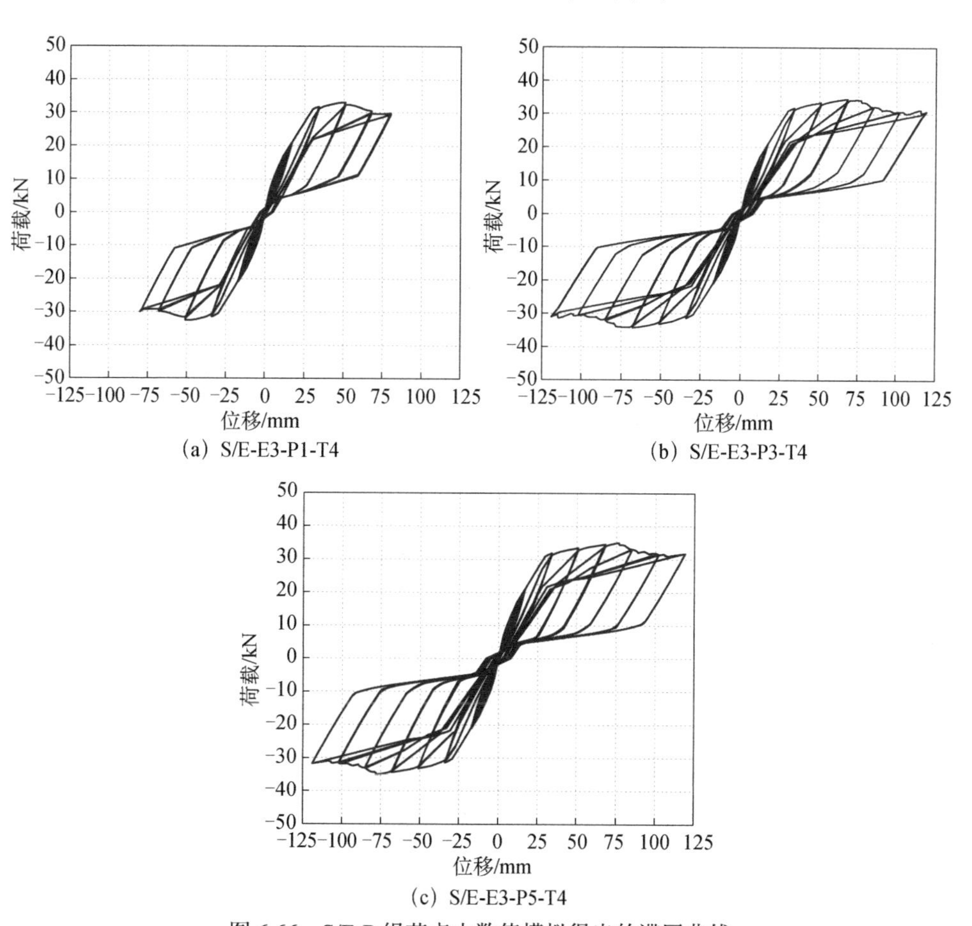

（a）S/E-E3-P1-T4

（b）S/E-E3-P3-T4

（c）S/E-E3-P5-T4

图 6.66　S/E-P 组节点由数值模拟得出的滞回曲线

由图 6.66 可以得出以下结论：

（1）S/E-E3-P1-T4 节点与其余两节点相比，滞回曲线有明显差异。虽然仍具有旗帜形滞回特征，但是滞回曲线较不饱满、节点延性较低、变形能力较差。这说明极限拉应变较低的 ECC 材料，会显著影响 SMA-ECC 节点的综合抗震性能，具体影响将在下面进一步分析。

（2）S/E-E3-P5-T4 节点和 S/E-E3-P3-T4 节点的滞回曲线几乎一致，在滞回曲线的对比中无明显差异。这初步说明提高节点 ECC 材料的极限拉应变对本节研究的 SMA-ECC 节点的抗震性能影响较小。

2. S/E-P 组节点骨架曲线

图 6.67 是 S/E-P 组节点由数值模拟得出的骨架曲线。

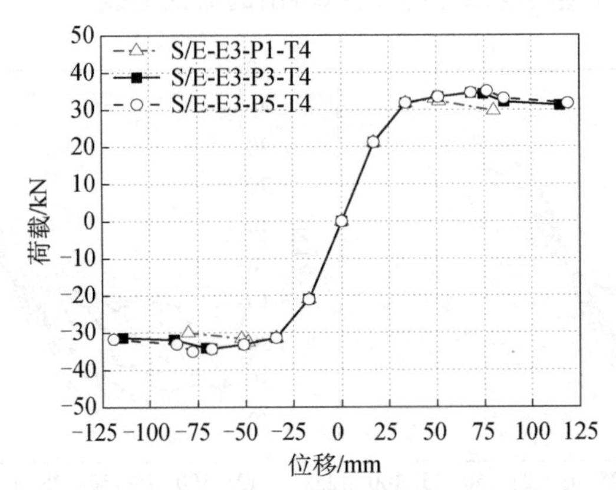

图 6.67　S/E-P 组节点由数值模拟得出的骨架曲线

由图 6.67 可以得出以下结论：

（1）在梁端位移为 50mm 之前，该组节点的骨架曲线几乎一致，屈服强度相差均在 1%左右。梁端位移达到 50mm 时，S/E-E3-P1-T4 节点的承载力达到极限，之后承载力开始明显下降；梁端位移达到 80mm 时，该节点破坏。这说明，若 ECC 材料的极限拉应变较小，SMA-ECC 节点的承载力会较早开始下降，节点最大承载力和延性均会有所降低。

（2）在梁端位移达到 68mm 之前，S/E-E3-P5-T4 节点和 S/E-E3-P3-T4 节点的骨架曲线几乎一致。在梁端位移达到 68mm 时，S/E-E3-P3-T4 节点承载力达到极限，之后承载力开始下降。而 S/E-E3-P5-T4 节点的承载力在梁端位移达到 75mm 后才开始下降。这说明提高节点 ECC 材料的极限拉应变可以提高 SMA-ECC 节点的极限承载力和延性，但是提升幅度不大。

3. S/E-P 组节点刚度退化

图 6.68 是 S/E-P 组节点由数值模拟得出的刚度退化曲线。

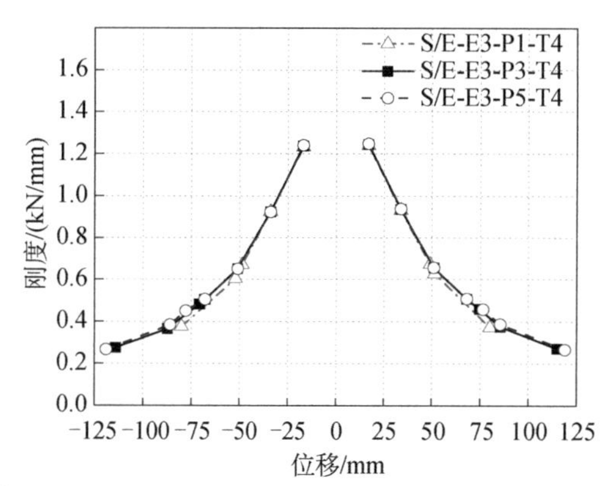

图 6.68　S/E-P 组节点由数值模拟得出的刚度退化曲线

由图 6.68 可以得出以下结论：

（1）在梁端位移为 50mm 之前，该组节点三个试件的刚度退化曲线几乎相同。S/E-E3-P1-T4 节点在梁端位移达到 50mm 之后刚度退化加快，刚度小于该组其余两个节点。说明 ECC 材料的极限拉应变较小，降低了节点的刚度，加快了节点的刚度退化。

（2）在梁端位移为 50mm 之后，S/E-E3-P5-T4 节点与 S/E-E3-P3-T4 节点相比，刚度退化速度较慢，整体刚度略小于后者，但是总体差异不大。这说明提高 ECC 材料的极限拉应变可以小幅提高节点的刚度，降低节点的刚度退化速度。

4. S/E-P 组节点自复位能力

图 6.69 是 S/E-P 组节点由数值模拟得出的残余位移曲线。

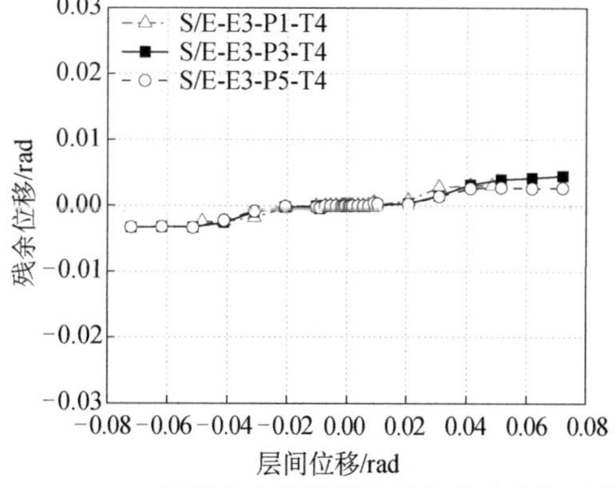

图 6.69　S/E-P 组节点由数值模拟得出的残余位移曲线

由图 6.69 可以得出以下结论：

（1）随着 ECC 材料的极限拉应变增大，SMA-ECC 节点的残余位移小幅减小，节点自复位能力有略微提高。S/E-P 组节点残余位移曲线发展几乎保持一致，三个节点整体的自复位能力相差不大。

（2）当层间位移达到 0.03rad 时，S/E-E3-P1-T4 节点残余位移比 S/E-E3-P3-T4 节点增大了 45.5%。当层间位移达到 0.04rad 时，这两个节点的残余位移开始趋于一致。这说明 ECC 材料的极限拉应变较低，使节点较早地开始出现较大的残余位移，降低了 SMA-ECC 节点在加载前期的自复位能力。

（3）S/E-E3-P5-T4 节点与 S/E-E3-P3-T4 节点相比，反向加载的残余位移几乎一致，正向加载的残余位移前者低于后者。当层间位移达到 0.07rad 时，S/E-E3-P5-T4 节点的残余位移较后者降低了 23.7%。这说明提高节点 ECC 材料的极限拉应变，能够提高节点在加载后期的自复位能力。

5. S/E-P 组节点耗能能力

图 6.70 是 S/E-P 组节点由数值模拟得出的耗能曲线。

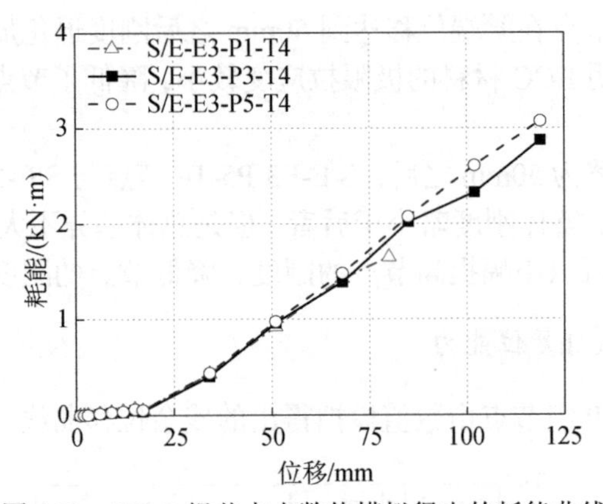

图 6.70　S/E-P 组节点由数值模拟得出的耗能曲线

由图 6.70 可以得出以下结论：

（1）在梁端位移大于+68mm 后，随着 ECC 材料极限拉应变的增大，节点的耗能量有小幅提高，SMA-ECC 节点耗能能力有一定提高。

（2）在加载前期，S/E-E3-P1-T4 节点耗能量与 S/E-E3-P3-T4 节点相差不大。但从整个加载期来看，该节点延性较差，总体耗能量较小。说明 ECC 材料的极限拉应变较低，会降低节点的耗能能力。

（3）S/E-E3-P5-T4 节点与 S/E-E3-P3-T4 节点耗能曲线发展相似，在梁端位移大于 68mm 后，平均每级加载耗能量前者较后者高 7%左右，但整体差距不大。

这说明提高节点 ECC 材料的极限拉应变，能够小幅提高节点在加载后期的耗能能力。

6.6.4　ECC 抗拉强度对 SMA-ECC 节点性能的影响

ECC 的抗拉强度比普通混凝土高，这是由于 ECC 微裂缝间的纤维材料起到纤维桥接的作用，提高了 ECC 的抗拉强度。为了研究 ECC 抗拉强度对 SMA-ECC 节点抗震性能的影响，设计了 S/E-T 组节点，考虑三种不同的 ECC 抗拉强度，分别是 3MPa、4MPa 和 5MPa。

1. S/E-T 组节点滞回曲线

图 6.71 是 S/E-T 组节点由数值模拟得出的滞回曲线。

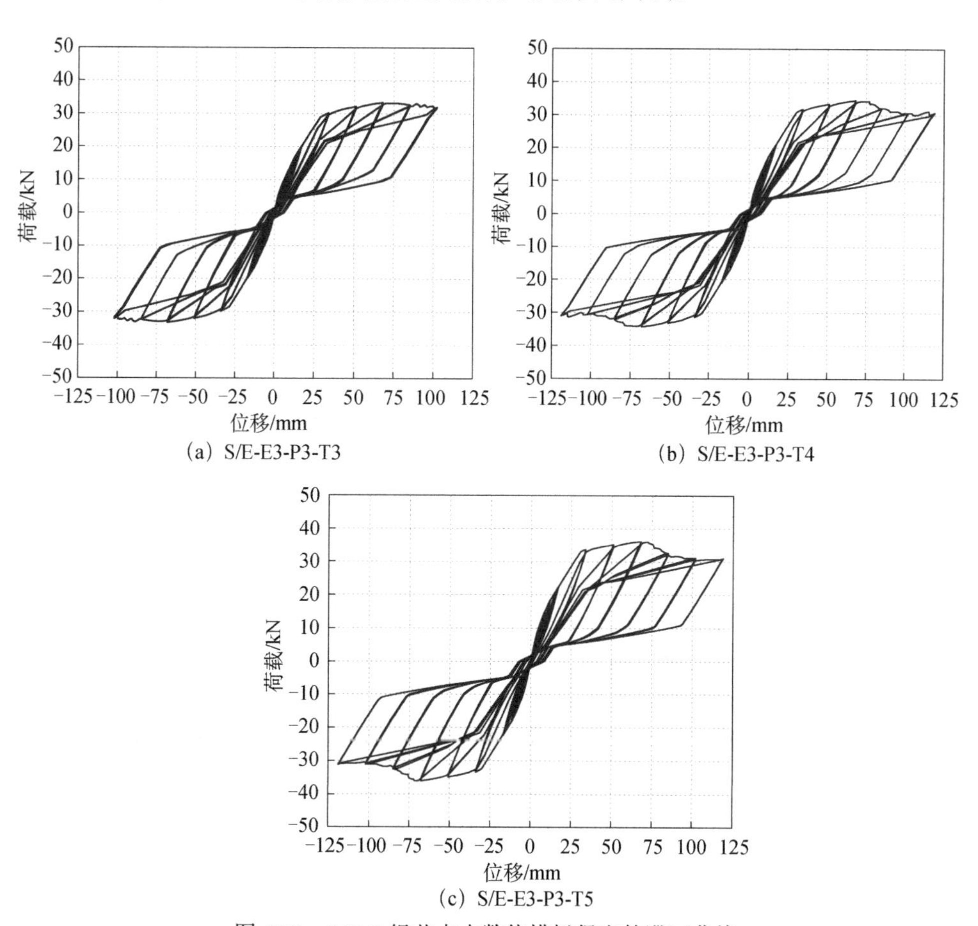

(a) S/E-E3-P3-T3

(b) S/E-E3-P3-T4

(c) S/E-E3-P3-T5

图 6.71　S/E-T 组节点由数值模拟得出的滞回曲线

由图 6.71 可以得出以下结论：

（1）S/E-T 组节点的滞回曲线均具有旗帜形滞回特性，该组节点的滞回响应相似。

（2）与 S/E-E3-P3-T4 节点相比，S/E-E3-P3-T3 节点承载力较低、延性较差。这说明随着 ECC 抗拉强度的降低，SMA-ECC 节点的承载力和延性也会降低。

（3）与 S/E-E3-P3-T4 节点相比，S/E-E3-P3-T5 节点滞回曲线更加饱满，加载初期承载力较高。这初步说明提高 ECC 的抗拉强度会提高节点的抗震性能。

2. S/E-T 组节点骨架曲线

图 6.72 是 S/E-T 组节点由数值模拟得出的骨架曲线。

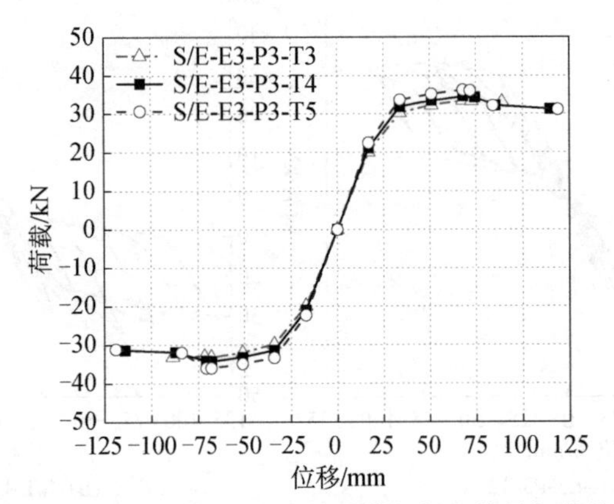

图 6.72　S/E-T 组节点由数值模拟得出的骨架曲线

由图 6.72 可以得出以下结论：

（1）与 S/E-E3-P3-T4 节点相比，S/E-E3-P3-T3 节点的屈服强度和极限承载力均较低。这说明降低 ECC 抗拉强度会降低 SMA-ECC 节点的承载力。

（2）在梁端位移达到 68mm 前，S/E-E3-P3-T5 节点的承载力始终大于 S/E-E3-P3-T4 节点。在梁端位移达到 68mm 后，S/E-E3-P3-T5 节点与 S/E-E3-P3-T4 节点的承载力趋于一致。这是因为梁端 ECC 形成主裂缝之后，ECC 的抗拉强度对节点承载力影响不大。这说明提高 ECC 抗拉强度可以提高 SMA-ECC 节点在 ECC 主裂缝形成前的承载力。

3. S/E-T 组节点刚度退化

图 6.73 是 S/E-T 组节点由数值模拟得出的刚度退化曲线。

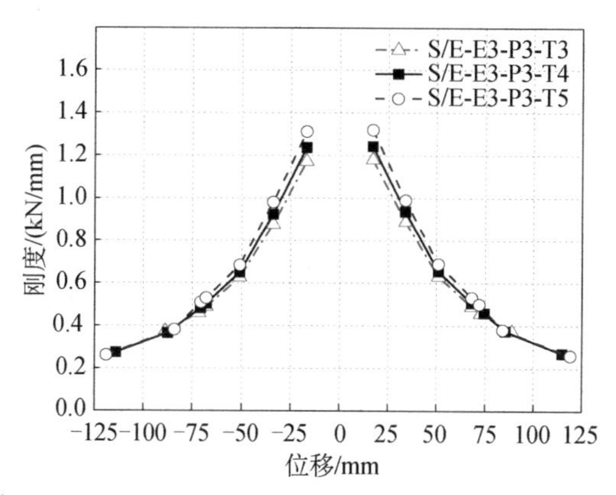

图 6.73　S/E-T 组节点由数值模拟得出的刚度退化曲线

由图 6.73 可以得出以下结论：

（1）随着 ECC 抗拉强度的增大，S/E-P 组节点的初始刚度提高。S/E-E3-P3-T5 节点的初始刚度比 S/E-E3-P3-T4 节点高 6%，比 S/E-E3-P3-T3 节点高 12%，基本呈线性上升。这说明提高 ECC 的抗拉强度可以提高 SMA-ECC 节点的初始刚度。

（2）在梁端位移小于 68mm 时，ECC 的抗拉强度越高，节点整体刚度越高。在梁端位移大于 68mm 后，该组节点的刚度趋于一致。这说明 ECC 的抗拉强度影响了节点加载前期的刚度。

（3）该组节点在刚度退化的趋势上保持一致。这说明 ECC 的抗拉强度不影响节点的刚度退化速度。

4. S/E-T 组节点自复位能力

图 6.74 是 S/E-T 组节点由数值模拟得出的残余位移曲线。

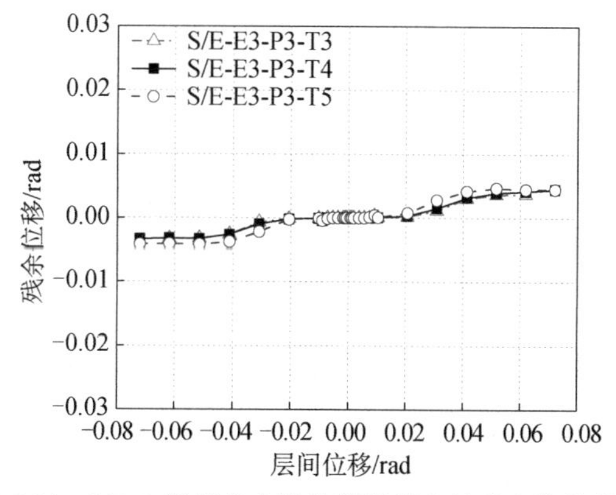

图 6.74　S/E-T 组节点由数值模拟得出的残余位移曲线

由图 6.74 可以得出以下结论：

（1）节点层间位移小于 0.02rad 时，S/E-T 组节点自复位能力几乎一致；层间位移大于 0.02rad 之后，三个节点的自复位能力出现差异。这说明 ECC 的抗拉强度不影响节点加载初期的自复位能力。

（2）S/E-E3-P3-T3 节点与 S/E-E3-P3-T4 节点在破坏前的残余位移发展过程几乎相同，每级加载后残余位移相差不超过 1%。这说明降低 ECC 的抗拉强度不会降低 SMA-ECC 节点的自复位能力。

（3）节点层间位移大于 0.02rad 后，S/E-E3-P3-T5 节点与 S/E-E3-P3-T4 节点相比，残余位移相差逐渐增大。在层间位移达到 0.05rad 时，S/E E3 P3 T5 节点的残余位移比 S/E-E3-P3-T4 节点大 18%。因此，提高 ECC 的抗拉强度会降低 SMA-ECC 节点的自复位能力。

5. S/E-T 组节点耗能能力

图 6.75 是 S/E-T 组节点由数值模拟得出的耗能曲线。

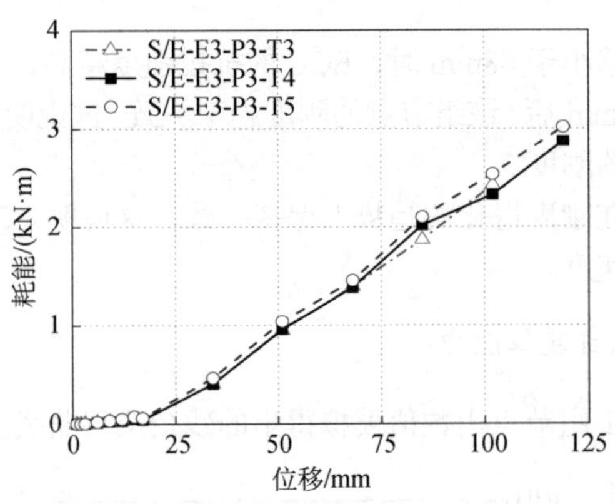

图 6.75　S/E-T 组节点由数值模拟得出的耗能曲线

由图 6.75 可以得出以下结论：

（1）S/E-E3-P3-T3 节点和 S/E-E3-P3-T4 节点的单级耗能量几乎相同，两节点每级循环的消耗能量值相差很小，但是 S/E-E3-P3-T3 节点的延性较差，总体耗能量较低。因此，降低 ECC 的抗拉强度会降低 SMA-ECC 节点的耗能能力。

（2）S/E-E3-P3-T5 节点的耗能量是该组节点试件中最高的，与 S/E-E3-P3-T4 节点相比，节点的耗能量提高了约 5%。这说明提高 ECC 的抗拉强度可以提高 SMA-ECC 节点的耗能能力。

6.7 本章小结

本章对14mm的SMA棒材和PVA-ECC薄板做了简单的力学性能研究，在此基础上提出了一种新型的SMA-ECC复合材料框架节点：用ECC代替节点核心区和梁柱端塑性铰区的普通混凝土以改善节点的延性和耗能能力，用SMA筋代替梁端塑性铰区纵向受力钢筋使节点获得自复位能力，并制作1/2缩尺比例的SMA-ECC节点模型，进行低周往复加载试验研究，同时制作了配筋和尺寸完全相同的R/C节点、R/ECC节点（仅用ECC替换节点核心区和梁柱端塑性铰区的普通混凝土）和SMA/C节点（仅用SMA替换梁端塑性铰区的纵向受力钢筋）进行对比试验研究，分析在相同的加载制度和轴压比下SMA-ECC节点的破坏过程、耗能能力、位移延性、残余位移和自复位性能；同时研究梁端塑性铰区超弹性SMA筋的长度对SMA-ECC节点自复位能力的影响。详细阐述了自复位SMA-ECC框架节点数值模拟模型的建模过程。对五个试验节点进行了有限元数值模拟，并与试验数据进行了对比，验证了有限元模型的适用性和准确性。为了对框架节点进行优化设计，基于已建立的数值模拟模型，对SMA-ECC节点进行了参数优化分析。主要得到以下几个结论：

（1）试验研究了应变幅值和循环加载次数对14mm超弹性形状记忆合金棒材力学性能的影响。研究结果表明，随着应变幅值增大，SMA棒材的等效割线刚度逐渐降低，等效阻尼比、单循环耗散能量和残余应变逐渐增大，应变幅值达到6%时，SMA棒材仍然具有很好的超弹性能；而一定次数的循环加卸载有助于稳定SMA棒材的各项力学性能；对PVA-ECC薄板做直接单轴拉伸试验研究其抗拉性能。试验结果表明，ECC试件的极限抗拉强度达到4.5～5MPa，拉伸弹性模量约为18GPa，极限拉应变能稳定地达到2.5%以上，表现出明显的稳态开裂模式和拉伸应变硬化特性。

（2）在节点核心区和梁柱端塑性铰区用ECC代替普通混凝土能够提高节点的耗能能力和延性，同时ECC材料中PVA纤维提供的桥联应力能够有效分担梁端纵筋所承受的弯曲荷载，延缓结构或者构件的屈服。ECC材料的拉伸应变硬化特性和微裂缝损伤破坏模式能够优化梁端塑性铰的发展，提高结构的弯曲变形能力。用SMA筋代替梁端塑性铰区纵向受力钢筋来增强ECC节点，在提高节点延性的同时赋予节点良好的自复位能力，当梁端位移达到80mm时，SMA-ECC节点的可恢复变形高达80%左右。

（3）SMA-ECC组合材料系统虽然会降低节点的初始刚度及耗能能力，但是能延缓刚度退化速度，使结构获得更好的抗侧移能力。SMA 筋弹性模量较小，而且和混凝土或者 ECC 之间缺乏有效的黏结力，导致使用 SMA 材料的节点梁端塑性铰主要集中在靠近柱边 0～100mm 的范围内。在 75%～100%梁高的范围内，减小梁端塑性铰区内 SMA 的长度并不影响节点的自复位性能。

（4）本章建立的数值模拟模型得到的各项数据与试验数据较为吻合，模型适用性好、准确度高，可以较好地模拟自复位 SMA-ECC 节点在低周往复荷载作用下的抗震效果。

（5）在适筋条件下，全截面配置 SMA 的节点综合抗震性能和自复位能力较好；根据梁端塑性铰的长度，等长使用 SMA 替换纵筋，节点性能和经济效益较佳；在保证梁端 SMA 先屈服的条件下，提高 SMA 的屈服强度可以提高 SMA-ECC 节点的抗震性能；柱端 ECC 材料可按需使用，梁端 ECC 使用区域不能短于 SMA 的使用长度；采用极限拉应变为 3%的 ECC 即可具有较好的综合抗震性能；提高 ECC 的抗拉强度对 SMA/ECC 节点的综合抗震性能影响不大。

参 考 文 献

[1] Mazzoni S, McKenna F, Scott M H, et al. OpenSees Example Manual[M]. Berkeley: University of California Press，2003.

[2] Auricchio F，Taylor R L，Lubliner J. Shape-memory alloys：Macromodelling and numerical simulations of the superelastic behavior[J]. Computer Methods in Applied Mechanics and Engineering，1997，146（3-4）：281-312.

[3] Vorel J，Boshoff W P. Numerical simulation of ductile fiber-reinforced cement-based composite[J]. Journal of Computational & Applied Mathematics，2014，270：433-442.

[4] 倪佳. 基于 OpenSEES 的无粘结部分预应力混凝土梁的非线性分析[D]. 长沙：湖南大学硕士学位论文，2016.

[5] 解琳琳，叶献国，种迅，等. OpenSEES 中混凝土框架结构节点模型关键问题的研究与验证[J]. 工程力学，2014，31（3）：116-121，151.

[6] 唐昌辉，朱孝辉. 混凝土框架节点滞回性能研究[J]. 铁道科学与工程学报，2018，15（6）：1534-1541.

[7] 赵雯桐，杨红，傅剑平，等. 梁柱节点的单元模型校准与其组合体试验方法对比[J]. 建筑结构学报，2017，38（5）：133-142.

[8] Lowes L，Mitra N. A Beam-column Joint Model for Simulating the Earthquake Response of Reinforced Concrete Frames[M]. Berkeley：University of California Press，2003.

[9] 乔治，潘钻峰，梁坚凝，等. 基于 MCFT 的钢筋增强 ECC 梁受剪承载力计算方法[J]. 东南大学学报（自然科学版），2018，48（6）：1021-1027.

［10］　高丹盈，史科. 基于 MCFT 理论的钢筋钢纤维混凝土梁柱节点受剪性能计算方法[J]. 土木工程学报，2016，49（2）：41-48.

［11］　中华人民共和国住房和城乡建设部. GB 50010—2010　混凝土结构设计规范（2015 版）[S]. 北京：中国建筑工业出版社，2015.

第 7 章　基于 SMA-ECC 复合材料的自复位剪力墙抗震性能研究

剪力墙作为地震设防区高层建筑广泛采用的水平抗侧力构件，承受了结构绝大部分的水平地震作用。因此，剪力墙受力性能的优劣对整个建筑结构的抗震性能尤为重要。因此，减小强震后剪力墙构件的残余位移和损伤程度，提高构件的延性，对结构抗震性能的提高具有十分重要的意义。

目前，研制的自复位结构或构件大多依靠预应力筋产生的预应力，使结构回到原有的位置，如国内外学者研制开发的钢绞线自复位剪力墙[1-3]、FRP 筋剪力墙[4-6]等，而近年来随着智能材料及其控制系统的研究和发展，为新型结构体系的研制提供了新的途径。同时，高延性工程水泥基复合材料的高延性、细裂缝克服了传统混凝土脆性大、易开裂的缺点，实现了结构的自愈合能力。

将 SMA 和 ECC 这两种材料结合应用于剪力墙中，一方面可以利用 SMA 超弹性使剪力墙获得自复位能力；另一方面，利用 ECC 的高延性使剪力墙在大变形后不会出现大的裂缝和破碎，提高构件的安全性和耐久性。

基于以上设计思路，本章设计具有自复位效果的基于 SMA-ECC 复合材料剪力墙，并与 SMA 剪力墙、ECC 剪力墙和普通混凝土剪力墙做对比。通过对以上剪力墙试件开展循环往复拟静力试验研究、有限元数值模拟分析和理论研究，对剪力墙的滞回性能、破坏模式、刚度、延性、自复位能力及耗能能力等进行分析，探讨不同参数对各个试件性能的影响。

7.1　剪力墙试验研究

7.1.1　试验方案

1. 试件设计

试验设计了四种剪力墙试件，编号分别为 SW-R/C、SW-R/ECC、SW-SMA/C、SW-SMA/ECC。其中，SW 表示剪力墙；R、SMA 分别表示约束边缘区纵向受力筋材为钢筋、SMA 筋材；C、ECC 分别表示非弹性变形需求较大部位为混凝土、工程水泥基复合材料。试件基本参数可见表 7.1。试件实际剪跨比为 2.2。试验过程中的设计轴压比为 0.2。

表 7.1　试件基本参数

试件编号	变形关键部位	约束边缘纵筋	水平分布筋	竖向分布筋
SW-R/C	C30	4ф14	ф8@100	ф8@125
SW-R/ECC	ECC	4ф14	ф8@100	ф8@125
SW-SMA/C	C30	4ф14+SMA	ф8@100	ф8@125
SW-SMA/ECC	ECC	4ф14+SMA	ф8@100	ф8@125

试件 SW-SMA/C 和 SW-SMA/ECC 利用 SMA 的超弹性，主要在边缘约束变形关键部位采用 SMA 代替纵向钢筋，高度取 30%剪力墙高度[7]，即 630mm。为了便于 SMA 和钢筋直接连接，两端各伸长 100mm，SMA 总长度为 830mm，试件详细尺寸及配筋如图 7.1 所示。其中，SMA 和钢筋采用挤压式扩大端头耦合连接，先利用挤压锚使 SMA 和钢筋的端部尺寸增大，然后使用内外套筒完成连接，如图 7.2 所示。

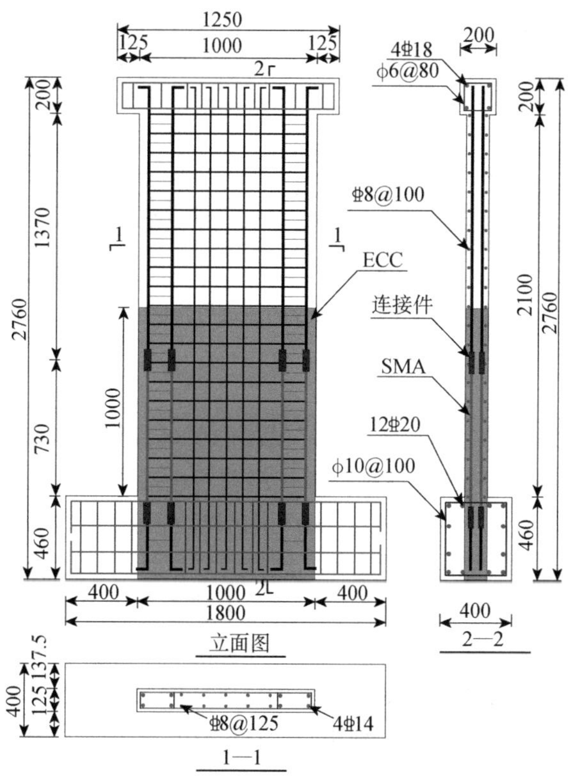

图 7.1　试件尺寸及配筋（单位：mm）

试件 SW-R/ECC 和 SW-SMA/ECC 利用 ECC 的高延性、高耗能，在非弹性变形需求较大的部位采用 ECC 替代混凝土。为了保证墙体 ECC 浇筑部分与底梁结合紧密，墙体对应底梁也完全浇筑为 ECC 材料，ECC 的浇筑范围为 1460mm×1000mm×125mm，具体可见图 7.1。ECC 和混凝土同时浇筑，中间利用隔板分隔，待两部分振捣完成后取出隔板，让两种胶凝材料自然融合为一体，见图 7.3。

(a) 套筒示意图　　(b) SMA与钢筋连接

图 7.2　SMA 和钢筋连接

(a) 时间支模及浇筑　　(b) 时间养护

图 7.3　试件的浇筑与养护

2. 试验装置

试验加载装置如图 7.4 所示。水平荷载由 1000kN 液压伺服作动器控制，竖向荷载由一个 1000kN 的液压千斤顶提供。作动器连接数据采集系统自动采集加载中心荷载和位移信号。作动器的另一端利用端板固定于反力墙上。竖向千斤顶与滑动支座相连接并倒置固定于反力架，这样可以保证千斤顶随试件同步移动。在竖向千斤顶和加载梁之间设置分配梁，使剪力墙承受均匀的轴向压力。为了确保剪力墙底部为固定端，水平方向使用压梁和地锚螺栓固定于刚性试验台座上，底梁两端竖直方向利用支座梁和地锚螺栓固定于试验台座。各个部分的安装情况详见图 7.4（a）。试件安装完成后，利用激光仪确保试件正面和侧面与设备对中，然后开始试验。

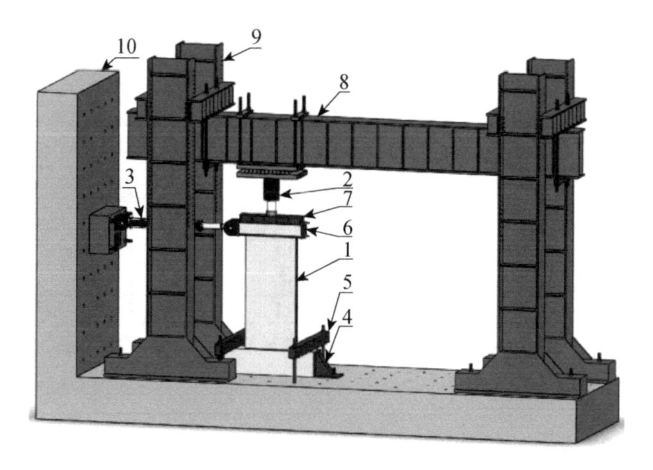

(a) 示意图

(b) 实景图

1-墙体；2-竖向千斤顶；3-水平作动器；4-支座梁；5-压梁；6-端板；7-分配梁；8-横梁；9-反力架；10-反力墙

图 7.4　加载装置

3. 测点布置

试验中钢筋应变片、混凝土应变片和位移计测点布置如图 7.5 所示。钢筋应变片测点位置如图 7.5（a）所示，主要量测塑性铰区纵向受力筋、水平分布筋、约束边缘构件箍筋的应变，主要布置于：距离底梁顶面 30mm 处；墙体约束边缘纵筋每隔 200mm 处；剪力墙暗柱半高处的钢筋上；距离墙体底部箍筋；在墙体角部沿 45° 方向的交界处以及其下方一半高度处的水平分布筋上；墙体上部距离加载梁 70mm 处。混凝土应变片测点的布置如图 7.5（b）所示。位移计测点的布置如图 7.5（c）所示：在剪力墙加载梁截面中心以及沿墙高均匀布置四个位移计，以监测墙体侧移；在底梁端部安装一个位移计，以监测底梁是否滑移；沿墙体 45° 方向安装两个位移计，以监测墙体的剪切变形；塑性铰区竖向均匀布置四排位移计，以测试墙体是否转动。

4. 加载方案

按照《建筑抗震试验规程》（JGJ/T 101—2015），采用荷载-位移混合控制加载方法，如图 7.6 所示。试件屈服前采用荷载控制，每级循环加载一次；试件屈服之后采用位移控制，以屈服位移 Δ 的整数倍为级差分级加载，每级循环三次；当荷载降低至峰值荷载的 80%时停止加载。在荷载控制阶段，每级循环加载以 20kN 为级差；位移控制阶段，以屈服位移为级差，在峰值点或者零点（位移为零或者荷载为零）持荷 3min，观察并记录梁柱节点的裂缝扩展情况。

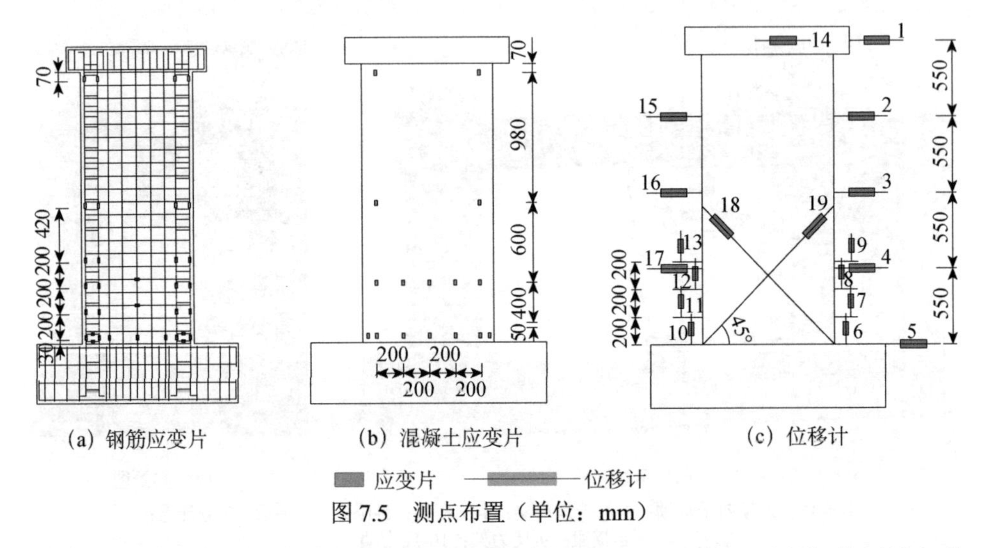

图 7.5　测点布置（单位：mm）

试验时，首先采用竖向千斤顶将轴力缓慢施加于加载梁，再由加载梁均匀传递至试件，先加至预设轴力的 30%，再卸载，如此三次后加载至预设轴力值。竖向荷载在整个试验过程中保持不变。然后，先确保水平加载点位于加载梁的中心，以荷载或者位移控制水平作动器对构件施加水平往复荷载。

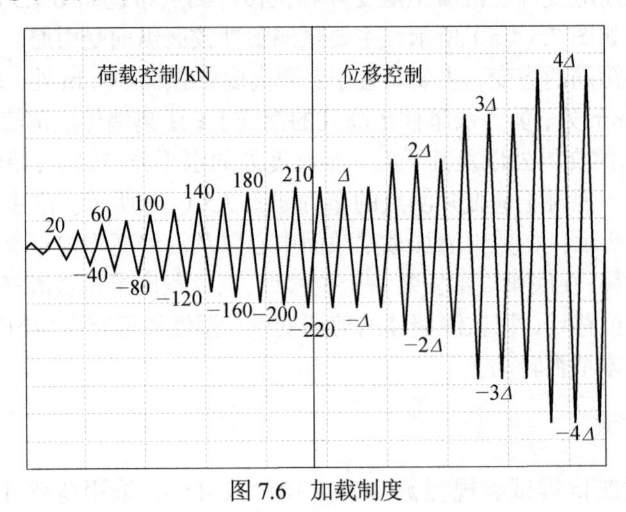

图 7.6　加载制度

7.1.2　试验现象

1. SW-R/C 剪力墙

对于 SW-R/C 试件，在混凝土开裂以前，试件处于弹性阶段，力-位移关系曲线的加载和卸载段基本重合。当加载至+80kN 时，墙体受推侧角部距离底梁顶面 10mm 处出现第一条水平弯曲裂缝，长约 20mm；加载至−80kN 时，墙体受拉侧角部也出现一条水平裂缝，长约 100mm。随着水平加载增大，墙体两侧的裂缝数量逐渐增多，并且裂缝范围逐渐从底部向上发展。当加载至+120kN 时，受拉侧距离底梁 280mm 处的水平裂缝开始斜向下发展。当加载至 180kN 时，约束边缘纵筋屈服，表明构件已屈服，此后加载方式由荷载控制转为位移控制，对应的屈服位移为 13.78mm。

位移控制阶段，1Δ 加载后原有裂缝继续发展，裂缝数量和裂缝宽度基本保持不变。加载位移达到 2Δ 时，构件承载力继续增加，裂缝数量增多，宽度增大，最大裂缝宽度已达到 1.34mm，角部混凝土开始少量剥落，卸载之后，裂缝有所闭合，但残余裂缝宽度达到 0.8mm，裂缝恢复率为 40%。位移达到 3Δ 时，构件承载力继续增大，原有裂缝继续发展，出现竖向裂缝，裂缝宽度达到 2.42mm，卸载后裂缝宽度为 1.58mm，裂缝恢复率为 34.7%，混凝土大量剥落。4Δ 后承载力下降，墙体底部塑性变形集中区域角部混凝土被压碎，钢筋外露。试验过程中，裂缝随加载位移的扩展变化过程如图 7.7（a）所示，从裂缝的发展变化可以看出，在层间位移角为 1.0%之前，裂缝沿水平方向延伸表现为弯曲变形的形态，加载后期，裂缝开始沿斜向发展，当层间位移角达到 2.8%时，试件最终破坏，加载位移也达到最大。试件的最终破坏形态和裂缝分布如图 7.7（b）所示。

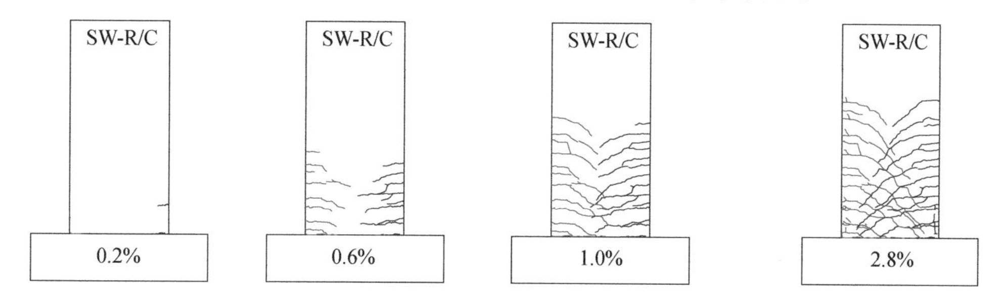

(a) 裂缝变化过程

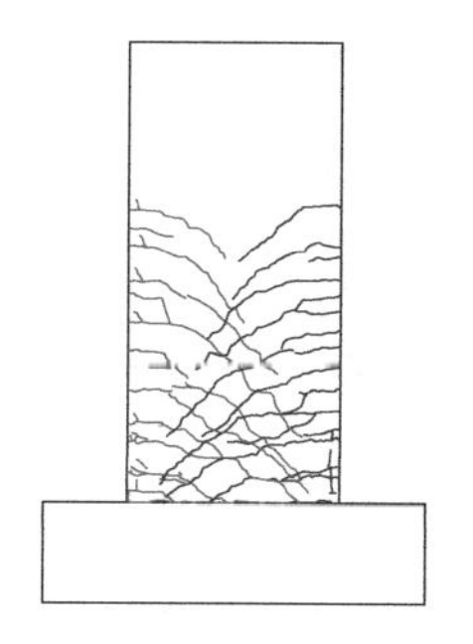

(b) 试件最终破坏形态及裂缝分布图

图 7.7　SW-R/C 试件

2. SW-R/ECC 剪力墙

SW-R/ECC 试件与 SW-R/C 试件的配筋率、轴压比等条件基本相同，主要区别是墙体非弹性变形需求较大部位（高 1000mm）采用 ECC 替代混凝土。剪力墙的开裂荷载和 SW-R/C 剪力墙相同。加载至+80kN 时，剪力墙受推侧角部距底梁 210mm 处出现第一条水平裂缝，长 20mm，宽 0.07mm；加载至−80kN 时，受拉区角部距底梁 130mm 处也出现一条水平裂缝，长约 70mm，宽为 0.07mm。卸载后裂缝闭合。随着水平加载增加，墙体底部塑性变形集中区域两侧出现大量细而密的短裂缝，并向剪力墙中部延伸。加载至+140kN，墙体中间而非边缘处出现少量独立裂缝。随着加载荷载进一步增大，裂缝数量增多，宽度增大，非 ECC 区域（距底梁 1100～1400mm 范围内）出现些许斜向裂缝。从图 7.8（a）裂缝变化过程图可知，随着水平加载位移的增加，由裂缝开展变化形态可以看出，SW-R/ECC 试件下部 ECC 部分的裂缝短而密集，上部混凝土部分的裂缝长而连续。

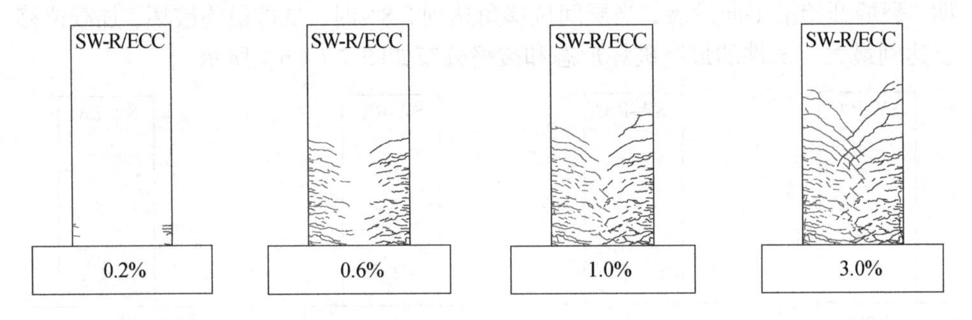

(a) 裂缝变化过程

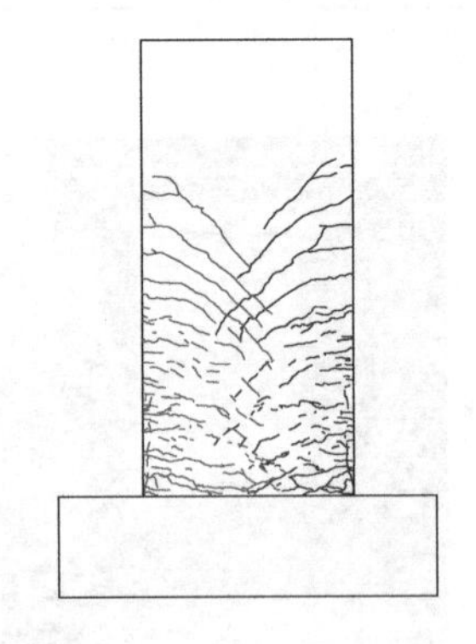

(b) 试件最终破坏形态及裂缝图

图 7.8　SW-R/ECC 试件

加载荷载为+210kN 时，构件非 ECC 区域裂缝数量保持不变，ECC 区域微裂缝继续增多，裂缝宽度继续增大，钢筋屈服，对应的屈服位移为 18.46mm。在位移控制阶段，加载过程中，裂缝宽度持续增大，最大裂缝宽度达到 5.48mm，卸载之后裂缝宽度有所减小，对应的残余裂缝宽度为 1.08mm。加载过程中，距离底梁 100mm 处形成一条主裂缝，裂缝周围出现细密的微裂缝群，构件的承载力降低至峰值荷载的 80%，试件破坏。试验过程中 ECC 并未出现脱落现象，试件最终的破坏形态如图 7.8（b）所示，可以看出试件角部 ECC 保护层开裂，但由于纤维的连接作用并没有出现剥落现象。

3. SW-SMA/C 剪力墙

SW-SMA/C 试件与 SW-R/C 试件的区别主要是约束边缘区纵筋采用 SMA 替代钢筋。荷载控制阶段，加载至−40kN 时，剪力墙受拉区距底梁顶面 230mm 处出现第一条水平裂缝，裂缝宽度为 0.08mm，卸载之后裂缝闭合。随着荷载增大，裂缝数量增多，宽度增大。与其他试件相比，裂缝之间的距离相隔较远。加载至 160kN 时，最大裂缝宽度达到 2.70mm，卸载之后残余裂缝宽度为 0.18mm，如图 7.9 所示，裂缝恢复率为 93%。加载方式由荷载控制转为位移控制，对应的屈服位移为 15.21mm。

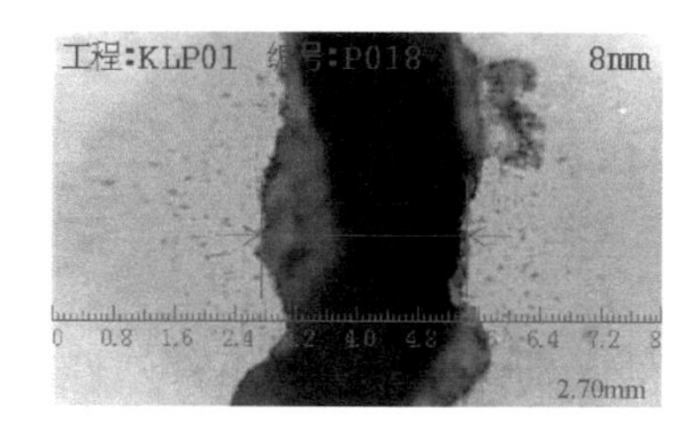

(a) 屈服状态时裂缝宽度

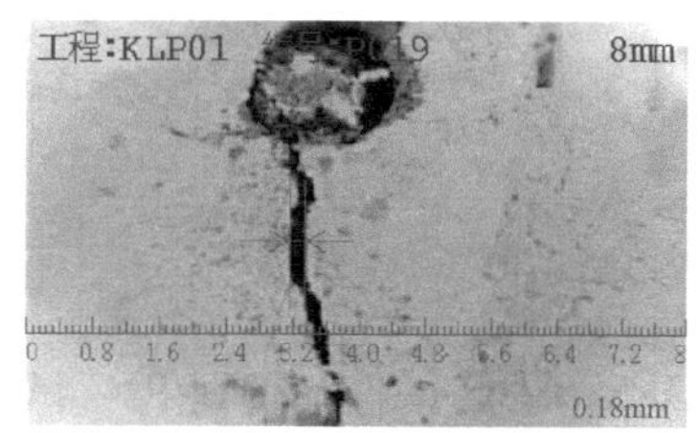

(b) 对应卸载后裂缝宽度

图 7.9　屈服时和卸载后裂缝宽度变化

在位移控制阶段，当加载位移为 1Δ 时，最大裂缝宽度为 2.74mm，卸载后残余裂缝宽度仅为 0.19mm。在 2Δ 加载过程中，试件承载力继续增加，受推侧角部有少量混凝土剥落，剪力墙角部距底梁 50mm 处形成一条主裂缝。测得其中一处裂缝宽度达到 7mm，卸载之后最大裂缝宽度为 0.6mm，裂缝恢复率为 91.4%。总体来讲，与 SW-R/C 墙身密布裂缝相比，SW-SMA/C 试件的墙身裂缝数量不多但宽度较大，间距较远，最终形成水平贯通主裂缝，究其原因是 SMA 表面较光滑，较之钢筋，其与周围混凝土的黏结力降低。随着加载位移增加，裂缝扩展变化过程可以参见图 7.10（a）。3.5Δ 位移加载后，试件承载力降低，大量混凝土剥落，根部混凝土已被压碎，钢筋外露，试验结束。试件最终破坏形态如图 7.10（b）所示。

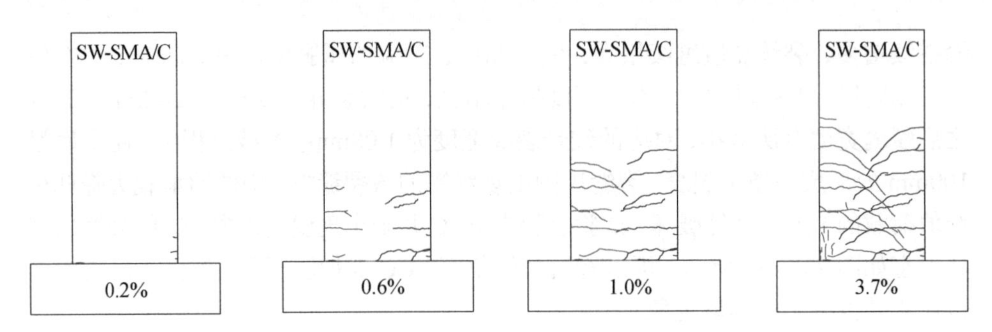

(a) 裂缝变化过程

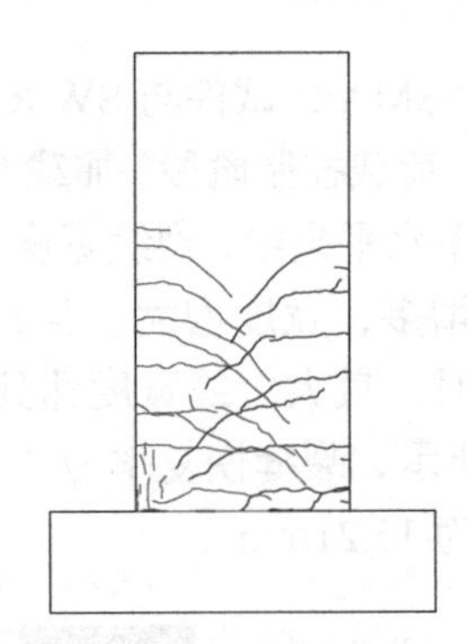

(b) 试件最终破坏形态及裂缝图

图 7.10 SW-SMA/C 试件

4. SW-SMA/ECC 剪力墙

SW-SMA/ECC 试件与 SW-R/C 试件的区别主要是墙体下部塑性变形集中区域采用 ECC，约束边缘区纵筋采用 SMA。在荷载控制阶段，加载至−60kN 时，受推区角部距离底梁 80mm 处出现第一条裂缝，裂缝宽 0.08mm，卸载之后裂缝闭合。随着荷载的增加，剪力墙 ECC 区域出现大量微裂缝，最大裂缝宽度为 0.56mm，卸载之后最大裂缝宽度仅为 0.06mm，裂缝恢复率达近 90%。荷载达到 180kN 时，构件非 ECC 区域（距底梁 1100～1300mm）出现多条分布近似均匀的斜向裂缝，ECC 区域微裂缝数量继续增加，SMA 筋屈服。加载方式转为位移控制，对应的屈服位移为 20.58mm。屈服位移明显比其他试件大。在位移控制阶段，加载至 1Δ 时，裂缝进一步扩展，最大裂缝宽度为 3.5mm，卸载后最大裂缝宽度为 0.46mm。加载至 2Δ 时，承载力继续增大，在剪力墙根部附近出现一条主裂缝，主裂缝附近微裂缝增多，卸载之后主裂缝明显闭合。在 2Δ 峰值时，测得主裂缝宽度 7.30mm，卸载之后裂缝宽度仅为 0.44mm，如图 7.11 所示。在 3Δ～4Δ 循环加载过程中，主裂缝宽度继续增加，且加载时可以明显看到 SMA 棒材卸载之后裂缝闭合，构件自复位能力显著。随着加载位移的增加，裂缝开展情况如图 7.12（a）所示。与 SW-R/ECC 试件的裂缝相似，墙体下部 ECC 区域的裂缝多是细微裂缝，墙体上部混凝土形成长而斜向下的弯曲剪切型裂缝。由于浇筑过程中部分混凝土在振捣时进入 ECC 区域，加载后期，墙体角部的混凝土剥落，而 ECC 由于纤维黏结作用并未剥落，具体形态可见图 7.12（b）。

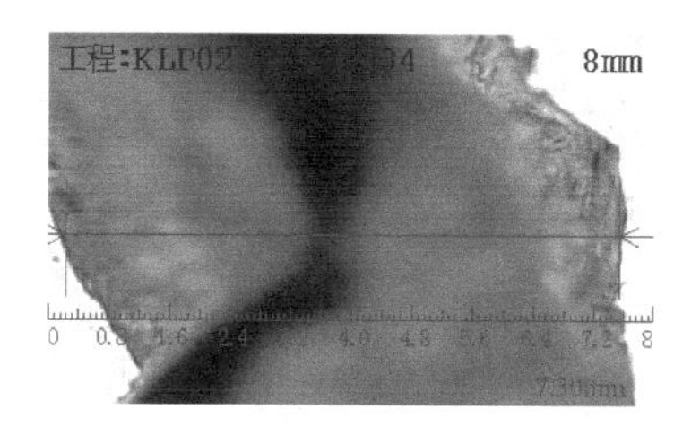

工程:KLP02　编号:P035　8mm　0.44mm

（a）2Δ峰值时裂缝宽度　　（b）卸载后裂缝宽度

图 7.11　峰值和卸载后裂缝宽度变化

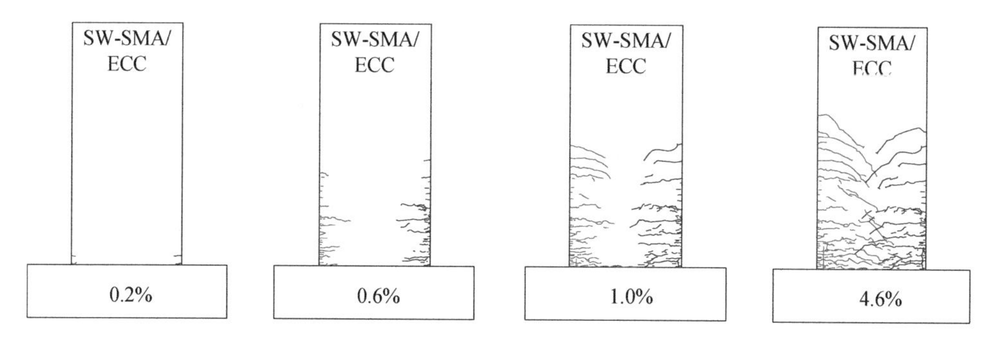

（a）裂缝变化过程

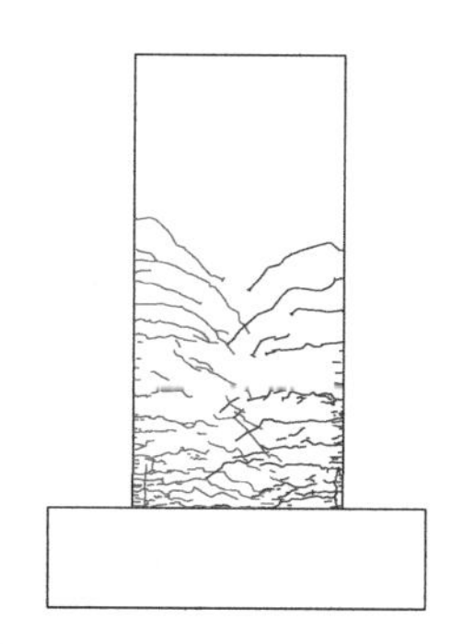

（b）试件最终破坏形态及裂缝图

图 7.12　SW-SMA/ECC 试件

7.1.3　试验结果及分析

1. 滞回性能

滞回曲线是试件在水平荷载反复作用下力和位移之间的关系曲线。通过滞回曲线可以看出构件的承载力、耗能能力、刚度退化、恢复力等特性。本试验中构件的滞回曲线如图 7.13 所示。

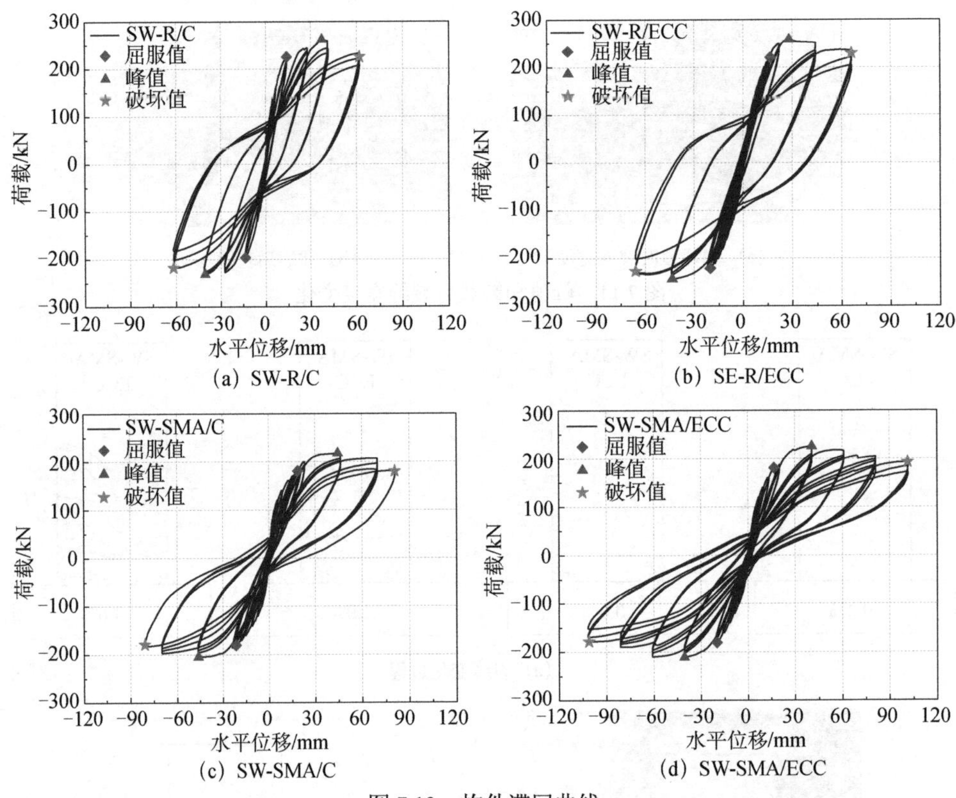

(a) SW-R/C　(b) SE-R/ECC　(c) SW-SMA/C　(d) SW-SMA/ECC

图 7.13　构件滞回曲线

从构件的滞回曲线可以看出，在加卸载初始阶段，荷载和位移近似呈线性关系；从试件开裂到发生屈服，滞回环细长，耗能较小，残余位移、刚度退化较小；构件屈服后，加载方式由荷载控制转为位移控制，滞回曲线开始向位移轴倾斜，滞回环面积增大，耗能能力增大，承载力先增大后减小，刚度退化显著。

(1) 对比图 7.13 (a) 和 (b) 可以看出，ECC 剪力墙构件的滞回曲线比普通钢筋混凝土剪力墙构件的滞回曲线更加饱满，说明 ECC 可以提高构件的耗能能力；同时虽然普通钢筋混凝土的抗压强度高于 ECC 的抗压强度，但是 ECC 构件的峰值承载力略高于普通钢筋混凝土剪力墙构件，这表明 ECC 也可以同时提高剪力墙的承载力。

（2）从图 7.13（c）和（d）可以看出，SMA 增强剪力墙构件的滞回曲线呈现出明显的旗帜形，与普通钢筋混凝土构件相比，SMA 构件的耗能能力较小，但是每次卸载后，残余位移很小，只有每级位移值的 5%～10%，在小位移情况下，每级卸载后，残余位移基本为零，说明 SMA 剪力墙具有很好的自复位能力；SMA/ECC 构件的峰值承载力和极限位移大于 SMA/C 构件，表明 ECC 可以同时提高构件的承载力和延性。

（3）对比图 7.13（a）～（d）四个构件的滞回曲线，综合而言，SW-R/ECC 构件的滞回曲线最饱满，耗能能力最好；SW-SMA/ECC 构件的残余位移最小，自复位能力最好。SMA 和 ECC 材料结合既保证构件具有良好的自复位效果，同时又提高了构件的承载力和延性。

2. 骨架曲线

骨架曲线是每级循环加载达到水平荷载峰值的轨迹，集中反映了各阶段构件特性以及承载力和变形之间的关系。本试验剪力墙构件的骨架曲线如图 7.14 所示。图中特征点的荷载和位移值列于表 7.2。

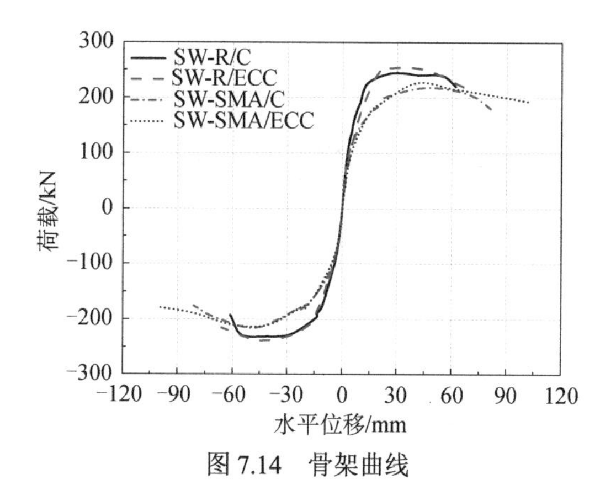

图 7.14　骨架曲线

由图 7.14 可知，在荷载小于峰值荷载的 30%时，构件的骨架曲线基本重合，荷载-位移关系曲线为线弹性；随着荷载增加骨架曲线呈现出一些不同点：①钢筋增强构件骨架曲线的斜率明显比 SMA 增强构件骨架曲线大，这是因为钢筋的弹性模量大于 SMA 的弹性模量；②普通混凝土剪力墙和 ECC 剪力墙在加载初始阶段的骨架曲线基本一致，随后可以看出 ECC 构件骨架曲线偏离混凝土构件，曲线的斜率减小，刚度降低；③在荷载达到峰值荷载的 75%～85%时构件屈服，随着荷载继续增加，各构件达到峰值荷载后承载力开始下降。ECC 剪力墙构件承载力下降缓慢，可以承受更大的变形。其中，SMA/ECC 剪力墙的极限位移更是达到了 101.49mm（相当于层间位移角为 1/22rad）。

表 7.2　骨架曲线特征点的荷载和位移值

试件编号	加载方向	屈服值		峰值		破坏值	
		P_y/kN	Δ_y/mm	P_m/kN	Δ_m/mm	P_u/kN	Δ_u/mm
SW-R/C	推	220.28	12.63	247.63	34.35	219.23	62.1
	拉	−190.07	−13.78	−233.66	−34.39	−192.49	−61.21
SW-R/ECC	推	210.58	14.98	251.64	43.6	219.59	65.11
	拉	−210.56	−18.46	−238.9	−44.01	−215.61	−65.05
SW-SMA/C	推	160.45	13.59	217.47	45.22	179.81	81.1
	拉	−160.35	−15.21	−204.76	−45.16	−175.15	−81.1
SW-SMA/ECC	推	180.39	18.17	225.88	40.56	192.59	101.49
	拉	−180.29	−20.58	−210.86	−40.37	−178.12	−100.05

3. 最大裂缝宽度

构件在每一级加载至峰值时的最大裂缝宽度和卸载后的残余裂缝宽度之间的对比可以在一定程度上反映结构的损伤自修复能力。本次试验中剪力墙在每一级加卸载前后的裂缝宽度如图 7.15 所示。

分析图 7.15 可知，随着加载位移的增大，构件的最大裂缝宽度和残余裂缝宽度都呈现出线性增大的趋势。从图 7.15（a）可知，SW-R/C 构件在弹性阶段的裂缝宽度比较小，卸载后裂缝基本可以闭合，一旦进入塑性阶段，剪力墙裂缝宽度随着荷载增加而急剧增大，而且卸载后残余裂缝宽度较大。从图 7.15（b）可知，各个阶段，SW-R/ECC 试件的裂缝宽度始终很小，这是因为 ECC 中纤维材料产生桥联效应限制了裂缝发展，而形成微裂缝损伤，且卸载后裂缝闭合效果显著，实现了自修复功能。分析图 7.15（c）和（d）可得出，初始加载阶段，SMA 剪力墙裂缝宽度明显。一方面，SMA 的弹性模量低于钢筋，导致构件的刚度降低，产生较大裂缝；另一方面，因为光圆 SMA 与混凝土及 ECC 之间黏结锚固力较低。在加载的后半段，构件主裂缝的形成使测得的最大裂缝宽度直线增加。但是，即使加载时裂缝宽度很大，卸载后最大裂缝宽度明显较小，裂缝基本可以闭合。这也可以体现出 SMA 优越的超弹性以及构件良好的自修复能力。

4. 自复位能力

自复位能力是指构件或结构在外荷载去除后恢复到原有形状的能力。自复位能力不仅是评价试件变形能力的指标，也是衡量地震后构件是否可以实现自修复功能的重要依据。将构件的自复位系数 R 定义为每一级正向加载后可恢复位移（峰值位移与残余位移之差，即 $\Delta_m - \Delta_r$）与峰值位移（Δ_m）之间的比值：

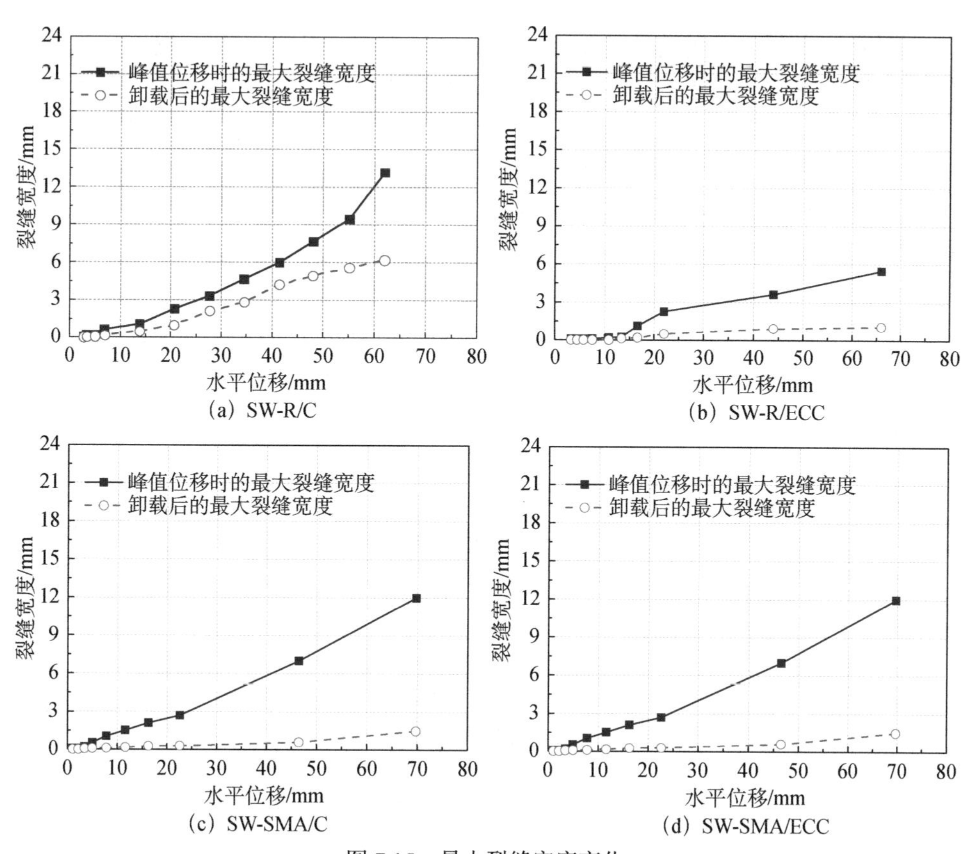

(a) SW-R/C　(b) SW-R/ECC

(c) SW-SMA/C　(d) SW-SMA/ECC

图 7.15　最大裂缝宽度变化

$$R=\frac{\varDelta_{\mathrm{m}}-\varDelta_{\mathrm{r}}}{\varDelta_{\mathrm{m}}} \tag{7.1}$$

根据式（7.1）得到构件的自复位能力，并绘于图 7.16。

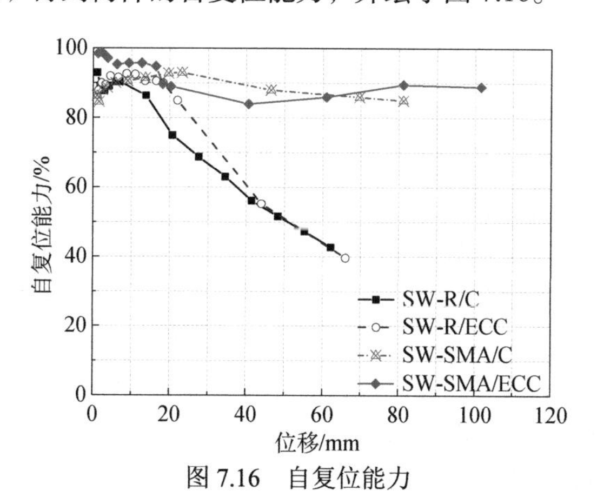

图 7.16　自复位能力

从 SMA 应力-应变关系曲线可以看出，在卸载过程中，SMA 发生马氏体逆相变从而可以恢复到原来的形状。因此，可以判定使用 SMA 配筋的剪力墙在卸载后可以恢复到原来的位置，而普通钢筋在卸载后会产生较大的永久性变形，使得普通钢筋混凝土剪力墙在卸载后存在较大的残余位移。

从图 7.16 可以明显看出：①当位移很小时，普通钢筋混凝土构件处于弹性阶段，自复位能力能够达到 85%以上，一旦钢筋屈服，构件的残余位移急剧增大，自恢复能力直线下降；②SMA 剪力墙构件的自复位系数在弹性阶段表现出先下降后上升的趋势，随着加载位移的增大，自复位能力趋于稳定，能达到 85%以上。由此，通过试验数据及分析，验证了判定的正确性，进而表明 SMA 的使用保证了构件的自复位性能。

5. 弯矩-曲率关系

在低周往复荷载作用下，剪力墙底部会形成塑性变形集中区，而其他部分可认为发生线弹性变形。用截面的平均曲率 φ 来反映剪力墙塑性变形集中区的转动，计算公式如下所示：

$$\varphi_1 = \frac{\delta_{a,1} + \delta_{b,1}}{h_1 d_1} \tag{7.2}$$

$$\varphi_2 = \frac{\delta_{a,2} + \delta_{b,2}}{h_2 (d_2 + d_3)} \tag{7.3}$$

$$\varphi_3 = \frac{\delta_{a,3} + \delta_{b,3}}{h_1 (d_1 + d_2 + d_3)} \tag{7.4}$$

式中，φ_1、φ_2、φ_3 分别表示距离剪力墙底部 200mm、400mm、600mm 截面的平均曲率；$\delta_{a,1}$、$\delta_{a,2}$、$\delta_{a,3}$、$\delta_{b,1}$、$\delta_{b,2}$、$\delta_{b,3}$ 分别表示对应位置位移计的测试值；h_1、h_2 分别表示剪力墙两侧位移计之间的距离；d_1 表示 $\delta_{a,1}$、$\delta_{a,2}$ 对应位置位移计与剪力墙底端截面的距离；d_2、d_3 分别表示相邻位移计之间的距离。沿墙体高度布置的位移计位置如图 7.17 所示。截面弯矩可以通过有效长度（加载中心到剪力墙底边的长度）乘以试验中测得的加载梁端荷载得到。

剪力墙塑性变形集中区截面的弯矩-曲率曲线如图 7.18 所示。从图 7.18（a）可以看出，400～600mm 范围的弯矩-曲率关系曲线不完整，主要是由于试验后半阶段位移计的失效，但根据图 7.18（b）中的规律，在 0～400mm 范围内，普通钢筋混凝土剪力墙产生塑性转动，具有较强的塑性变形能力。图 7.18（b）中 R/ECC 剪力墙的弯矩-曲率关系曲线呈现 Z 形，说明 ECC 剪力墙具有更大的转角和更好的转动变形能力。在图 7.18（c）和（d）中，SMA/C、SMA/ECC 剪力墙的弯矩-曲率曲线呈现双旗帜形；剪力墙塑性转动主要集中在 0～200mm 范围内，即塑性变形集中区为剪力墙高度 1/10 以内；且弯矩接近零时，曲率明显很小，这也表明 SMA 的超弹性可以显著改善剪力墙的自复位能力。

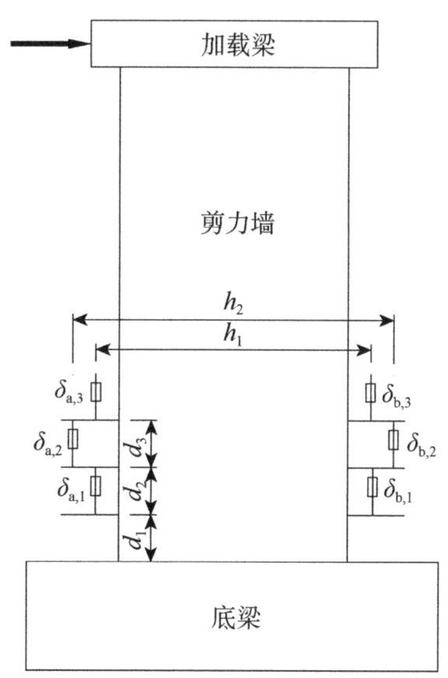

图7.17 剪力墙塑性变形集中区截面曲率测量示意图

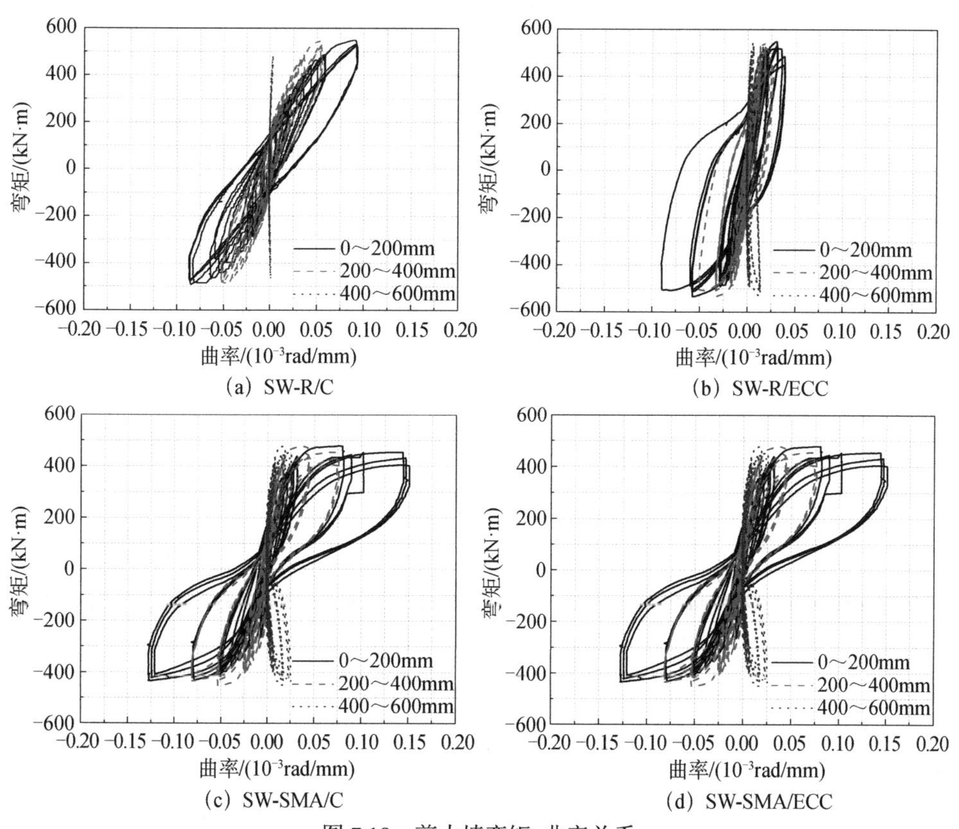

图7.18 剪力墙弯矩-曲率关系

6. 位移延性

延性用来表示结构或者构件在屈服之后承载力没有显著下降时的变形能力。在评估结构的抗震性能时，延性是重要的考察指标之一。延性指标越大，表明结构变形和耗能能力越强，抗震性能也越好。

目前，表示延性的指标有许多种，最常用的是用位移延性系数表示：

$$\mu = \frac{\Delta_u}{\Delta_y}$$

式中，Δ_y 为构件的屈服位移；Δ_u 为构件的极限位移。

位移延性系数为构件极限位移与屈服位移的比值。构件屈服位移的确定以试验加载过程中骨架曲线开始偏离线性变化的过程，同时监测的约束边缘构件的纵筋应变达到屈服应变为依据，对应的荷载为屈服荷载。四种不同类型剪力墙构件的位移延性系数见表 7.3。

表 7.3 剪力墙位移延性系数

试件编号	P_y/kN	Δ_y/mm	P_u/kN	Δ_u/mm	μ
SW-R/C	220.28	13.80	192.49	62.10	4.50
SW-R/ECC	210.58	18.50	215.61	65.12	3.52
SW-SMA/C	160.45	15.21	179.81	81.10	5.33
SW-SMA/ECC	180.39	20.58	192.59	101.5	4.93

通过表 7.3 可以看出，R/ECC、SMA/C、SMA/ECC 剪力墙的屈服位移和极限位移均大于对比试件 R/C 剪力墙。R/ECC、SMA/ECC 剪力墙的屈服位移比普通 R/C 剪力墙的屈服位移分别提高了 34%和 49%，验证了 ECC 材料的使用可以提高构件的变形能力，改善构件延性。SMA/C、SMA/ECC 剪力墙的位移延性系数分别为 5.33 和 4.93，比试件 R/C 剪力墙提高了 18.4%和 9.6%，说明 SMA 的使用也可以提高剪力墙的延性和变形能力。

7. 耗能能力

耗能能力是指在地震荷载作用下，结构或构件通过产生塑性变形而消耗吸收能量的能力。因此，耗能能力的大小可以直接反映出结构或构件抗震性能的好坏。采用试件水平位移与荷载所对应滞回环的面积来评价剪力墙的耗能能力。图 7.19 为剪力墙耗能曲线。由图 7.19 可知，在屈服之前的弹性阶段，试件的耗能大小基本相等且都较小；试件屈服以后，耗能均随位移的增加而线性增加，但 R/C 剪力墙的耗能曲线的斜率较 SMA 剪力墙大，表明 R/C 剪力墙的耗能能力较 SMA/C

增强构件的耗能能力好。这主要是由于钢筋能产生较大的塑性变形用以吸收能量，从而使得整个构件的耗能能力高于 SMA/C 剪力墙。

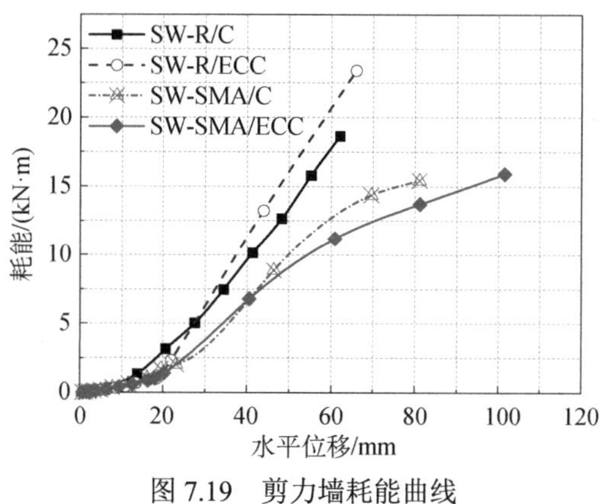

图 7.19　剪力墙耗能曲线

8. 刚度退化

采用割线刚度 κ 来表征剪力墙构件刚度，割线刚度的计算公式同式（2.1）：

$$\kappa_s = \frac{F_{max} - F_{min}}{\delta_{max} - \delta_{min}}$$

基于试验数据，由式（2.1）计算出各剪力墙构件在不同加载等级下的刚度，图 7.20 表示构件的刚度随着水平位移的增大而退化的情况。

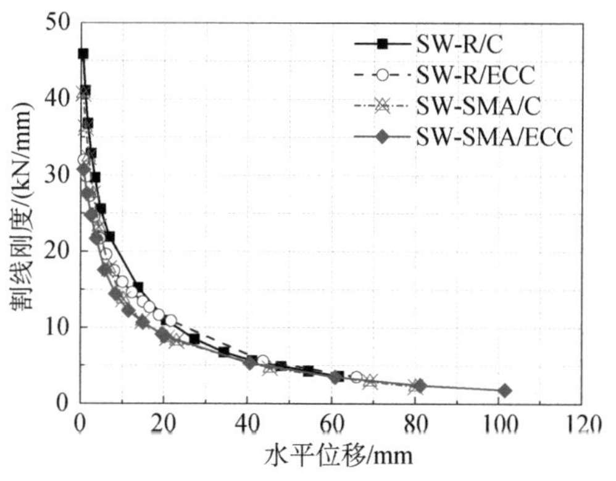

图 7.20　剪力墙刚度退化曲线

对图 7.20 的剪力墙构件的刚度退化曲线分析得出以下结论：①从刚度退化下降趋势可以看出，R/ECC 剪力墙的下降趋势较 R/C 剪力墙慢，这是因为 PVA-ECC 中的纤维提供的桥联作用能减缓构件的刚度退化速度；②SMA/C 剪力墙的刚度退化速度明显比 R/C 剪力墙快，这是因为 SMA 表面比较光滑，与混凝土之间的黏结力比较低，混凝土一旦开裂刚度就会急剧下降。

7.2　剪力墙数值模拟分析

OpenSees 独立于其他商业软件最显著的特点是源代码的开放性和程序架构的模块化。OpenSees 主要源代码采用 C++语言编写，通过程序面向对象，同时内部源代码公开，使用者及研究人员可以基于自己的需要添加新的单元，更新材料本构，实现后处理等。由于其对象分类方法统一，编程过程类似于组装标准部件，使用者可以很方便地将对象拼装成完整的程序。同时各地用户之间可以互相分享使用经验以及新的程序代码，易于协同开发。OpenSees 以结构分析为主体，主要应用于结构和岩土方面的非线性地震动反应模拟，不仅可以实现对结构的静力线弹性分析、静力低周往复加载分析、模态分析、动力时程分析等，还可以对结构和岩土体系在地震荷载作用下的可靠度和灵敏度进行分析。目前，OpenSees 已在国外各大科研机构中得到广泛应用，国内也有一些高校和科研团队对其开展了相关的学习和研究，并应用到科研项目中。

7.2.1　材料本构模型

1. 混凝土本构模型

OpenSees 平台提供有多种混凝土本构模型。目前，应用最为广泛的单轴本构模型主要是 Concrete01 和 Concrete02。在分层壳模型中采用的是二维混凝土本构模型，因此，根据需要主要介绍 Concrete01、Concrete02 和二维混凝土本构模型。

Concrete01 模型采用的是修正后的 Kent-Park 混凝土本构模型，该模型考虑了箍筋的约束效应对混凝土强度和延性的影响，如图 7.21 所示。相较于其他模型，Concrete01 模型的卸载与再加载线采用同一直线，损伤采用卸载段刚度衰减来表示，模型简单，也易于收敛。模型可以分为上升段、下降段和平台段，约束混凝土应力-应变关系的表达式如式（7.5）～式（7.9）所示，但该模型没有考虑混凝土的受拉性能以及滞回耗能。

上升段：$0\leqslant\varepsilon_c\leqslant k\varepsilon_0$。

$$f_c=kf_c'\left[\frac{2\varepsilon_c}{\varepsilon_0}-\left(\frac{\varepsilon_c}{\varepsilon_0}\right)^2\right] \tag{7.5}$$

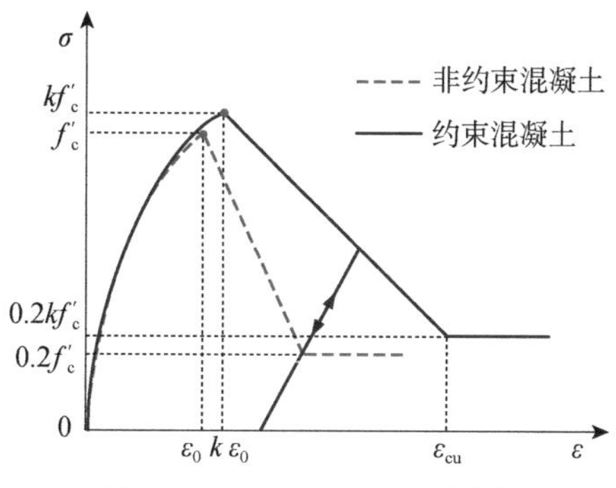

图 7.21　Concrete01 材料模型

下降段：$k\varepsilon_0 < \varepsilon_c < \varepsilon_{cu}$。

$$f_c = kf_c'\left[1 - Z\left(\varepsilon_0 - 0.002k\right)\right] \tag{7.6}$$

箍筋约束对混凝土强度的提高系数 k 表达式为

$$k = 1 + \frac{\rho_s f_{yh}}{f_c'} \tag{7.7}$$

受压下降段的斜率 Z 表达式为

$$Z = \frac{0.5}{\dfrac{3 + 0.29f_c'}{145f_c' - 1000} + \dfrac{3}{4}\rho_s\sqrt{\dfrac{h''}{S_h}} - 0.002k} \tag{7.8}$$

受约束混凝土的极限压应变为

$$\varepsilon_{cu} = \frac{0.8}{Z} + 0.002k > 0.004 + 0.9\rho_s\left(\frac{f_{yh}}{300}\right) \tag{7.9}$$

式中，f_c' 为混凝土圆柱体抗压强度；ε_0 为非约束混凝土峰值压应变；ε_{cu} 为约束混凝土极限压应变；ρ_s 为体积配箍率；f_{yh} 为箍筋的屈服强度；h'' 为核心区混凝土宽度；S_h 为箍筋间距。

混凝土 Concrete02 模型与 Concrete01 模型受压区骨架曲线完全相同，其主要区别表现为两点：①Concrete02 模型考虑了混凝土受拉性能；②两者的卸载规律存在一定的差异，Concrete01 模型在卸载段的卸载刚度一定，为线性卸载过程，而 Concrete02 在卸载段表现为分段线性卸载。Concrete02 材料模型如图 7.22 所示。在图 7.22 中，$(\varepsilon_{c0}, f_{c0})$、$(\varepsilon_{cu}, f_{cu})$ 分别表示混凝土受压峰值和极限值所对应的应变、应力坐标；E_0 表示混凝土受压初始弹性模量；λ 表示混凝土在达到极限应变后的卸载段弹性模量与初始弹性模量之比；f_t 表示混凝土抗拉强度；E_{ts} 表示混凝土受拉软化段斜率。

Concrete02 模型通过受压骨架曲线峰值应力-应变和软化段斜率来考虑箍筋的约束作用，同时考虑了混凝土的滞回耗能、箍筋对混凝土强度和延性的影响、加载刚度和卸载刚度的退化。此外，Concrete02 模型考虑了裂缝间混凝土受拉产生的强化作用，同时计算结果也易于收敛。因此，对于受到地震作用和循环往复荷载作用的构件，Concrete02 模型更能准确描述混凝土的性能。

在 OpenSees 分层壳单元中混凝土处于二维受力状态，因此可以采用二维混凝土本构模型来模拟壳单元中的混凝土。二维混凝土本构模型是基于损伤力学和弥散裂缝模型的本构关系，表现为当混凝土的拉应力超过抗拉强度后，混凝土将产生裂缝并被看作正交各向异性材料，抗剪刚度降低，可以通过剪力传递系数 β（小于 1）来模拟混凝土抗剪刚度的退化。二维混凝土本构关系如式（7.10）所示。

$$\sigma_{\mathrm{c}}' = \begin{bmatrix} 1-d_1 & \\ & 1-d_2 \end{bmatrix} D_{\mathrm{e}} \varepsilon_{\mathrm{c}}' \tag{7.10}$$

式中，σ_{c}'、$\varepsilon_{\mathrm{c}}'$ 分别为开裂前主应力坐标系和开裂后裂缝坐标系下混凝土的应力张量和应变张量；D_{e} 表示弹性本构矩阵；d_1、d_2 分别表示受拉和受压损伤标量。

2. 钢筋本构模型

OpenSees 平台提供了多种钢筋材料本构模型，其中 Steel02 材料模型模拟效果与实际试验结果较为吻合，且应用十分广泛，因此在后面的分析中都采用该模型。

Steel02 材料本构模型由 Menegotto 和 Pinto 于 1973 年提出，后于 1991 年经过 Taucer 等考虑材料等向应变硬化影响修正而来。该模型采用应变的显函数表达式，反映出钢筋在循环荷载作用下的包辛格效应，在计算上效率更高。模型如图 7.23 所示，应力-应变关系基本为由斜率 E_0 的初始渐近线转为斜率 E_1 的屈服渐近线而形成的一条过渡曲线。

在 Steel02 本构模型中，初始渐近线和屈服渐近线之间的过渡曲线表达式为

$$\sigma^* = b\varepsilon^* + \frac{(1-b)\varepsilon^*}{(1+\varepsilon^{*R})^{1/R}} \tag{7.11}$$

式中，σ^* 和 ε^* 分别为归一化的应力和应变；b 为钢筋的硬化系数，$b = E_1 / E_0$；R 为过渡曲线的曲率系数，通过 R 可以体现出包辛格效应。

包辛格效应表达式为

$$\sigma^* = \frac{\sigma - \sigma_{\mathrm{r}}}{\sigma_0 - \sigma_{\mathrm{r}}} \tag{7.12}$$

$$\varepsilon^* = \frac{\varepsilon - \varepsilon_{\mathrm{r}}}{\varepsilon_0 - \varepsilon_{\mathrm{r}}} \tag{7.13}$$

$$R = R_0 - \frac{\alpha_1 \xi}{\alpha_2 + \xi} \tag{7.14}$$

$$\xi = \left| \frac{\varepsilon_{\mathrm{m}} - \varepsilon_0}{\varepsilon_{\mathrm{y}}} \right| \tag{7.15}$$

式中，$(\sigma_0, \varepsilon_0)$和$(\sigma_{\mathrm{r}}, \varepsilon_{\mathrm{r}})$分别为两条渐近线的交点；$R_0$为初始加载过渡曲线的曲率系数；$\alpha_1$和$\alpha_2$分别为循环荷载作用下曲率的退化系数；$\varepsilon_{\mathrm{m}}$和$\varepsilon_{\mathrm{y}}$分别为最大应变和屈服应变；$\xi$为变形过程中最大应变的参数。

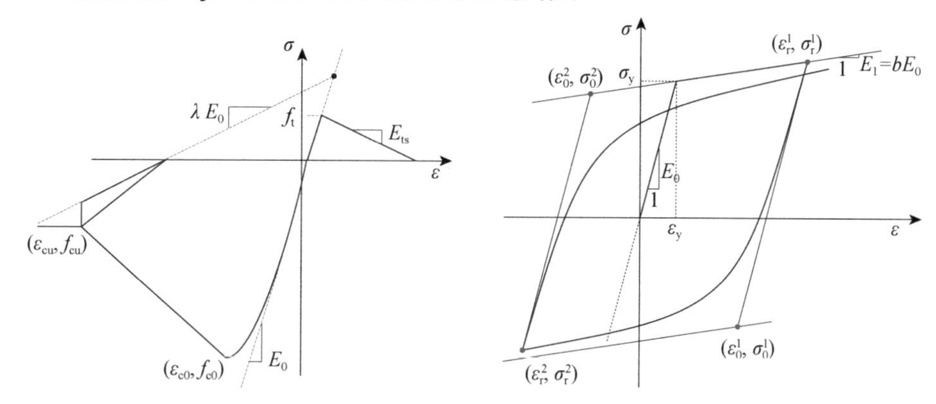

图 7.22 Concrete02 材料模型

图 7.23 Steel02 材料本构模型

3. ECC 本构模型

OpenSees 平台中提供了专门的 Engineered Cementitious Composites Material（即 ECC 材料）本构模型，模拟 ECC 材料的命令流为

uniaxialMaterial ECC01 $matTag $sigt0 $epst0 $sigt1 $epst1 $epst2 $epsc0 $epsc1 $alphaT1 $alphaT2 $alphaC $alphaCU $betaT $betaC

对于 ECC 材料命令流需要定义的参数有：$sigt0、$epst0 为 ECC 拉伸的初裂应力和初裂应变；$sigt1、$epst1 分别为峰值拉应力和峰值拉应变；$epst2 为极限拉应变；$epsc0、$epsc0 分别为峰值压应变和极限压应变；$alphaT1、$alphaT2 分别为拉伸硬化段卸载曲线指数和拉伸软化段卸载曲线指数；$alphaC 为压缩软化段卸载曲线指数；$alphaCU 为压缩软化曲线指数；$betaT 为拉伸残余应变；$betaC 为压缩残余应变。

选取材料的参数后模拟 ECC，具体的受拉和受压本构关系分别如图 7.24 和图 7.25 所示。

ECC 本构模型中的受拉段应力-应变关系曲线函数关系表达式如下：

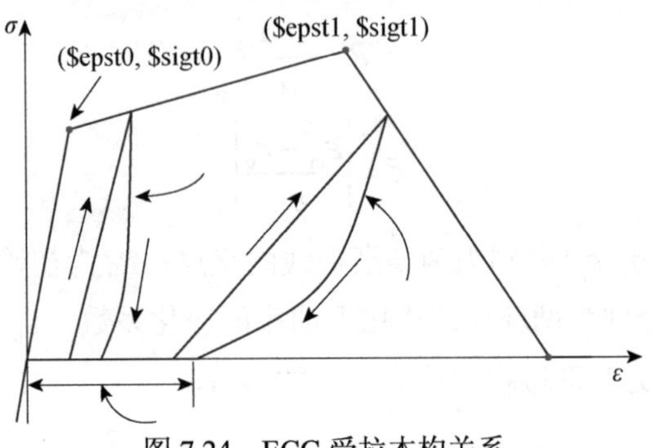

图 7.24　ECC 受拉本构关系

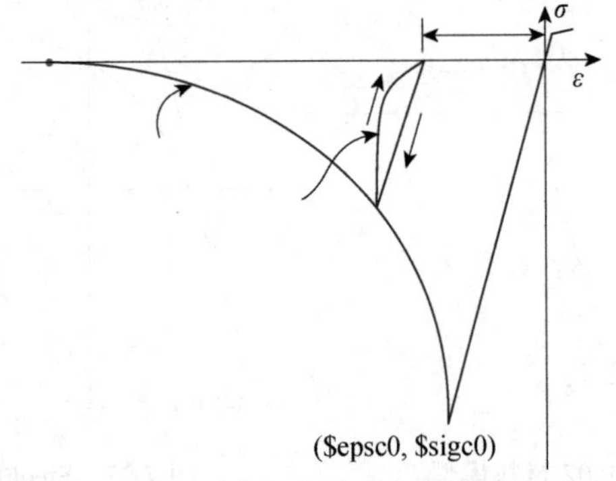

图 7.25　ECC 受压本构关系

$$\sigma_{\mathrm{T}}=\begin{cases}E\varepsilon & (0\leqslant\varepsilon<\varepsilon_{\mathrm{t0}})\\ \sigma_{\mathrm{t0}}+(\sigma_{\mathrm{tp}}-\sigma_{\mathrm{t0}})\left(\dfrac{\varepsilon-\varepsilon_{\mathrm{t0}}}{\varepsilon_{\mathrm{tp}}-\varepsilon_{\mathrm{t0}}}\right) & (\varepsilon_{\mathrm{t0}}\leqslant\varepsilon<\varepsilon_{\mathrm{tp}})\\ \sigma_{\mathrm{tp}}\left(1-\dfrac{\varepsilon-\varepsilon_{\mathrm{tp}}}{\varepsilon_{\mathrm{tu}}-\varepsilon_{\mathrm{tp}}}\right) & (\varepsilon_{\mathrm{tp}}\leqslant\varepsilon<\varepsilon_{\mathrm{tu}})\\ 0 & (\varepsilon_{\mathrm{tu}}\leqslant\varepsilon)\end{cases} \tag{7.16}$$

式中，E 为弹性模量；$\varepsilon_{\mathrm{t0}}$ 和 σ_{t0} 分别为 ECC 材料在受拉过程中出现第一条裂缝时所对应的应变和应力；$\varepsilon_{\mathrm{tp}}$ 和 σ_{tp} 分别为受拉硬化峰值点对应的应变和应力；$\varepsilon_{\mathrm{tu}}$ 为极限拉伸应变。

ECC 本构模型中的受压段应力-应变曲线函数表达式如下：

$$\sigma_{\mathrm{C}}=\begin{cases}E\varepsilon & (\varepsilon_{\mathrm{cp}}\leqslant\varepsilon<0)\\ \sigma_{\mathrm{cp}}\left(1-\dfrac{\varepsilon-\varepsilon_{\mathrm{cp}}}{\varepsilon_{\mathrm{cu}}-\varepsilon_{\mathrm{cp}}}\right) & (\varepsilon_{\mathrm{cu}}<\varepsilon<\varepsilon_{\mathrm{cp}})\\ 0 & (\varepsilon\leqslant\varepsilon_{\mathrm{cu}})\end{cases} \tag{7.17}$$

式中，ε_{cp} 和 σ_{cp} 分别为 ECC 材料受压峰值点所对应的应变和应力；ε_{cu} 为 ECC 受压极限应变。

4. SMA 本构模型

SMA 材料的模拟采用 OpenSees 官网中提供的 SelfCentering 本构模型。详见 3.3.1 节。根据第 2 章材料试验结果，SMA 材料模拟所用的参数取值列于表 7.4。

表 7.4　SMA 本构模型参数取值

参数	k_1	k_2	f_y	β	ε_s	ε_b	r
取值	50000	7000	360	0.6	0.06	0.06	1

7.2.2　剪力墙单元建立

纤维梁柱单元模型是介于微观单元和宏观单元模型之间的一种单元模型。一般纤维梁柱单元模型满足以下假定：①截面变形符合平截面假定；②忽略截面的剪切变形影响，假定扭转为弹性；③不考虑变形过程中钢筋与混凝土之间的黏结滑移；④忽略时间、温度和湿度等因素对构件变形的影响。

基于材料本构关系，将截面划分为许多纤维单元，对于不同的材料赋予纤维不同的性能。通常情况下，根据截面材料将截面划分为约束混凝土区、非约束混凝土区和钢筋区，然后将每一个区域均匀离散为一定数目的纤维。模拟的计算结果和纤维的数目及离散方式有关。纤维数目的增加可以提高计算精度但也会增加计算时间。当纤维数目达到一定程度后，计算结果即具有可靠的精度。对于常见的矩形截面，当纤维数目达到 40 左右时，计算误差便不再显著。

基于纤维梁柱单元的剪力墙模型如图 7.26 所示，剪力墙试件基于中线沿高度离散为五个基于位移的纤维单元，每个单元设置 5 个积分点，为了能准确模拟剪力墙与底梁之间的黏结滑移效果，在剪力墙底部加入零长单元。首先根据材料的单轴本构关系，利用 Fiber Section 命令得到截面的恢复力模型。为了使截面模型能考虑剪切效应，与实际情况相符，可以从纤维梁柱单元截面层次定义非线性剪切效应材料，并通过叠合命令（Section Aggregator）整合到整个截面中，以此来模拟构件的剪切性能。最后利用 element 命令将叠合后的截面模型赋予单元来建立整个构件的模型。纤维、截面与单元之间的传递关系可以参见图 7.27。

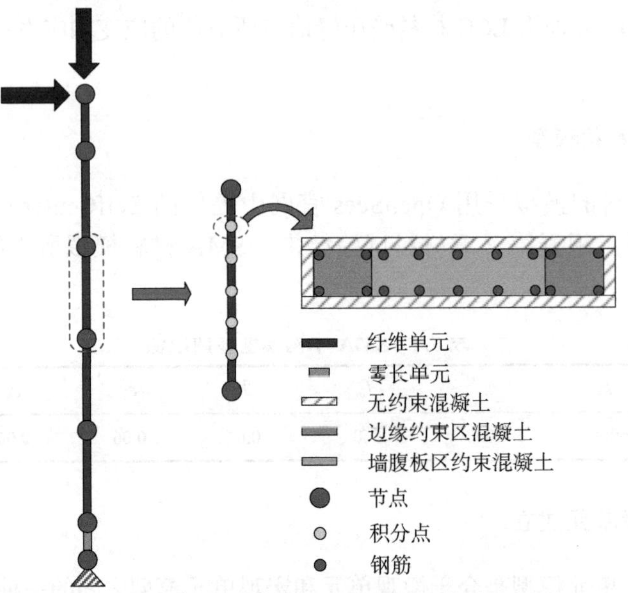

图 7.26　基于纤维梁柱单元的剪力墙模型示意图

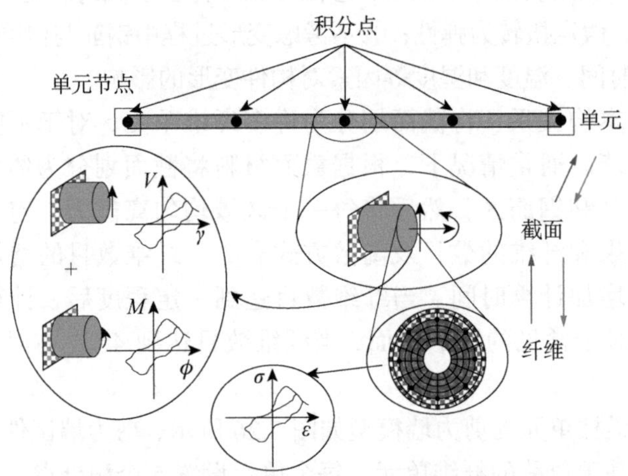

图 7.27　纤维、截面与单元之间的传递关系

7.2.3　模拟结果分析

基于纤维梁柱单元模型的模拟结果与试验值对比如图 7.28 和图 7.29 所示。

从图 7.28 可以看出，四种不同类型的剪力墙基于纤维单元模型模拟出的滞回曲线与试验结果相对比，其初始刚度、峰值荷载值均能较好地吻合。而 SW-R/C 和 SW-R/ECC 试件在卸载段与试验结果也较为贴合。SMA/C 剪力墙的模拟滞回曲线能够显现出旗帜形效果，而对于 SMA/ECC 剪力墙，纤维梁柱单元能够同时模拟出 SMA 的自复位性能和 ECC 的卸载退化行为。

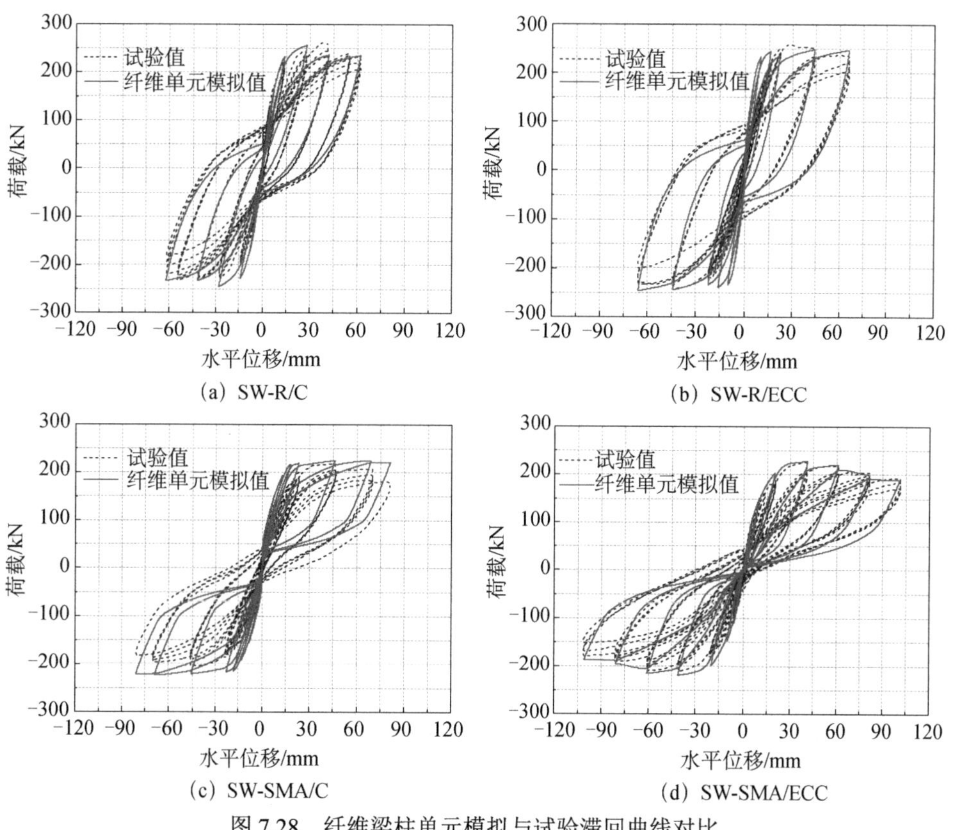

(a) SW-R/C　(b) SW-R/ECC

(c) SW-SMA/C　(d) SW-SMA/ECC

图 7.28　纤维梁柱单元模拟与试验滞回曲线对比

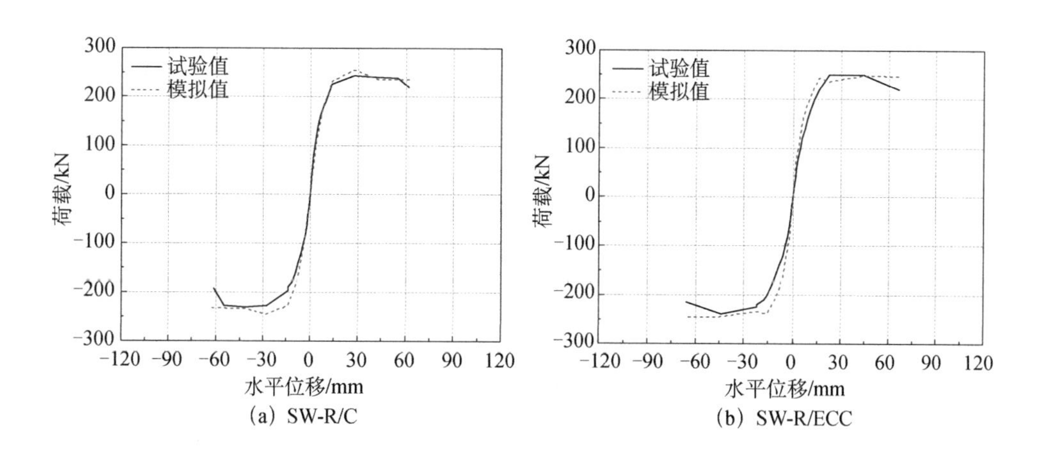

(a) SW-R/C　(b) SW-R/ECC

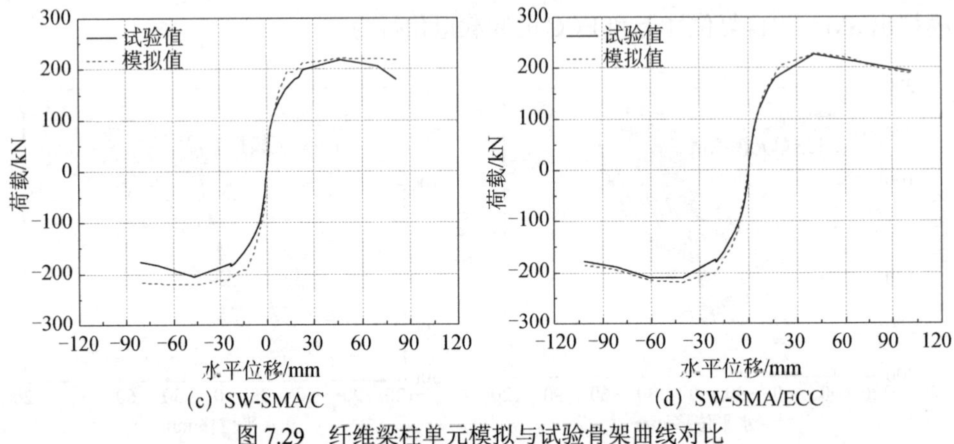

(c) SW-SMA/C　　(d) SW-SMA/ECC

图 7.29　纤维梁柱单元模拟与试验骨架曲线对比

7.3　剪力墙理论分析

高剪跨比剪力墙，在轴向力 N 和弯矩 M 共同作用下，可以看作偏心受压构件。针对本节四种不同类型的剪力墙构件，主要分析 SMA-ECC 共同增强剪力墙在不同状态下的受力情况，并提出各阶段下的剪力墙荷载计算方法。

7.3.1　开裂荷载

在初始加载阶段，荷载和截面变形均比较小，构件处于弹性阶段。随着外荷载的不断增大，受拉侧 ECC 首先达到开裂应变并出现水平裂缝，以此作为剪力墙的开裂依据。开裂状态下截面的受力模型如图 7.30 所示，此阶段的基本特点是：①受拉区 ECC 应力达到抗拉强度，根据 ECC 受拉本构模型，拉应力 T_E 为线性三角形分布；②受压区 ECC 仍处于弹性阶段，压应力 C_E 也为线性三角形分布；③由于边缘约束区纵筋的影响，墙体中间部分分布钢筋的应变较小，其应力不予考虑。普通混凝土的开裂应变为 0.015%，而 ECC 的开裂应变取为 0.04%，此时受拉区 SMA 也参与受力，拉应力为 T_A。

依据平截面假定、材料的应力-应变关系和力的平衡法则，可以确定如下关系式：

$$C_E = \frac{1}{2} f_E x_{cr} b \tag{7.18}$$

$$T_E = \frac{1}{2} \sigma_{tE} \left(h_w - x_{cr}\right) b \tag{7.19}$$

$$C_A = \sigma'_A A'_A \tag{7.20}$$

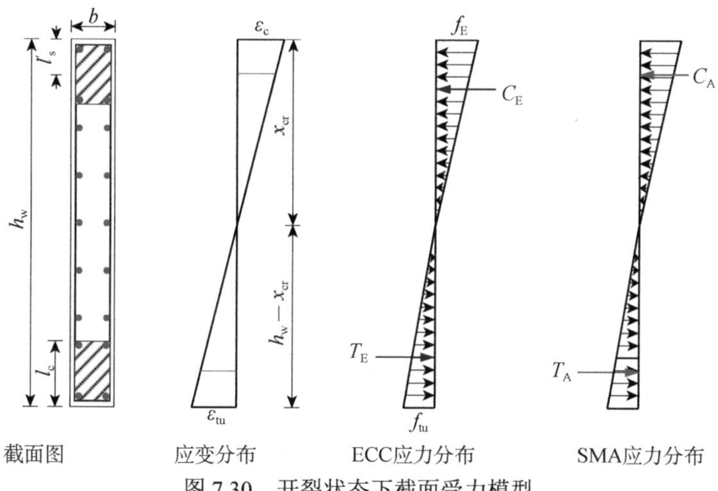

图 7.30　开裂状态下截面受力模型

$$T_A = \sigma_A A_A \tag{7.21}$$

$$f_E = \varepsilon_E E_E = \varepsilon_{tE} \frac{x_{cr}}{h_w - x_{cr}} E_E \tag{7.22}$$

$$\sigma'_A = \varepsilon_{tE} \frac{x_{cr} - a'_s}{h_w - x_{cr}} E_A \tag{7.23}$$

$$\sigma_A = \varepsilon_{tE} \frac{h_w - x_{cr} - a_s}{h_w - x_{cr}} E_A \tag{7.24}$$

式中，x_{cr} 为剪力墙截面受压区高度；b 为剪力墙截面宽度；σ_{tE} 为 ECC 受拉区应力；ε_{tE} 为 ECC 受拉区应变；h_w 为剪力墙截面高度；σ'_A 为 SMA 受压应力；σ_A 为受拉应力；C_E 为受压区 ECC 的压应力；T_E 为受拉区 ECC 的拉应力；C_A 为受压区 SMA 压应力；T_A 为受拉区 SMA 拉应力；A'_A、A_A 分别为受压区和受拉区 SMA 的面积；ε_E 为 ECC 应变；a'_s 和 a_s 分别为受压区和受拉区保护层厚度；E_E 为 ECC 弹性模量；E_A 为 SMA 弹性模量。

根据力的平衡法则可得

$$N = C_E + C_A - T_E - T_A \tag{7.25}$$

对受拉区 SMA 合力作用点求矩可以得

$$\begin{aligned} M_{cr} = {} & C_E \left(h_w - \frac{x_{cr}}{3} - a'_s \right) + C_A \left(h_w - a'_s - a_s \right) \\ & - N \left(\frac{h_w}{2} - a_s \right) - T_E \left(\frac{h_w - x_{cr}}{3} - a_s \right) \end{aligned} \tag{7.26}$$

由以上公式，首先可以得出剪力墙截面受压区高度，进而可以得出开裂弯矩，最后可以求得开裂荷载。

7.3.2 屈服荷载

当剪力墙截面受拉区最外侧 SMA 达到屈服应变时（ε_y为 0.0065），可认为剪力墙达到屈服状态，对应的荷载为屈服荷载。屈服状态下截面的受力模型如图 7.31 所示。此时，截面具有以下特点：①截面平均应变符合平截面假定；②受拉区 ECC 拉应变为ε_y，拉应力不再呈线性分布，可根据合力大小相等、合力作用点不变的原则将应力-应变曲线图等效为矩形，屈服状态时α_t、β_t（受拉 ECC 等效矩形应力相关系数）分别为 0.971、0.962；③受压区 ECC 的最大压应变已达到峰值压应变，表明 ECC 已进入弹塑性阶段；④首先假定受压区 SMA 已受压屈服，按照屈服计算，令屈服压应力$\sigma'_A = f_{yA}$，然后验证σ'_A是否等效大于屈服压应变ε'_y，其值为 0.0065，如果不成立，则按照受压区 SMA 筋未屈服进行计算；⑤由于构件达到屈服状态时，受拉区和受压区钢筋的应变不可忽略，故应当考虑墙体中间部分分布钢筋的应力。

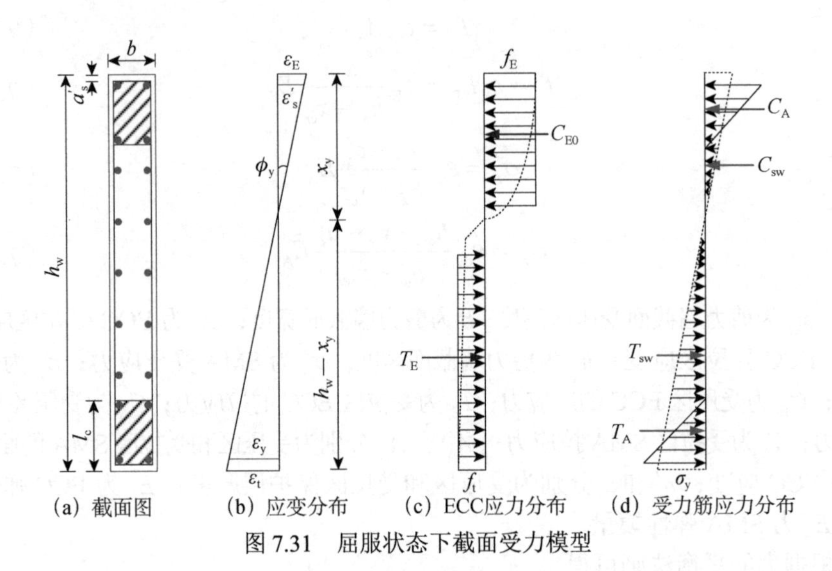

(a) 截面图 (b) 应变分布 (c) ECC应力分布 (d) 受力筋应力分布

图 7.31 屈服状态下截面受力模型

依据平截面假定、材料的应力-应变关系和力的平衡法则，可以确定如下关系式：

$$C_{E0} = \alpha_c f_E \beta_c x_y b \tag{7.27}$$

$$T_E = \alpha_t \sigma_{tE} \beta_t (h_w - x_y) b \tag{7.28}$$

$$C_A = \frac{1}{2} \sigma'_A A'_A \tag{7.29}$$

$$T_A = \frac{1}{2} f_{yA} A_A \tag{7.30}$$

$$f_{\mathrm{E}} = \varepsilon_{\mathrm{c}} E_{\mathrm{E}} = \varepsilon_{\mathrm{y}} \frac{x_{\mathrm{y}}}{h_{\mathrm{w}} - x_{\mathrm{y}} - a_{\mathrm{s}}} E_{\mathrm{E}} \tag{7.31}$$

$$T_{\mathrm{sw}} = \varepsilon_{\mathrm{y}} \frac{h_{\mathrm{w}} - x_{\mathrm{y}} - l_{\mathrm{c}}}{h_{\mathrm{w}} - x_{\mathrm{y}}} E_{\mathrm{s}} \tag{7.32}$$

$$C_{\mathrm{sw}} = \varepsilon_{\mathrm{y}} \frac{x_{\mathrm{y}} - l_{\mathrm{c}}}{x_{\mathrm{y}} - a_{\mathrm{s}}} E_{\mathrm{s}} \tag{7.33}$$

式中，α_{c}、β_{c} 分别为受压 ECC 等效矩形应力相关系数；ε_{c} 为受压区混凝土应变；E_{s} 为钢筋弹性模量。

根据力的平衡法则可得

$$N = C_{\mathrm{E0}} + C_{\mathrm{A}} + C_{\mathrm{sw}} - T_{\mathrm{E}} - T_{\mathrm{A}} - T_{\mathrm{sw}} \tag{7.34}$$

对受拉区 SMA 合力点取矩可得

$$\begin{aligned} M_{\mathrm{y}} = {} & C_{\mathrm{E0}} \left(h_{\mathrm{w}} - \frac{1}{2} \beta x_{\mathrm{y}} - \frac{l_{\mathrm{c}} + 2a_{\mathrm{s}}'}{3} \right) + C_{\mathrm{A}} \left[h_{\mathrm{w}} - \frac{2\left(l_{\mathrm{c}} + 2a_{\mathrm{s}}' \right)}{3} \right] \\ & + C_{\mathrm{sw}} \left(h_{\mathrm{w}} - \frac{x_{\mathrm{y}} + 4l_{\mathrm{c}}}{3} + \frac{l_{\mathrm{c}} + 2a_{\mathrm{s}}}{3} \right) - N \left(\frac{h_{\mathrm{w}}}{2} - \frac{l_{\mathrm{c}} + 2a_{\mathrm{s}}}{3} \right) \\ & - T_{\mathrm{E}} \left[\frac{\beta \left(h_{\mathrm{w}} - x_{\mathrm{y}} \right)}{2} - \frac{l_{\mathrm{c}} + 2a_{\mathrm{s}}}{3} \right] - T_{\mathrm{sw}} \cdot \frac{h_{\mathrm{w}} - x_{\mathrm{y}} + l_{\mathrm{c}}}{3} \end{aligned} \tag{7.35}$$

由式（7.27）～式（7.35）首先可以得出剪力墙截面受压区高度，进而可以求出屈服弯矩，进而可以求得屈服荷载。

7.3.3　峰值荷载

当剪力墙截面边缘约束受压区 ECC 达到峰值压应变时，截面的承载力称为峰值承载力。此时受拉区边缘部分 ECC 退出工作，受拉范围减小。峰值状态下截面的受力模型如图 7.32 所示，此阶段截面的变形具有以下特点：①假定截面平均应变分布符合平截面假定；②受压区边缘 ECC 的峰值压应变为 0.00635[8]；③受拉区和受压区 SMA 都已进入相变阶段，为了简化计算，可将应力图近似等效为矩形；④受拉区部分 ECC 退出工作，受拉范围减小，可令受拉区高度 $x_{\mathrm{t}} = \lambda x_{\mathrm{p}}$，其中 λ 可根据 ECC 的受拉极限应变与峰值压应变得到；⑤中性轴附近未屈服区分布钢筋的应力在计算中不予考虑。

国家标准《高层建筑混凝土结构技术规程》（JGJ 3—2010）中规定在 1.5 倍受压区长度范围外的受拉区钢筋全部达到屈服，但是对于 SMA-ECC 剪力墙，此规定将不再适用。设定在距中性轴 φx_{p} 处墙身竖向分布钢筋刚好屈服，即在此范围以外的钢筋完全屈服，根据平截面假定可以得出

$$\frac{\varepsilon_p}{x_p}=\frac{\varepsilon_y}{\varphi x_p} \tag{7.36}$$

式中，ε_p为 ECC 峰值压应变；由试验中竖向分布钢筋的屈服应变(ε_y)和 ECC 的峰值压应变，可以得出 φ=0.36。

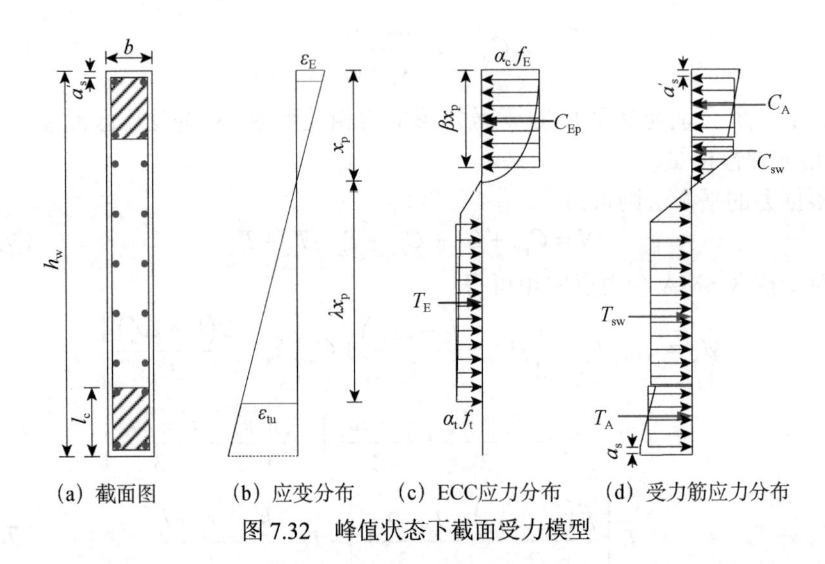

(a) 截面图　(b) 应变分布　(c) ECC应力分布　(d) 受力筋应力分布

图 7.32　峰值状态下截面受力模型

依据平截面假定、材料的应力-应变关系和力的平衡法则，可以确定如下关系式：

$$C_{Ep}=\alpha_c f_E \beta_c x_p b \tag{7.37}$$

$$T_E=\alpha_1 f_{tu}\beta_t \lambda x_p b \tag{7.38}$$

$$C_A=f_A' A_A' \tag{7.39}$$

$$T_A=f_A A_A \tag{7.40}$$

$$T_{sw}=f_{yw}\rho_w b\left[h_w-(1+\varphi)x_p-l_c\right] \tag{7.41}$$

$$C_{sw}=f_{yw}\rho_w b\left(x_p-\varphi x_p-l_c\right) \tag{7.42}$$

$$f_A^{'}=E_1\varepsilon_y+E_2\left(\varepsilon_p\frac{x_p-a_s}{x_p}-\varepsilon_y\right) \tag{7.43}$$

$$f_A=E_1\varepsilon_y+E_2\left(\varepsilon_p\frac{h_w-x_p-l_c}{x_p}-\varepsilon_y\right) \tag{7.44}$$

式中，f_A、f_A'分别为受压区和受拉区 SMA 应力；ε_y为 SMA 屈服应变；E_1、E_2分别为 SMA 第一弹性模量和第二弹性模量；f_{yw}为墙身腹板竖向分布钢筋的屈服强度；ρ_w为墙身腹板竖向钢筋配筋率；α_1为系数；f_{tu}为混凝土受拉极限应力；

φ为钢筋混凝土构件稳定系数；x_p为剪力墙混凝土受压区高度。

根据力的平衡法则可以得出

$$N = C_E + C_A - T_E - T_A - T_{sw} \tag{7.45}$$

对受拉区 SMA 合力作用点求矩可得

$$\begin{aligned} M_p = & C_{Ep}\left(h_w - \frac{\beta x_p}{2} - \frac{l_c}{2}\right) + C_A\left(h_w - l_c\right) + C_{sw}\left(h_w - \frac{x_p - \varphi x_p + 2l_c}{2}\right) \\ & - N \cdot \frac{h_w - l_c}{2} - T_{sw} \cdot \frac{h_w - (1+\varphi)x_p + l_c}{2} \\ & - T_E \cdot \left[\frac{\beta_t \lambda x_p}{2} + \frac{h_w - (1+\lambda)x_p}{2}\right] \end{aligned} \tag{7.46}$$

由式（7.36）～式（7.46）首先可以求出剪力墙截面受压区高度，进而可以求出峰值弯矩，最后可以求得峰值荷载。

7.3.4　极限荷载

SMA/ECC 剪力墙达到极限状态时，截面的变形具有如下特点：①截面平均应变已经不再符合平截面假定，但是受压应变仍可以按照线性分布确定；②此时截面变形较大，在 ECC 内部已经形成主裂缝，故可不再考虑 ECC 的受拉作用；③而 ECC 的极限压应变ε_u可取截面边缘压应力达到 $0.85f_E$ 时所对应的应变值，取为 0.01[8]；④受拉段边缘约束区 SMA 筋均已屈服；⑤受压区纵向 SMA 大部分也已屈服。试验中构件的极限荷载F_u取为峰值荷载的 85%，所以此阶段 SMA-ECC 构件的极限荷载取为 $0.85F_m$。

7.3.5　计算值与试验值对比

基于上面 SMA/ECC 复合材料剪力墙在不同状态下的正截面受力分析，将其开裂荷载F_{cr}、屈服荷载F_y、峰值荷载F_m的计算值和试验值列于表 7.5 中，并进行对比。SW-R/C 构件按照《混凝土结构基本原理》中受弯构件正截面受力性能计算方法进行计算。从表 7.5 中可以看出，SW-SMA/ECC 构件的计算值与试验值吻合较好，验证了所提出计算方法的正确性。

表 7.5　剪力墙荷载计算值与试验值对比

试件编号	开裂荷载 F_{cr}			屈服荷载 F_y			峰值荷载 F_m		
	计算值/kN	试验值/kN	两者之比	计算值/kN	试验值/kN	两者之比	计算值/kN	试验值/kN	两者之比
SW-R/C	71.92	80.00	0.90	224.98	220.28	1.02	249.8	247.63	1.01
SW-SMA/ECC	65.65	60.00	1.09	187.8	180.39	1.04	233.11	225.88	1.03

7.4 本章小结

本章以提高剪力墙结构的抗震性能、减小残余位移及实现震后可恢复性为出发点，提出在剪力墙塑性变形关键区域采用超弹性 SMA 和 ECC 共同增强 SMA-ECC 剪力墙结构，并对其开展了构件的拟静力试验研究、有限元模拟分析、设计参数优化分析、受力性能理论研究及结构的动力时程分析。基于对以上研究内容的总结可以得出以下主要结论：

（1）SMA 增强剪力墙构件的滞回曲线呈现出明显的旗帜形，表现出优越的自复位能力；ECC 增强剪力墙构件没有出现剥落现象，具有很好的自修复效果；SMA-ECC 复合材料增强剪力墙构件，不但使剪力墙构件具有优异的自复位性能，而且还可以保证构件的完整性，使损伤减小，同时 ECC 良好的延性更有利于 SMA 超弹性的发挥，两者有效结合，改善了构件的延性和耗能能力，从而提高了构件的抗震性能。

（2）从微观和宏观的角度分别建立了分层壳单元模型、纤维梁柱单元模型和多垂直杆单元模型，其中基于纤维梁柱单元模型能够很好地捕捉 SMA 和 ECC 材料的滞回响应，并模拟出各种剪力墙构件的滞回性能、捏缩效应、刚度退化等特性，模拟值和试验值能够很好地吻合，具有良好的可行性、准确性和高效性。

（3）基于纤维梁柱单元模型对 SMA-ECC 剪力墙的轴压比、剪跨比、SMA 屈服强度和配筋率、ECC 抗拉强度和极限拉应变等设计参数进行了系统的优化分析。研究发现，轴压比在一定范围内，构件的自复位效果更好；高剪跨比构件的自复位效果更好；增大 SMA 的屈服强度可以明显提高构件的自复位能力；在一定范围内增大 SMA 的配筋率可以提高构件的自复位能力；ECC 的极限拉应变和抗拉强度可以显著改善构件的延性和变形能力。

（4）基于材料的本构关系，考虑了 ECC 材料的受拉作用，引入 ECC 材料受压和受拉时的等效矩形应力图形换算系数，通过分析截面在不同阶段的受力状态，提出了 SMA-ECC 复合材料增强剪力墙构件的开裂荷载、屈服荷载和峰值荷载计算方法，试验结果验证了推导过程的正确性。

（5）基于对构件的模型试验和数值分析结论，分别建立了 RC、ECC、SMA 和 SMA-ECC 四种剪力墙结构模型，对比分析了不同剪力墙结构在地震激励下的动力响应。研究表明，在小震作用下，四种结构都处于弹性阶段，残余位移很小，基本可以恢复到原有位置；在大震作用下，SMA 结构和 SMA-ECC 复合结构的残余位移很小，基本可以恢复到原有位置，相较于普通 RC 结构，残余位移可以减小 80%以上，显示出优越的自复位能力，保证了结构在大震强震作用后具备良好的功能性。

参 考 文 献

[1] 党像梁，吕西林，钱江，等. 底部开水平缝预应力自复位剪力墙有限元模拟[J]. 工程力学，2017，34（6）：51-63.

[2] Yuan W G，Zhao J，Sun Y Q，et al. Experimental study on seismic behavior of concrete walls reinforced by PC strands[J]. Engineering Structures，2018，175：577-590.

[3] 谢剑，孙文笑，徐福泉，等. 钢筋混凝土自复位剪力墙抗震性能试验研究[J]. 建筑结构学报，2019，40（2）：108-116.

[4] 赵军，曾令昕，孙玉平，等. 高强筋材混凝土剪力墙抗震及自复位性能试验研究[J]. 建筑结构学报，2019，40（3）：172-179.

[5] Ghazizadeh S，Cruz-Noguez C A，Li Y. Numerical study of hybrid GFRP-steel reinforced concrete shear walls and SFRC walls[J]. Engineering Structures，2019，180：700-712.

[6] 张国伟，赵紫薇，孙祚帅. 自复位结构抗震性能研究综述[J]. 建筑结构，2018，48（S2）：463-470.

[7] 范立础，卓卫东. 桥梁延性抗震设计[M]. 北京：人民交通出版社，2001.

[8] 李艳，梁兴文，邓明科. 高性能 PVA 纤维增强水泥基复合材料常规三轴受压本构模型[J]. 工程力学，2012，29（1）：106-113.